普通高等教育“十一五”国家级规划教材

全国高校出版社优秀畅销书一等奖

U0927519

中国高等院校计算机基础教育课程体系规划教材

C++面向对象程序设计（第3版）

谭浩强 编著

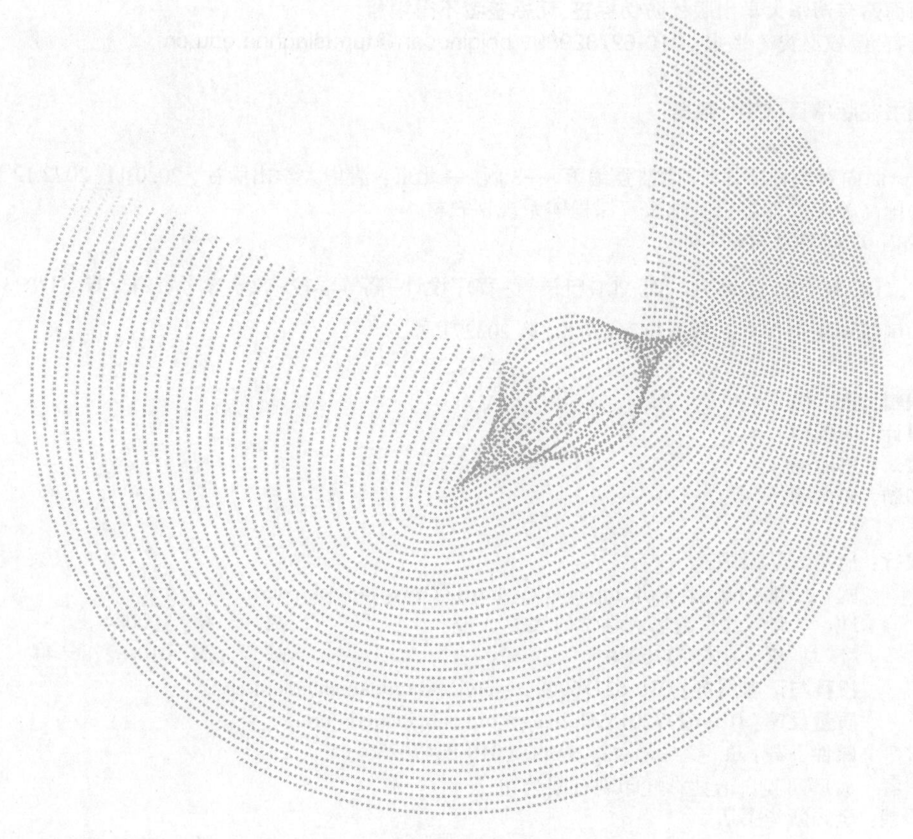

清华大学出版社

北京

内 容 简 介

本书是供已学过 C 语言的读者学习C++面向对象程序设计的教材。

C++是近年来国内外广泛学习和使用的支持面向对象程序设计的现代计算机高级语言，国内许多高校已陆续开设了C++程序设计课程。但是，由于C++涉及的概念很多，语法比较复杂，内容十分广泛，不少人感到学习难度很大，难以入门。针对这种情况，作者深入研究了C++的内容和初学者的认知规律，专门为已学习过 C 语言的读者构建了便于学习的教材体系，编写了这本C++面向对象程序设计入门教材。

本书对面向对象程序设计的基本概念和C++语言的基本内容作了全面、通俗而详尽的说明，并且把这两方面有机地结合起来。第 1 章介绍在面向过程程序设计领域中C++对 C 的扩充，第 2 章初步介绍面向对象程序设计的基本知识，第 3~8 章由浅入深地介绍怎样利用C++编写程序，在此过程中自然地介绍了面向对象程序设计方法的应用。

本书内容全面，概念清晰，例题丰富，通俗易懂，易于学习，可作为大学各专业学习C++面向对象程序设计的基础教材，也适于C++的初学者自学。即使没有教师讲授，读者也基本能看懂本书的大部分内容。

本书配有两本辅导教材：《C++面向对象程序设计（第 3 版）学习辅导》和《C++程序设计实践指导》，供教学参考。

本书封面贴有清华大学出版社防伪标签，无标签者不得销售。
版权所有，侵权必究。举报：010-62782989，beiqinquan@tup.tsinghua.edu.cn。

图书在版编目（CIP）数据

C++面向对象程序设计/谭浩强编著. —3 版. —北京：清华大学出版社，2020.11（2022.12重印）
中国高等院校计算机基础教育课程体系规划教材
ISBN 978-7-302-56693-9

Ⅰ. ①C… Ⅱ. ①谭… Ⅲ. ①C++语言-程序设计-高等学校-教学参考资料 Ⅳ. ①TP312.8

中国版本图书馆 CIP 数据核字（2020）第 203271 号

责任编辑：张 民
封面设计：何凤霞
责任校对：焦丽丽
责任印制：朱雨萌

出版发行：清华大学出版社
网 址：http://www.tup.com.cn，http://www.wqbook.com
地 址：北京清华大学学研大厦 A 座 **邮 编**：100084
社 总 机：010-83470000 **邮 购**：010-62786544
投稿与读者服务：010-62776969，c-service@tup.tsinghua.edu.cn
质量反馈：010-62772015，zhiliang@tup.tsinghua.edu.cn
课件下载：http://www.tup.com.cn，010-83470236
印 装 者：大厂回族自治县彩虹印刷有限公司
经 销：全国新华书店
开 本：185mm×260mm **印 张**：20.5 **字 数**：479 千字
版 次：2006 年 1 月第 1 版 2020 年 11 月第 3 版 **印 次**：2022 年12月第 9 次印刷
定 价：58.00 元

产品编号：088557-01

教授计算技术的大师

普及現代科技之巨擘

敬颂谭浩强教授创杰出成就

宋健

一九九五年一月

▲ 原全国政协副主席、国务委员、国家科委主任、中国工程院院长宋健同志给谭浩强教授的题词

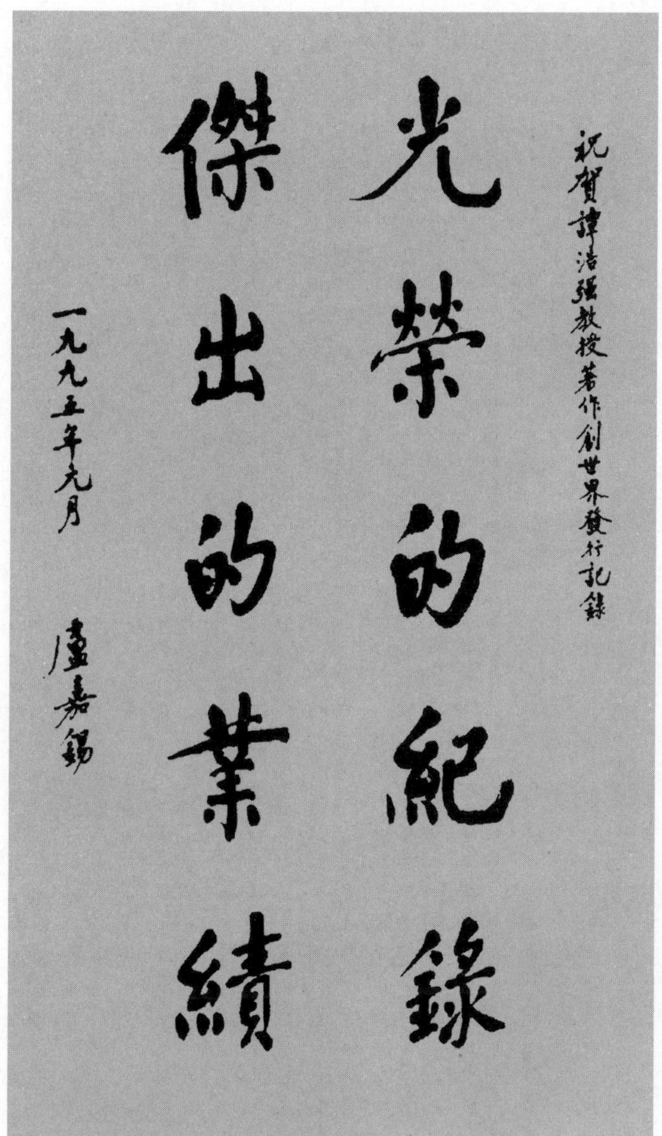

▲ 原全国人民代表大会常务委员会副委员长、中国科学院院长卢嘉锡给谭浩强教授的题词

PREFACE

序

从20世纪70年代末、80年代初开始，我国的高等院校开始面向各个专业的全体大学生开展计算机教育。特别是面向非计算机专业学生的计算机基础教育，牵涉的专业面广、人数众多，影响深远。高校开展计算机基础教育的状况将直接影响我国各行各业、各个领域中计算机应用的发展水平。这是一项意义重大而且大有可为的工作，应该引起各方面的充分重视。

30多年来，全国高等院校计算机基础教育研究会和全国高校从事计算机基础教育的老师始终不渝地辛勤工作，深入探索，努力开拓，积累了丰富的经验，初步形成了一套行之有效的课程体系和教学理念。30年来高等院校计算机基础教育的发展经历了3个阶段：20世纪80年代是初创阶段，带有扫盲的性质，多数学校只开设一门入门课程；20世纪90年代是规范阶段，在全国范围内形成了按3个层次进行教学的课程体系，教学的广度和深度都有所发展；进入21世纪，开始了深化提高的第3阶段，需要在原有基础上再上一个新台阶。

在计算机基础教育的新阶段，要充分认识到计算机基础教育面临的挑战：

（1）在世界范围内信息技术以空前的速度迅猛发展，新的技术和新的方法层出不穷，要求高等院校计算机基础教育必须跟上信息技术发展的潮流，大力更新教学内容，用信息技术的新成就武装当今的大学生。

（2）我国国民经济现在处于持续快速稳定发展阶段，需要大力发展信息产业，加快经济与社会信息化的进程，这就迫切需要大批既熟悉本领域业务，又能熟练使用计算机，并能将信息技术应用于本领域的新型专门人才。因此需要大力提高高校计算机基础教育的水平，培养出数以千百万计的计算机应用人才。

（3）从21世纪初开始，信息技术教育在我国中小学中全面开展，计算机教育的起点从大学下移到中小学。水涨船高，这样也为提高大学的计算机教育水平创造了十分有利的条件。

迎接21世纪的挑战，大力提高我国高等学校计算机基础教育的水平，培养出符合信息时代要求的人才，已成为广大计算机教育工作者的神圣使命和光荣职责。全国高等院校计算机基础教育研究会和清华大学出版社于2002年联合成立了“中国高等院校计算机基础教育改革课题研究组”，集中了一批长期在高校计算机基础教育领域从事教学和研究的专家、教授，经过深入调查研究，广泛征求意见，反复讨论修改，于2004年春提出了新的高校计算机基础教育改革思路和课程方案，并编写了《中国高等院校计算机基础教育课程体系2004》(简称CFC 2004)，由清华大学出版社出版。之后又陆续推出CFC 2006、CFC 2008和CFC 2014。该课题受到各方面的关注、支持和欢迎，大家一致认为CFC提出了一个既体现先进又切合实际的思路和解决方案。

为了实现课题研究组提出的要求，必须有一批与之配套的教材。教材是实现教育思想和教学要求的重要保证，是教学改革中的一项重要的基本建设。如果没有好的教材，提高教学质量只是一句空话。要写好一本教材是不容易的，不仅需要掌握有关的科学技术知识，而且要熟悉自己工作的对象，研究读者的认识规律，善于组织教材内容，具有较好的文字功底，还需要学习一点教育学和心理学的知识等。一本好的计算机基础教材应当具备以下5个要素:

(1) 定位准确。要十分明确本教材是为哪一部分读者写的，要有的放矢，不要不问对象，提笔就写。

(2) 内容先进。要能反映计算机科学技术的新成果、新趋势。

(3) 取舍合理。要做到“该有的有，不该有的没有”，不要包罗万象、贪多求全，不应把教材写成手册。

(4) 体系得当。要针对非计算机专业学生的特点，精心设计教材体系，不仅使教材体现科学性和先进性，还要注意循序渐进、降低台阶、分散难点，使学生易于理解。

(5) 风格鲜明。要用通俗易懂的方法和语言叙述复杂的概念。善于运用形象思维，深入浅出，引人入胜。

为了推动各高校的教学，我们愿意与全国各地区、各学校的专家和老师共同奋斗，编写和出版一批具有中国特色的、符合非计算机专业学生特点的、受广大读者欢迎的优秀教材。为此，我们成立了“中国高等院校计算机基础教育课程体系规划教材”编审委员会，全面指导本套教材的编写工作。

这套教材具有以下几个特点:

(1) 全面体现CFC的思路和课程要求。本套教材的作者多数是课题研究组的成员或参加过课题研讨的专家，对计算机基础教育改革的方向和思路有深切的体会和清醒的认识。因而可以说，本套教材是CFC的具体化。

(2) 教材内容体现了信息技术发展的趋势。由于信息技术发展迅速，教材需要不断更新内容，推陈出新。本套教材力求反映信息技术领域中新的发展、新的应用。

(3) 按照非计算机专业学生的特点构建课程内容和教材体系，强调面向应用，注重培养应用能力，针对多数学生的认知规律，尽量采用通俗易懂的方法说明复杂的概念，使学生易于学习。

(4) 考虑到教学对象不同，本套教材包括了各方面所需要的教材(重点课程和一般课程；必修课和选修课；理论课和实践课)，供不同学校、不同专业的学生选用。

（5）本套教材的作者都有较高的学术造诣，有丰富的计算机基础教育的经验，在教材中体现了研究会所倡导的思路和风格，因而符合教学实践，便于采用。

本套教材统一规划，分批组织，陆续出版。希望能得到各位专家、老师和读者的指正，我们将根据计算机技术的发展和广大师生的宝贵意见随时修订，使之不断完善。

谭浩强

全国高等院校计算机基础教育研究会荣誉会长
“中国高等院校计算机基础教育课程体系规划教材”编审委员会主任

FOREWORD

前言

本书是一本介绍C++面向对象程序设计的入门基础教材。

目前的主流计算机的指令执行是过程导向的，每一个步骤（计算机指令）是依次执行的。因此早期的编程语言也是面向过程的，设计者必须充分地考虑程序的每一个细节，要指定程序在每一环节应执行的动作。

C 语言是面向过程的结构化和模块化的语言，C 语言是编写 UNIX 操作系统的语言，功能强大，使用灵活。它在处理小型问题上得心应手，但在处理大型复杂问题时就显得力不从心了。现代计算机应用已经远远超出了科学计算和控制计算机操作的层面，而是更多地去解决各种各样现实生活工作中的复杂问题，比如模拟气象现象，制作文字、图形、视频作品等。为了处理复杂应用程序，计算机科学家提出了面向对象程序设计的理论，并于 20 世纪末期在 C 语言的基础上推出支持面向对象的C++语言，为处理复杂应用程序提供了有力的工具。

近年来，国内许多大学的计算机类专业都开设了C++程序设计课程，一些大学的非计算机专业也开设了C++面向对象程序设计课程，许多学过 C 语言程序设计的人也想了解和学习C++和面向对象程序设计的有关知识。但是，由于C++涉及概念很多，语法比较复杂，内容十分广泛，使不少人感到学习难度较大，难以入门。

应读者的要求，作者在十多年前编著了《C++程序设计》一书，由清华大学出版社出版并向全国发行。该书以未学过 C 语言的读者为对象，从面向过程入手介绍程序设计的基本知识和方法，然后介绍用C++进行面向对象程序设计的方法。由于内容全面，概念清晰，通俗易懂，该书出版后，受到各校师生的欢迎和好评，几年内发行了 70 多万册。

目前在大学理工类专业，普遍开设了 C 语言程序设计的课程，许多学生在学习 C 语言后希望对C++面向对象程序设计有所了解，以便日后在需要时能较快地进入该领域。很多师生希望我能出版一本以 C 语言为起点的C++教材。

为此，几年前我在清华大学出版社出版了《C++面向对象程序设计》一书。该书是在《C++程序设计》一书的基础上编写而成的，对于已学习过 C 语言程序设计的读者，不必再重新学习面向过程程序设计的部分，而可以直接从面向对象程序设计入手。作者将《C++程序设计》一书中介绍面向对象程序设计的内容抽出来改写后单独成书，并且重新写了第 1 章“从 C 到C++”，介绍C++面向对象程序设计的初步知识以及C++对

C 在面向过程程序设计方面的扩展，为以后各章的学习打下基础。这样的安排使本书内容更集中，篇幅更紧凑。该书仍然保持了通俗易懂、贴近读者、容易入门的特点。希望有助于大学生学习C++课程，初步掌握面向对象程序设计的方法。

几年前，作者曾对此书进行过修订，出版了《C++面向对象程序设计（第 2 版）》，最近根据教学实践的情况，又进行一次全面的修订。这次修订，在保留原书内容全面、概念清晰的优点的基础上，从章节标题到正文都作了不少修改和补充，使之更加通俗易懂，容易学习。现在出版《C++面向对象程序设计（第 3 版）》，即本书。

在此，对本书的指导思想作以下的说明。

1. 教材要准确定位

首先要明确教材是为什么人写的，他们学习C++的目的是什么，要学到什么程度，不能无的放矢。推出C++的初衷是为了解决大型复杂应用软件开发中遇到的问题，提高软件的开发效率。只有参加过研制相对大型软件的人才会真正体验到C++的优越性。应当说明，本书的主要对象不是C++的专业开发人员，而是高校各专业的大学生和自学现代编程语言的读者，本书不是程序员培训班教材。本书的读者一般并无实际程序开发的经验，将来多数人也不一定成为专业的编程人员。

不可奢望，通过几十小时的学习，就能使一个没有C++程序设计基础的初学者变成一个熟练的C++开发人员。应当有实事求是的分析和估计。

本书的定位是“入门”与“基础”。用有效的方法使读者顺利入门，通过学习，打好基础。通过学习本书，多数读者会有以下收获：①清晰地了解面向对象程序设计的方法以及C++的主要功能与特点；②能够用C++编写简单的面向对象的程序；③能看懂别人编写的规模比较小的C++程序；④奠定进一步学习和应用的良好基础。也就是从“不知”到“初知”，从“不会”到“初会”。入了门，有了良好的基础，以后提高和应用就不困难了。

2. 要设计合适的教材体系，合理取舍内容

学习C++面向对象程序设计，应当对面向对象的方法和C++的基本特点有基本的了解。

C++面向对象程序设计牵涉面向对象程序设计的理论和C++语言的语法两个方面，都很重要。本书主要介绍C++处理问题的面向对象的思维方式和C++语言的基本内容。我们不是抽象地介绍面向对象程序设计的理论，也不是枯燥地介绍C++的语法，而是以程序设计为中心把这两个方面有机地结合起来。在介绍用C++语言编程的过程中，自然而然地引出面向对象程序设计的有关概念，通过C++编程过程理解面向对象程序设计方法，二者紧密结合，相得益彰。

本书内容系统而全面。面向对象程序设计有 4 个主要特点：**抽象、封装、继承和多态性**，在C++语言中都有相应的机制来实现它们。作为教材，不能忽略C++的主要内容，本教材的内容全面涵盖了以上 4 个方面，提供了详细而通俗的介绍和编程举例。

我们努力使读者通过较短时间的学习，能对面向对象方法和C++有基本和全面的了解，而不是陷于烦琐的细节之中。教材不同于使用手册。手册的任务是提供无所不包的使用细节以备查询，而教材的任务是用容易理解的方法讲清楚有关的基本概念和基本方法。不能把教材写成包罗万象的手册，否则将会使篇幅过大，而且会冲淡重点，主次不分，使读者感到枯燥无味。

本书的做法是：从应用出发，对编程所用到的最基本内容和注意的问题都作了详细的说明，但是并不罗列C++语法中过多的细节，需要时把一些细节列出成表，供用时查阅。希望读者在学习时，要"**多理解,勿死记**"，以把主要精力放在基本概念和基本方法上。

要深入了解和掌握面向对象程序设计的概念和方法，是一个学习——实践——再学习——再实践的过程，不可能一蹴而就。在初学阶段，要引导读者初步理解面向对象的概念，并由简到繁地学会编写C++程序。奠定了C++编程的初步基础，以后再进一步提高。这样的方法可能符合大多数学习者的情况，降低了学习难度。

3. 概念清晰,深入浅出,化难难点,容易学习

C++不容易学，也不容易教。作者在写作过程中花了很大的精力考虑怎样使读者接受和理解。作者一贯认为：教材编著者应当与读者将心比心，换位思考，要站在读者的角度思考和提出问题，帮助他们解除学习中的困难。要善于把复杂的问题简单化，而不应当把简单的问题复杂化，要善于化解难点，深入浅出。

作者着力使读者对于面向对象的方法和C++的特点有清晰、准确和全面的认识。有一些面向对象的概念，名词很抽象，理论很难懂，有的初学者会被唬住，感到高深莫测。作者用通俗易懂的方法和语言叙述清楚复杂的概念，化解学习中的困难。读者可以看到，在本书中，几乎对每一个新出现的概念，都会用日常生活中的例子加以通俗地说明，一看就懂，很容易理解和入门。

希望读者不要被一大堆高深莫测的名词术语吓住，有些问题看起来很深奥，其实换一个角度去解释就很容易理解，一个通俗的例子就把问题说清楚了。

C++的名词术语很多，一般C++的教材的章节标题都是一些陌生的、深奥莫测的专业词汇，往往使人摸不着头脑，不知道要学的是什么，难以引发学习的兴趣和欲望。作者经过反复思考，改变了标题的写法，不是简单地列出一个名词术语，而是着重说明它是解决什么问题的。例如，原来有一节的标题是"带参的构造函数"，这次作者把它改为"用带参的构造函数对不同对象进行初始化"，读者从标题就可以知道带参的构造函数是为了对象初始化的，从前一节到下一节，前后连贯，承上启下，读者就会想看看究竟是怎样处理的。又如，有一节的标题是"友元"，读者第一次听到这个术语，往往不知所云，这次作者把标题改为"可以访问私有数据的'朋友'"，通俗易懂，具有目的性和启发性，使读者想去了解和学习。学习的过程不应该是"教师讲什么，学生学什么"的被动式学习，应当形成学生主动思考问题、主动学习的局面。

在各章的叙述中，本书不是先给出一个新概念或新术语，再去解释它，而是先提出需要解决的问题，然后讨论用什么方法去处理它，从而引出新的概念和新的方法。传统的教学三部曲是："提出概念—解释概念—举例说明"，作者在多年的计算机教学实践中，采用了新的教学三部曲："提出问题—分析和解决问题—归纳分析"。在引入每一个程序时，都按照以下几个步骤展开：**提出问题—编写程序—运行结果—程序分析。**由浅入深，逐步展开。不是先理论后实际，先抽象后具体，先一般后个别，而是从具体到抽象，从实际到理论，从个别到一般，从零散到系统。这样做，符合初学者的认知规律。

4. 教学过程要采取"容易入门,逐步提高"的方法

(1) 精心选择例子。教材中的例题是基础性质的，是为了帮助读者更好地理解某一方面的教学内容而专门编写的，相对简单，容易理解。

作者认为，在初学阶段的例题不宜太复杂，更不宜把一些比较复杂的实际应用的程序直接搬到课堂当作例题。一个实用的C++程序需要考虑许多因素，综合各部分知识，有许多注释行，而且一般是多文件的程序包，读懂这类大型程序往往需要一定的经验。作为教学程序要对问题进行简化，尽量压缩不必要的语句。

本书中的例题的选择原则是：①通过例题能更深入地理解有关的概念和编程方法。②篇幅一般不太长，绝大多数读者能独立读懂程序。③通过程序举例使读者掌握编程的方法和技巧。

(2) 在初步掌握C++编程方法后，后续阶段学习的例题程序会逐渐复杂一些。各章例题的难度是循序渐进的，每一个台阶都不大，读者能在原来的基础上逐步提高。

(3) C++面向对象程序设计的概念较多，语法复杂。有的读者往往把精力放在弄清楚一个个具体问题上，而在学完一章后对全章的内容缺乏整体的概念。建议读者对于教材每一章的内容一定至少认真读两遍，第一遍弄清楚各个部分的内容，不留死角。然后在**学完全章后再从头到尾认真看一遍**，把各个知识点串成一条线，建立一个整体的概念，知道本章讲了什么，重点在哪里，难点在哪里，在编程中怎样使用它们。在开始学习时是化整为零，各个击破，然后再化零为整，形成整体的认识。凡是这样做的读者都觉得有很大收获。

(4) 不要满足于能看懂例题程序，而应当在学完每一章后自己**独立编写比例题难度大**一点的程序。在各章最后的习题中，有些题的难度比教材中的例题稍大一些，希望教师能从中选择一些指定学生完成，并通过上机实践，进一步掌握C++的调试与运行的方法。

(5) 在学完本教材各章后，最好学习一些综合的程序实例，以巩固收获，提高编程能力。本书的参考用书《C++程序设计实践指导》，提供了约50个实用或接近实用的程序，教师可以从中选择一些在课堂讲授，或者指定学生自己阅读参考。

(6) 本书便于自学，即使没有老师讲解，读者也能看懂本书的大部分内容。老师可以要求学生先自学，然后在课堂上选择重点内容讲授。有些语法中的具体的规定可以不必讲授，由学生自学。

5. C++教材应当体现C++标准

C++是从C语言发展而来的。多数编译器同时兼容C与C++。C++中有很多语法是

继承了 C 的(当然也有不少改进)。熟悉 C 编程的人往往会沿用某些 C 的传统用法，例如，头文件带后缀.h；使用系统库时不使用命名空间；早期的 C 允许主函数为 void 类型、主函数可以无返回值等。但是，ANSI C++标准在一些方面有新的规定，例如，要求主函数为 int 类型，如果程序正常执行则返回 0 值；系统头文件不带后缀.h；使用系统库时使用命名空间 std；增加了字符串类型 string 等。

虽然C++编译器仍然允许使用从 C 继承来的一些传统用法，但作者认为，作为教材，应当提倡C++的标准用法。引导读者从一开始就按照C++标准编写程序，养成C++的编程习惯和风格。本书各章都是依据C++标准介绍的，同时也说明允许使用的 C 的传统用法。在本书中，程序的形式大致如下:

```
#include<iostream>                  //头文件不带后缀.h
#include<string>                    //包含 string 头文件,以便序中使用字符串变量
using namespace std;                //使用系统库时使用命名空间 std
int main()                          //主函数为 int 类型
{string str;                        //可以定义字符串变量 str
  …
  return 0;                         //程序正常执行则返回 0
}
```

6. 提供配套的教学资源,满足教学需要

考虑到不同学校、不同专业、不同读者对学习C++有不同的要求，因此我们提供了配套的教学资源，供选用。

除了主教材外，推荐使用以下两本教学参考书:

(1)**《C++面向对象程序设计(第 3 版)学习辅导》**，谭浩强编著，清华大学出版社出版。该书提供主教材各章中的全部习题的解答。由于教材篇幅有限，有些很好的例子无法在教材中列出，因此把它们作为习题，希望读者自己完成，教师也可以从中选择一些习题作为例题讲授。学生除了完成教师指定的习题外，最好把习题解答中的程序看一遍，以更好地理解C++程序，扩大眼界，启迪思路，丰富知识，增长能力。

程序设计是一门实践性很强的课程，只靠听课和看书是学不好的。衡量学习好坏的标准不是“懂不懂”，而是“会不会干”。因此必须强调多编程，多上机实践。在《C++面向对象程序设计(第 3 版)学习辅导》中，还介绍了运行C++程序的方法。此外，书中还给出上机实践任务，要求学生完成若干次上机实践。

(2)**《C++程序设计实践指导》**，陈清华、朱红编著，清华大学出版社出版。该书提供了 50 多个具有实用价值的C++应用程序。这是为学习教材后进一步深入学习的读者准备的，目的是提高编程能力。该书内容包括:怎样编写C++应用程序；提供若干不同规模的实际的C++应用程序供分析阅读；安排并指导学生完成 1~2 个C++应用程序。经过这样的训练，学生的实际能力将会有较大的提高。

此外，本书还提供教材中全部例题的**源程序**，以便于教师上机和讲授，也便于学生在此基础上调试和修改程序，需要者可在清华大学出版社官网下载。同时，还向使用

本书的教师免费提供讲课的**电子演示文稿**（PPT 的素材），以节省教师的备课时间。

本书由谭浩强教授编写，谭亦峰也参加了部分编写工作。全国高等院校计算机基础教育研究会和浩强工作室的各位专家以及全国各高校老师多年来对作者始终给予了热情的支持和鼓励。清华大学出版社对本书的出版十分重视并作了周到的安排，使本书得以在短时间内出版。对于曾经鼓励、支持和帮助过我的朋友，谨表示真挚的谢意。

本书肯定会有不妥之处，诚盼专家和广大读者不吝指正。

谭浩强 谨识

2020 年 5 月于清华园

CONTENTS

目录

第1章

C++的初步知识

1.1 从 C 到C++

C 语言的出现是计算机科学和工程史上一个重要的里程碑。许多现代计算机语言都受 C 语言的影响。C 语言是面向过程的、结构化和模块化的语言。C 语言最早的一个成就是,UNIX 操作系统是用 C 语言完成的,其实多数现代操作系统都是用 C 语言实现的。

但是,计算机要处理的许多复杂问题并不完全是过程导向的。例如文字处理,用户如何撰写和修改文件,并不是一个单纯的既定过程。虽然有许多功能是可以处理成有一定的顺序性,但是把这些功能分布成模块进行管理却过于复杂。

C 程序的设计者必须细致地设计程序中的每一个细节,准确地考虑程序运行时每一步骤发生的事情,例如,各个变量的值是如何变化的,什么时候应该进行哪些输入,在屏幕上应该输出什么等。如果从过程角度出发,这对程序员的要求是很高的。如果面对的是一个很复杂的问题,程序员往往感到无从下手。

当初提出结构化程序设计方法是为了帮助程序员组织大型软件的设计,解决复杂的问题,但是随着计算机应用的推广,需要解决的问题更加复杂,原定的目标未能完全实现。在这种情况下,更接近于人类自然思维结构的方法就呼之欲出了。

20 世纪 80 年代,提出了面向对象的程序设计(Object Oriented Programming,OOP)思想,也就是以需要处理的对象(如一段文字、一个视频、一个头像等)为基础组织程序设计的方法。Smalltalk 是一种面向对象的语言的早期实践,很多面向对象编程的概念都在 Smalltalk 上得到发展和验证。

由于 C 语言深入人心,应用广泛,很多程序员不愿放弃 C 而重新学习完全新的语言。于是,AT&T Bell(贝尔)实验室的 Bjarne Stroustrup 博士及其同事于20 世纪 80 年代初在 C 语言的基础上开发出了C++。C++保留了 C 语言原有的主要优点,增加了面向对象的机制。由于C++对 C 的改进主要体现在增加了面向对象程序设计的“类(class)”,因此最初它被 Bjarne Stroustrup 称为“带类的 C”。后来为了强调它是在 C 语言的基础上的增强版,改称为C++。读者应该还记得,“++”在 C 语言中是自加运算符“++”。

C++是由 C 发展而来的,与 C 兼容。用 C 语言编写的程序基本上可以不加修改地用于C++。C++是 C 的超集,可用于面向过程的结构化程序设计,但更多地用于面向对象的程序设计,是一种功能强大的混合型的程序设计语言。

C++对C的“增强”,表现在两个方面:

① 在原来面向过程的机制基础上,对C语言的功能做了不少扩充。

② 增加了对面向对象的支持。

面向对象程序设计是针对设计大型软件,解决复杂问题而提出来的,目的是更接近我们日常工作和学习中的思维习惯,从而提高软件开发的效率,可能要到编写大型程序时才会真正体会到面向对象程序设计的优点。

需要指出:不要把面向对象和面向过程对立起来,面向对象和面向过程不是矛盾的,而是在不同层面上的考量,是互为补充的。在面向对象程序设计中仍然要用到结构化程序设计的知识,例如,在类中定义一个函数,这个函数的内部结构依然是用结构化程序设计方法来实现的。任何程序设计都需要编写操作代码,具体操作的过程就是面向过程的。对于简单的问题,比如单一功能的计算,直接用面向过程方法就可以轻而易举地解决。

读者在学习C++之后,既能进行面向过程的结构化程序设计,也能进行面向对象的程序设计。由于本书的读者在学习C程序设计时已掌握了面向过程程序设计的方法,在本书中着重介绍C++面向对象程序设计的基本知识。

1.2 最简单的C++程序

为了使读者能了解什么是C++程序,下面先介绍几个简单的程序。

例1.1 输出一行字符:“Hello world. This is a C++ program.”。

编写程序:

```
#include<iostream>                                  //用cout输出时需要用此头文件
using namespace std;                                //使用命名空间std
int main()
{ cout<<"Hello world. This is a C++ program.\n";    //用C++的方法输出一行
  return 0;
}
```

运行结果:

```
Hello world. This is a C++ program.
```

程序分析:

请读者分析一下,本程序和以前见过的C程序有什么不同?

(1) 标准C++规定main函数必须声明为int型①,程序第5行的作用是向操作系统返回0。如果程序不能正常执行,则会自动向操作系统返回一个非零值(一般为-1)。

(2) 在C++程序中,可以使用C语言中的/ * …… * /形式的注释行,还可以使用以“//”开头的注释。从程序可以看到:以“//”开头的注释可以不单独占一行,它可以出现

① 标准C++要求main函数必须声明为int型。如果程序正常执行,则向操作系统返回数值0,否则返回数值-1。希望读者养成这个习惯。在main前面加int,同时在main函数的最后加一条语句“return 0;”。

在语句之后。编译系统将"//"以后到本行末尾的所有字符都作为注释。应注意：它是单行注释，不能跨行。如果注释在一行内写不完，可以另起一行，但必须以"//"开头。C++的程序设计人员多愿意用这种灵活方便的注释方式。

（3）在C++中一般用 cout 进行输出。cout 实际上是C++系统定义的对象名，称为**输出流对象**。关于对象和输出流对象的概念将在后面介绍。为了便于理解，可以把用 cout 和"<<"实现输出的语句简称为 cout 语句。"<<"是"插入运算符"，与 cout 配合使用，在本例中它的作用是将运算符"<<"右侧双撇号内的字符串"Hello world. This is a C++ program.\n"插入输出的队列 cout 中（输出的队列也称作"输出流"），C++系统将输出流 cout 的内容输出到系统指定的设备（一般为显示器）中。除了可以用 cout 进行输出外，在C++中还可以用 printf 函数进行输出。

（4）使用 cout 需要用到头文件 iostream。程序的第 1 行"#include<iostream>"是一个预处理命令，学过 C 语言的读者对此应该是很清楚的。文件 iostream 的内容是提供输入或输出时所需要的一些信息。iostream 是 i-o-stream 三个词的组合，从它的形式就可以知道它代表"输入输出流"的意思，由于这类文件都放在程序单元的开头，所以称为"头文件"（header file）。

注意：在 C 语言中所有的头文件都带后缀.h（如 stdio.h），而按C++标准要求，由系统提供的头文件不带后缀.h，由用户自己编制的头文件可以有后缀.h。在C++程序中也可以使用 C 语言编译系统提供的带后缀.h 的头文件，如"#include<math.h>"。

（5）程序的第 2 行"using namespace std；"的意思是"使用命名空间 std"。C++标准库中的类和函数是在命名空间 std 中声明的，因此程序中如果需要使用C++标准库中的有关内容（例如 iostream 头文件所包含的标准函数），就需要用"using namespace std；"声明，表示要用命名空间 std 中的声明（否则在编译时遇到"cout"会报错）。

"命名空间"是为了在开发大型软件的时候（尤其是多团队同事开发不同部分时），避免变量"重名"现象而提出的概念，在第 8 章将详细介绍，读者暂可不必深究。只须知道：如果程序有输入或输出时，必须使用"#include <iostream>"预处理指令以提供必要的信息，紧接着要用"using namespace std；"声明。这样在程序中就可以调用"cout"等标准库里的函数了。读者以后将会看到：本书中的程序几乎在程序的开头都包含此两行。

例 1.2　求 a 和 b 两个数之和。

编写程序：

```
//求两数之和                          (本行是注释行)
#include<iostream>                    //预处理命令
using namespace std;                  //使用名字空间 std
int main()                            //主函数首部
  {                                   //函数体开始
    int a,b,sum;                      //定义变量
    cin>>a>>b;                        //输入语句
    sum=a+b;                          //赋值语句
    cout<<"a+b="<<sum<<endl;          //输出语句
    return 0;                         //如程序正常结束,向操作系统返回一个零值
```

```
}
```

运行结果:

```
123  456↙                          (如果在运行时从键盘输入此两个整数)
a+b=579                            (输出结果)
```

程序分析:

本程序的作用是求两个整数 a 与 b 之和 sum。第 1 行"//求两数之和"是一个注释行,在一行中如果出现"//",则从它开始到本行末尾之间的全部内容都作为注释。在一个可供实际应用的程序中,为了提高程序的可读性,常常在程序中加了许多注释行,在有的程序中,注释行可能占程序篇幅的三分之一。在本书中为了节省篇幅,不写太多独立的注释行,而只在语句的右侧用"//"作简短的注释。

第 6 行是声明部分,定义变量 a,b 和 sum 为整型(int)变量。第 7 行是输入语句,cin 是 c 和 in 两单词的组合,与 cout 类似,cin 是C++系统定义的**输入流对象**。">>"是"**提取运算符**",与 cin 配合使用,其作用是从输入设备中(如键盘)提取数据送到输入流 cin 中。用 cin 和">>"实现输入的语句简称为 cin 语句。在执行程序中的 cin 语句时,从键盘输入的第 1 个数据赋给整型变量 a, 输入的第 2 个数据赋给整型变量 b。第 8 行将a+b 的值赋给整型变量 sum。第 9 行先输出字符串"a+b=",然后输出变量 sum 的值,cout 语句中的 endl 是C++输出时的控制符,作用是换行(endl 是 end line 的缩写,表示本行结束,与"\n"作用相同)。因此在输出变量 sum 的值之后换行。

例 1.3 从键盘输入两个数 a 和 b,求两数中的大者。

编写程序:

```
#include<iostream>
using namespace std;
int main()
  { int max(int x,int y);                  //对 max 函数作声明
    int a,b,c;
    cin>>a>>b;
    c=max(a,b);                            //调用 max 函数
    cout<<"max="<<c<<endl;
    return 0;
  }

int max(int x,int y)                       //定义 max 函数
  { int z;
    if(x>y) z=x;
    else z=y;
    return(z);
  }
```

运行结果:

```
18  25↙                            (输入 18 和 25 给 a 和 b)
```

```
max=25                                    (输出 c 的值)
```

程序分析：

本程序包括两个函数,即主函数 main 和被调用的函数 max。max 函数的作用是将 x 和 y 中较大者的值赋给变量 z。return 语句将 z 的值返回给主调函数 main。返回值是通过函数名 max 带回到 main 函数的调用处。主函数中 cin 语句的作用是输入 a 和 b 的值。main 函数第 5 行中调用 max 函数,在调用时将实际参数 a 和 b 的值分别传送给 max 函数中的形式参数 x 和 y。经过执行 max 函数得到一个返回值(即 max 函数中变量 z 的值),把这个值赋给变量 c。然后通过 cout 语句输出 c 的值。

程序第 4 行是对 max 函数作声明,它的作用是通知C++编译系统：max 是一个函数,函数值是整型,函数有两个参数,都是整型。这样,在编译到程序第 7 行时,编译系统会知道 max 是已声明的函数,系统就会根据函数声明时给定的信息对函数调用的合法性进行检查,如果二者不匹配(例如参数的个数或参数的类型与声明时所指定的不符),编译就会出错。学过 C 的读者对此例是很容易理解的。

注意：本例中输入的两个数据间用一个或多个空格间隔,不能以逗号或其他符号间隔。如输入：

18,25↙

或

18;25↙

是错误的,它不能正确输入第二个变量的值,会使第二个变量有不可预见的值。

下面举一个包含类(class)和对象(object)的简单程序,目的是使读者初步了解C++是怎样体现面向对象程序设计方法的。由于还未系统介绍面向对象程序设计的概念,读者可能对程序理解不深,现在只须有一个初步印象即可。在第 2 章中将会详细介绍。

例 1.4　包含类的C++程序。

编写程序：

```
#include<iostream>
using namespace std;
class Student                          //声明一个类,类名为 Student
  {private:                            //以下为类中的私有部分
       int num;                        //私有变量 num
       int score;                      //私有变量 score
     public:                           //以下为类中公用部分
       void setdata()                  //定义公用函数 setdata
         { cin>>num;                   //输入 num 的值
           cin>>score;                 //输入 score 的值
         }
       void display()                  //定义公用函数 display
         { cout<<"num="<<num<<endl;    //输出 num 的值
           cout<<"score="<<score<<endl; //输出 score 的值
         };
```

```
  };                                          //类的声明结束
Student stud1,stud2;                    //定义 stud1 和 stud2 为 Student 类的变量,称为对象

int main()                                    //主函数首部
  { stud1.setdata();                          //调用对象 stud1 的 setdata 函数
    stud2.setdata();                          //调用对象 stud2 的 setdata 函数
    stud1.display();                          //调用对象 stud1 的 display 函数
    stud2.display();                          //调用对象 stud2 的 display 函数
    return 0;
  }
```

运行结果:

```
1001  98.5↙                                   (输入学生 1 的学号和成绩)
1002  76.5↙                                   (输入学生 2 的学号和成绩)
num=1001                                      (输出学生 1 的学号)
score=98.5                                    (输出学生 1 的成绩)
num=1002                                      (输出学生 2 的学号)
score=76.5                                    (输出学生 2 的成绩)
```

程序分析:

这是一个包含类的最简单的C++程序。程序第 3~16 行声明一个被称为"**类**"的类型 Student。class 是声明"类"类型时必须使用的关键字,如同声明结构体类型时使用关键字 struct 一样。在 C 语言的结构体中只能包含数据成员,而在C++的类中可以包含两种成员,即**数据**(如变量 num,score)和**函数**(如 setdata 函数、display 函数),分别称为**数据成员**和**成员函数**。

在C++中把一组数据和有权调用这些数据的函数**封装**在一起,组成一种称为"**类**(class)"的数据结构。如在上面的程序中,数据成员 num,score 和成员函数 setdata,display 组成了一个名为 Student 的"**类**"类型。成员函数是用来对数据成员进行操作的。也就是说,**一个类是由一批数据以及对其操作的函数组成的**。

类可以体现数据的**封装性**和**信息隐蔽**。在上面的程序中,在声明 Student 类时,把类中的数据和函数分为两大类:**private**(**私有的**)和 **public**(**公用的**),并把全部数据(num,score)指定为**私有的**,把全部函数(setdata,display)指定为**公用的**(当然也可以把一部分数据和函数指定为私有,把另一部分数据和函数指定为公用,这完全根据需要而定。在大多数情况下,都把所有数据指定为私有,以实现信息隐蔽)。

凡是被指定为**公用**的数据或函数,既可以被本类中的成员函数调用,也可以被类外的语句所调用。被指定为**私有**的成员(函数或数据)只能被本类中的成员函数所调用,而不能被类以外调用(以后介绍的"友元类"成员以外)。这样做的目的是对某些数据进行保护,只有被指定的本类中的成员函数才能调用它们,拒绝其他无关的部分调用它们,以防止误调用。这样才能真正实现**封装**的目的(把有关的数据与操作组成一个单位,与外界相对隔离),**信息隐蔽是C++的一大特点**。

可以看到:在上面程序中声明的类 Student 中,有两个公用的成员函数 setdata 和 display。setdata 函数的作用是给本类中的私有数据 num 和 score 赋予确定的值,这是通

过 cin 语句实现的,在程序运行时从键盘输入 num 和 score 的值。display 函数的作用是输出已被赋值的变量 num 和 score 的值。由于这两个函数与私有数据 num 和 score 属于同一个类 Student,因此函数可以直接引用 num 和 score。

程序中第 17 行“Student stud1,stud2”是一个定义语句,它的作用是将 stud1 和 stud2 定义为 Student 类型的变量,这种定义方法和定义整型变量“int a,b;”的方法是一样的。区别只在于 int 是系统已预先定义好的标准数据类型,而 Student 是用户自己声明(指定)的类型。Student 类与 int,float 等一样都是C++的合法类型。

具有“类”类型特征的变量称为“**对象**”(object)。stud1 和 stud2 是 Student 类型的对象。和其他变量一样,对象是占实际存储空间的,而类型并不占实际存储空间,它只是给出一种“模型”,供用户定义实际的对象。在用 Student 定义了 stud1 和 stud2 以后,这两个对象具有同样的结构和特性。

程序中第 18~24 行是主函数。在主函数中有 4 条语句,用来调用对象的成员函数。现在有两个对象 stud1 和 stud2,因此在类外调用成员函数时不能只写函数名(如 setdata();),而必须说明要调用哪一个对象的函数,准备给哪一个对象中的变量赋值。因此要用对象的名字加以限定。对象中的数据成员和成员函数的表示方法见表 1.1。

表 1.1 引用对象中的成员

对象名	num(学号)	score(成绩)	setdata 函数	display 函数
stud1	stud1.num	stud1.score	stud1.setdata()	stud1.display()
stud2	stud2.num	stud2.score	stud2.setdata()	stud2.display()

其中,“.”是一个“成员运算符”,把对象和成员连接起来。stud1.num 表示对象 stud1 中的 num,stud1.setdata()表示调用对象 stud1 中的 setdata 成员函数。在执行此函数中的 cin 语句时,把从键盘输入的值(假设为 1001 和 98.5)送给 stud1 对象中的数据成员 num 和 score,作为 stud1(学生 1)的学号和成绩。stud2.setdata()表示调用对象 stud2 中的 setdata 成员函数,在执行此函数中的 cin 语句时,把从键盘输入的值(假设为 1002 和 76.5)送给 stud2 对象中的数据成员 num 和 score,作为 stud2(学生 2)的学号和成绩。

程序的主函数中第 1 条语句用来输入学生 1 的学号和成绩。第 2 条语句用来输入学生 2 的学号和成绩。第 3 条语句用来输出学生 1 的学号和成绩。第 4 条语句用来输出学生 2 的学号和成绩。

通过这个例子,读者可以初步了解包含类的C++程序的形式和含义。

说明:以上几个程序是按照 ANSI C++规定的语法编写的。由于C++是从 C 语言发展而来的,为了与 C 兼容,C++保留了 C 语言中的一些规定。其中之一是头文件的形式,在 C 语言中头文件用“.h”作为后缀,如 stdio.h,math.h,string.h 等。在C++发展初期,为了与 C 语言兼容,许多C++编译系统保留头文件以“.h”为后缀的用法,如 iostream.h。但后来 ANSI C++建议由系统提供的头文件不带后缀“.h”。近年推出的C++编译系统新版本则采用了C++的新方法,提供了一批不带后缀的头文件,如用 iostream,string,cmath 等作为头文件名。但为了使原来编写的C++程序能够运行,仍允许使用原有的带后缀“.h”的头文件,即二者同时并存,由用户选用。本章例 1.1 也可以写成下面的形式:

```
#include<iostream.h>                    //头文件带后缀.h
int main()
  { cout<<"This is a C++ program.";
    return 0;
  }
```

由于C语言无命名空间,C提供的头文件不是放在命名空间中的。因此用带后缀".h"的头文件时不必用"using namespace std;"作声明。

目前有些介绍C++的书中的程序仍采用C的形式(例如头文件带后缀".h"),此外还有些以前的C程序会在C++环境下运行,读者看到这些程序时,也应当能看懂,并能将它们改写为标准C++的形式。应当提倡在编写新的程序时按照标准C++的规定进行。本书中的全部程序都是按标准C++的规定编写的。

1.3 C++对C的扩充

C++既可用于面向过程的程序设计,也可用于面向对象的程序设计。在面向过程程序设计的领域,C++继承了C语言提供的绝大部分功能和语法规定,并在此基础上作了不少扩充,主要有以下几个方面。[①]

1.3.1 C++的输入输出

C++为了方便用户,除了可以利用printf和scanf函数进行输出和输入外,还增加了标准输入输出流cout和cin。cout是由c和out两个单词组成的,代表C++的输出流对象,cin是由c和in两个单词组成的,代表C++的输入流对象。它们是在头文件iostream中定义的。键盘和显示器是计算机的标准输入输出设备,所以在键盘和显示器上的输入输出称为标准输入输出,标准流是不需要打开和关闭文件即可直接操作的流式文件。

C++预定义的标准流如表1.2所示。

表1.2 C++预定义的标准流对象

流名	含 义	隐含设备	流名	含 义	隐含设备
cin	标准输入	键盘	cerr	标准出错输出	屏幕
cout	标准输出	屏幕	clog	cerr的缓冲形式	屏幕

1. 用cout进行输出

cout必须和输出运算符"<<"一起使用。"<<"在C语言中是作为位运算中的左移运算

① 为了方便读者学习后续各章中的C++程序,在本节中对C++对C语言功能的扩充作了集中的简单介绍,这些内容在C++程序中会常用到的。有了此初步了解之后,在后续各章中使用到它们时就不再介绍了。在学习本节时,只须大致了解即可,不必深究有关的语法规定,通过后面各章中的C++程序,对它们会有具体的体会,如果需要可以再参阅本节的内容。

符,在C++中对它赋以新的含义:作为输出信息时的"插入运算符"。例如,"cout<<"Hello!\n";"的作用是将字符串"Hello!\n"插入输出流 cout 中,也就是说把所指定的信息输出在标准输出设备上。

也可以不用"\n"而用 endl 控制换行,在头文件 iostream 中定义了控制符 endl 代表回车换行操作,作用与"\n"相同。endl 的含义是 end of line,表示结束一行。

可以在一个输出语句中使用多个运算符"<<"将多个输出项插入输出流 cout 中,"<<"运算符的结合方向为自左向右,因此各输出项按自左向右顺序插入输出流中。例如:

```
for(i=1; i<=3;i++)
  cout<<"count="<<i<<endl;
```

输出结果为

```
count=1
count=2
count=3
```

注意:每输出一项要用一个"<<"符号。不能写成"cout<<a,b,c,"A";"形式。

用 cout 和"<<"可以输出各种类型的数据,如:

```
float a=3.45;
int b=5;
char c='A';
cout<<"a="<<a<<","<<"b="<<b<<","<<"c="<<c<<endl;
```

输出结果为

```
a=3.45,b=5,c=A
```

可以看到:C++在实现输出时,并不需要像 C 语言那样用格式字符串指定输出数据的类型(如%d,%f,%c 等)。C++系统会自动按数据的类型进行输出,这显然比用 printf 函数方便多了。

如果要指定输出所占的列数,可以用控制符 setw 进行设置,如 setw(5) 的作用是为其后面一个输出项预留 5 列的空间,如果输出数据项的长度不足 5 列,则数据向右对齐,若超过 5 列则按实际长度输出。若将上面的输出语句改为

```
cout<<"a="<<setw(6)<<a<<endl<<"b="<<setw(6)<<b<<endl<<"c="<<setw(6)<<c<<
endl;
```

输出结果为

```
a=␣␣3.45
b=␣␣␣␣␣␣5
c=␣␣␣␣␣␣A
```

说明:若使用 setw,应当在程序的开头包含头文件 iomanip(或 iomanip.h)。

在C++中将数据送到输出流中称为"插入"(inserting)或"放到"(putting)。"<<"常称

为"插入运算符"。

2. 用 cin 进行输入

从输入设备向内存流动的数据流称为**输入流**。用 cin 实现从系统默认的标准输入设备(键盘)向内存流动的数据流称为标准输入流。用">>"运算符从输入设备键盘取得数据并送到输入流 cin 中,然后再送到内存。在C++中,这种输入操作称为"**提取**"(extracting)或"**得到**"(getting)。">>"常称为"**提取运算符**"。

cin 要与">>"配合使用。例如:

```
int a;                  //定义整型变量 a
float b;                //定义浮点型变量 b
cin>>a>>b;              //从键盘接收一个整数和一个实数,注意不要写成 cin>>a,b
```

如果在运行时从键盘输入

```
20 32.45↙              (两个数据间以空格分隔)
```

这时变量 a 和 b 分别获得值 20 和 32.45。用 cin 和">>"输入数据同样不需要在本语句中指定数据类型。

例 1.5 用 cin 和 cout 实现数据的输入输出。

编写程序:

```
#include<iostream>
using namespace std;
int main()
  {cout<<"please enter your name and age:"<<endl;
   char name[10];
   int age;
   cin>>name;
   cin>>age;
   cout<<"your name is "<<name<<endl;
   cout<<"your age is "<< age<<endl;
   return 0;
  }
```

运行结果:

```
please enter your name and age:
Wang-li↙
19↙
your name is Wang-li
your age is 19
```

程序分析:

细心的读者可能已发现,程序中对变量的定义放在了执行语句之后。在 C 语言程序中是不允许这样的,它要求声明部分必须在执行语句之前。而C++允许对变量的声明放在程序中的任何一行(但必须在使用该变量之前)。这是C++对 C 限制的放宽。

C++为流输入输出提供了一些格式控制的功能,如:dec(指定数据用十进制形式),hex(指定数据用十六进制形式),oct(指定数据用八进制形式),还可以控制实数的输出精度等。在本书第 7 章中有简单的介绍,也可以查阅有关书籍。

由以上可知,C++的输入输出比 C 的输入输出简单易用。使用C++的程序人员都喜欢用 cin 和 cout 进行输入输出。

1.3.2　用 const 定义常变量

在 C 语言中常用#define 指令来定义符号常量,如

```
#define PI 3.14159
```

实际上,只是在预编译时进行字符置换,把程序中出现的字符串 PI 全部置换为 3.14159。在预编译之后,程序中不再有 PI 这个标识符。PI 不是变量,没有类型,不占用存储单元,而且容易出错,如

```
int a=1;b=2;
#define PI 3.14159
#define R a+b
cout<<PI * R * R<<endl;
```

输出的并不是 3.14159 * (a+b) * (a+b),而是 3.14159 * a+b * a+b。

C++提供了用 const 定义常变量的方法,如

```
const float PI=3.14159;
```

定义了**常变量** PI,它具有变量的属性,有数据类型,占用存储单元,有地址,可以用指针指向它,只是在程序运行期间变量的值是固定的,不能改变。常变量方便易用,避免了用#define 定义符号常量时出现的缺点。因此,const 问世后,已取代了用@ define 定义符号常量的作用。一般把程序中不允许改变值的变量定义为常变量。

const 常与指针结合使用,有指向常变量的指针、常指针、指向常变量的常指针等,将在本书第 3 章中结合实际应用介绍。

1.3.3　函数原型声明

在 C 语言程序中,如果函数调用的位置在函数定义之前,则应在函数调用之前对所调用的函数作声明,但如果所调用的函数是整型的,也可以不进行函数声明。函数声明的形式**建议**采用函数原型声明,如本章例 1.3 程序中对 max 函数声明那样。但这并不是强制的,在编译时是不严格要求的,例如,用早期的 C 语言编写例 1.3 程序时,可以不对 max 函数作声明,也可以采用简化的形式,如下面几种声明的形式都是合法的,都能通过编译。

```
int max(int x,int y);                   //max 函数原型声明
int max();                              //不列出 max 函数的参数表
max();                                  //若 max 是整型函数,可以省略函数类型
```

在C++中,如果函数调用的位置在函数定义之前,则要求在函数调用之前**必须**对所调用的函数作函数原型声明,这不是建议性的,而是强制性的。这样做的目的是使编译系统对函数调用的合法性进行严格的检查,尽量保证程序的正确性。后来的C语言也采用了C++的这种规定。

函数声明的一般形式为

函数类型 函数名(参数表);

参数表中一般包括参数类型和参数名,也可以只包括参数类型而不包括参数名,例如,下面两种写法等价:

```
int max(int x,int y);                  //参数表中包括参数类型和参数名
int max(int,int);                      //参数表中只包括参数类型、不包括参数名
```

在编译时只检查参数类型,而不检查参数名。

1.3.4 函数的重载

在前面的程序中用到了插入运算符"<<"和提取运算符">>"。这两个运算符本来是C和C++位运算中的**左移运算符**和**右移运算符**,现在C++又把它作为输入输出运算符。允许一个运算符可以用于不同场合,不同的场合有不同的含义,这就叫运算符的"**重载**"(overloading),即重新赋予它新的含义。这其实就是"**一物多用**"。

在C++中,函数也可以重载。用C语言编程时,有时会发现有几个不同名的函数实现的是同一类的操作。例如,要求从3个数中找出其中最大者,而这3个数的类型事先不确定,可以是整型、实型或长整数型。在编写C语言程序时,需要分别设计出3个函数,其原型为

```
int max1(int a,int b,int c);                (求3个整数中的最大者)
float max2(float a,float b,float c);        (求3个实数中的最大者)
long max3(long a,long b,long c);            (求3个长整数中的最大者)
```

C语言规定在同一作用域(例如同一文件模块中)中不能有同名的函数,因此3个函数的名字不相同。

C++允许在同一作用域中用同一函数名定义多个函数,这些函数的参数个数和参数类型不相同,这些同名的函数用来实现不同的功能。这就是**函数的重载**,即**一个函数名多用**。

对上面的问题可以编写如下的C++程序。

例1.6 求3个数中最大的数(分别考虑整数、实数、长整数的情况)。

编写程序:

```
#include<iostream>
using namespace std;
int max(int a,int b,int c)                  //求3个整数中的最大者
  { if(b>a) a=b;
    if(c>a) a=c;
```

```
    return a;
  }
float max(float a,float b, float c)    //求 3 个实数中的最大者
  { if(b>a) a=b;
    if(c>a) a=c;
    return a;
  }
long max(long a,long b,long c)         //求 3 个长整数中的最大者
  { if(b>a) a=b;
    if(c>a) a=c;
    return a;
  }

int main()
  {int a,b,c;
   float d,e,f;
   long g,h,i;
   cin>>a>>b>>c;
   cin>>d>>e>>f;
   cin>>g>>h>>i;
   int m;
   m=max(a,b,c);                       //函数值为整型
   cout<<"max_i="<<m<<endl;
   float n;
   n=max(d,e,f);                       //函数值为实型
   cout<<"max_f="<<n<<endl;
   long int p;
   p=max(g,h,i);                       //函数值为长整型
   cout<<"max_l="<<p<<endl;
  }
```

运行结果:

```
8  5  6↙                         (输入 3 个整数给变量 a,b,c)
56.9  90.765  43.1↙              (输入 3 个实数给变量 d,e,f)
67543  -567  78123↙              (输入 3 个长整数给变量 g,h,i)
max_i=8                          (输出 3 个整数的最大值)
max_f=90.765                     (输出 3 个实数的最大值)
max_l=78123                      (输出 3 个长整数的最大值)
```

程序分析:

main 函数 3 次调用 max 函数,每次实参的类型不同。系统会根据实参的类型找到与之匹配的函数,然后调用该函数。

本例中 3 个 max 函数的参数个数相同而类型不同。实际上,参数个数也可以不同,见例 1.7。

例 1.7 用一个函数求 2 个整数或 3 个整数中的最大者。

编写程序:

```
#include<iostream>
using namespace std;
int max(int a,int b,int c)                    //求3个整数中的最大者
  {if(b>a) a=b;
   if(c>a) a=c;
   return a;
  }
int max(int a, int b)                         //求两个整数中的最大者
  {if(a>b) return a;
   else return b;
  }
int main()
  {int a=7,b=-4,c=9;
   cout<<"max_3="<<max(a,b,c)<<endl;          //输出3个整数中的最大者
   cout<<"max_2="<<max(a,b)<<endl;            //输出两个整数中的最大者
  }
```

运行结果:

```
max_3=9                                       (3个整数中的最大者)
max_2=7                                       (前两个整数中的最大者)
```

程序分析:

两次调用max函数的参数个数不同,系统会根据参数的个数找到与之匹配的函数并调用它。

参数的个数和类型可以都不同。应当注意:重载函数的参数个数或类型必须至少有其中之一不同,函数返回值类型可以相同也可以不同。但不允许参数个数和类型都相同而只有返回值类型不同,因为系统无法从函数的调用形式上判断哪一个函数与之匹配。

1.3.5 函数模板

1.3.4节介绍的函数重载可以实现一个函数名多用,将实现相同或类似功能的函数用同一个函数名来定义。这样使编程者在调用同类函数时感到含义清楚,方法简单。但是在程序中仍然要分别定义每一个函数,例如,例1.6程序中三个max函数的函数体是完全相同的,只是形参的类型不同,也要分别定义。有些读者自然会想到,对此能否再简化呢?

为了解决这个问题,C++提供了**函数模板**(function template)。所谓函数模板,实际上是建立一个通用函数,其函数类型和形参类型不具体指定,用一个虚拟的类型来代表,这个通用函数就称为函数模板。凡是函数体相同的函数都可以用这个模板来代替,不必定义多个函数,只须在模板中定义一次即可。在调用函数时系统会根据实参的类型来取代模板中的虚拟类型,从而实现了不同函数的功能。看下面的例子就清楚了。

例1.8 将例1.6程序改为通过函数模板来实现。

编写程序:

```
#include<iostream>
```

```
using namespace std;
template<typename T>                    //模板声明,其中,T 为类型参数
T max(T a,T b,T c)                      //定义一个通用函数,用 T 作虚拟的类型名
  {if(b>a) a=b;
   if(c>a) a=c;
   return a;
  }

int main()
  { int i1=8,i2=5,i3=6,i;
    double d1=56.9,d2=90.765,d3=43.1,d;
    long g1=67843,g2=-456,g3=78123,g;
    i=max(i1,i2,i3);                    //调用模板函数,此时 T 被 int 取代
    d=max(d1,d2,d3);                    //调用模板函数,此时 T 被 double 取代
    g=max(g1,g2,g3);                    //调用模板函数,此时 T 被 long 取代
    cout<<"i_max="<<i<<endl;
    cout<<"f_max="<<f<<endl;
    cout<<"g_max="<<g<<endl;
    return 0;
  }
```

运行结果与例 1.6 相同。为了节省篇幅,数据不用 cin 语句输入,而在变量定义时初始化。

程序分析:

程序第 3~8 行是定义模板。定义函数模板的一般形式为

template<typename T>
通用函数定义

或

template<class T>
通用函数定义

template 的含义是“模板”,尖括号中先写关键字 typename(或 class),后面跟一个类型参数 T,这个类型参数实际上是一个虚拟的类型名,表示模板中出现的 T 是一个类型名,但是现在并未指定它是哪一种具体的类型。在函数定义时用 T 来定义参数 a,b,c,显然参数 a,b,c 的类型也是未确定的。要等到函数调用时根据实参的类型来确定 T 是什么类型。其实也可以不用 T 而用任何一个标识符,许多人习惯用 T(T 是 Type 的第一个字母),而且用大写,以与实际的类型名相区别。

class 和 typename 的作用相同,都是表示“类型名”,二者可以互换。以前的C++程序员都用 class。typename 是不久前才被加到标准C++中的,因为用 class 容易与C++中的“类”混淆,而用 typename 的含义就很清楚,是类型名(而不是类名)。

有些读者可能对模板中通用函数的表示方法不习惯,其实在建立函数模板时,只要将例 1.6 程序中定义的第一个函数首部的 int 改为 T 即可,即用虚拟的类型名 T 代替具体的

数据类型。在对程序进行编译时,遇到第13行调用函数max(i1,i2,i3),编译系统会将函数名max与模板max相匹配,将实参的类型取代了函数模板中的虚拟类型T。此时相当于已定义了一个函数:

```
int max(int a,int b,int c)
  {if(b>a) a=b;
   if(c>a) a=c;
   return a;
  }
```

然后调用它。后面两行(第14,15行)的情况类似。

类型参数可以不只一个,根据需要确定个数。如

```
template<typename T1,typename T2>
```

可以看到,用函数模板比函数重载更方便,程序更简洁。但应注意它只适用于函数的参数个数相同而类型不同,且函数体相同的情况,如果参数的个数不同,则不能用函数模板。

1.3.6 有默认参数的函数

一般情况下,在函数调用时形参从实参那里取得值,因此实参的个数应与形参相同。有时多次调用同一函数时用同样的实参,C++提供简单的处理办法,给形参一个默认值,这样形参就不必一定要从实参取值了。如有一函数声明:

```
float area(float r=6.5);
```

指定r的默认值为6.5。如果在调用此函数时,知道r的值为6.5,则可以不必给出实参的值,如

```
area();                              //相当于area(6.5);
```

如果不想使形参取此默认值,则通过实参另行给出。如

```
area(7.5);                           //形参得到的值为7.5,而不是6.5
```

这种方法比较灵活,可以简化编程,提高运行效率。

如果有多个形参,可以使每个形参有一个默认值,也可以只对一部分形参指定默认值,另一部分形参不指定默认值。如有一个求圆柱体体积的函数,形参h代表圆柱体的高,r为圆柱体半径。函数原型如下:

```
float volume(float h,float r=12.5);  //只对形参r指定默认值12.5
```

函数调用可以采用以下形式:

```
volume(45.6);                        //相当于volume(45.6,12.5)
volume(34.2,10.4)                    //h的值为34.2,r的值为10.4
```

实参与形参的结合是从左至右顺序进行的,第1个实参必然与第1个形参结合,第2个实参必然与第2个形参结合……因此指定默认值的参数必须放在形参表列中的最右端,否

则出错。例如：

```
void f1(float a,int b=0,int c,char d='a');          //不正确
void f2(float a,int c,int b=0,char d='a');          //正确
```

如果调用上面的 f2 函数,可以采取下面的形式：

```
f2(3.5,5,3,'x')                    //形参的值全部从实参得到
f2(3.5,5,3)                        //最后一个形参的值取默认值'a'
f2(3.5,5)                          //最后两个形参的值取默认值,b=0,d='a'
```

可以看到,在调用有默认参数的函数时,实参的个数可以与形参不同,实参未给定的,从形参的默认值得到值。利用这一特性,可以使函数的使用更加灵活。例如例 1.6 也可以不用重载函数,而改用带有默认参数的函数。请读者自己完成。

在使用带有默认参数的函数时有两点要注意：

(1) 如果函数的定义在函数调用之前,则应在函数定义中给出默认值。如果函数的定义在函数调用之后,则在函数调用之前需要有函数声明,此时必须在函数声明中给出默认值,在函数定义时可以不给出默认值。也就是说必须在函数调用之前将默认值的信息通知编译系统。由于编译是从上到下逐行进行的,如果在函数调用之前未得到默认值信息,在编译到函数调用时,就会认为实参个数与形参个数不匹配而报错。

如果在声明函数时已对形参给出了默认值,而在定义函数时又对形参给出默认值,有的编译系统会给出“重复指定默认值”的报错信息,有的编译系统对此不报错,甚至允许在声明时和定义时给出的默认值不同,此时编译系统以先遇到的为准。由于函数声明在函数定义之前,因此以声明时给出的默认值为准,而忽略定义函数时给出的默认值。例如在函数声明时指定 c 的默认值为-32767,而在定义函数时指定 c 的默认值为 123,则编译系统取 c 的默认值为-32767。为了避免混淆,最好只在函数声明时指定默认值。

(2) 一个函数不能既作为重载函数,又作为有默认参数的函数。因为当调用函数时,如果少写一个参数,系统无法判定是利用重载函数还是利用默认参数的函数,会出现二义性,系统无法执行。

例如,将例 1.7 中第 3 行改为

```
int max(int a,int b,int c=100);    //max 是重载函数,又有默认参数
```

如果有一函数调用“max(5,23)”,编译系统无法判定是调用哪一个函数,于是发出编译出错信息。

1.3.7　变量的引用

引用(reference)是C++对 C 的一个重要扩充。

1. 引用的概念

在C++中,变量的“引用”就是变量的别名,因此**引用**又称为**别名**(alias)。建立“引用”的作用是为一个变量再起另一个名字,以便在需要时可以方便、间接地引用该变量,这就是**引用**名称的由来。对一个变量的“引用”的所有操作,实际上都是对其所代表的

(原来的)变量的操作。

假如有一个变量a,想给它起一个别名b,可以这样编写:

```
int a;
int &b=a;                              //声明b是一个整型变量的引用变量,它被初始化为a
```

这就声明了b是a的“引用”,即a的别名。经过这样的声明后,使用a或b的作用相同,都代表同一变量。注意:在上述声明中,&是“引用声明符”,此时它并不代表地址。不要理解为“把a的值赋给b的地址”。对变量声明一个引用,并不另开辟内存单元,b和a都代表同一变量单元。在声明一个引用时,必须同时使之初始化,即声明它代表哪一个变量。

注意:由于引用不是独立的变量,编译系统不给它单独分配存储单元,因此在建立引用时只有声明,没有定义,只是声明它和原有某一变量的关系。

当声明一个变量的引用后,在本函数执行期间,该引用一直与其代表的变量相联系,不能再作为其他变量的别名。下面的用法不对:

```
int a1,a2;
int &b=a1;                             //使b成为变量a1的引用(别名)
int &b=a2;                             //又企图使b成为变量a2的引用(别名)是不行的
```

2. 引用的简单使用

通过下面的例子可以了解引用的简单使用。

例1.9 了解引用和变量的关系。

编写程序:

```
#include<iostream>
using namespace std;
int main()
  {int a=10;
   int &b=a;                           //声明b是a的引用
   a=a*a;                              //a的值变化了,b的值也应一起变化
   cout<<a<<b;
   b=b/5;                              //b的值变化了,a的值也应一起变化
   cout<<b<<a;
   return 0;
  }
```

运行结果:

```
100 100
20 20
```

程序分析:

a的值开始为10,b是a的引用,它的值当然也应该是10,当a的值变为100(a*a的值)时,b的值也随之变为100。在输出a和b的值后,b的值变为20,显然a的值也应为

20(见图 1.1)。

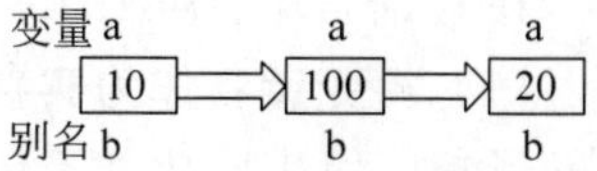

图　1.1

3. 关于引用的简单说明

(1) 引用并不是一种独立的数据类型,它必须与某一种类型的数据相联系。声明引用时必须指定它代表的是哪个变量,即对它初始化。例如:

```
int &b=a;                    //正确,指定 b 是整型变量 a 的别名
int &b;                      //错误,设有指定 b 代表哪个变量
float a; int &b=a;           //错误,声明 b 是一个整型变量的别名,而 a 不是整型变量
```

注意:不要把声明语句“int &b=a;”理解为“将变量 a 的值赋给引用 b”,它的作用是使 b 成为 a 的引用,即 a 的别名。

(2) 引用与其所代表的变量共享同一内存单元,系统并不为引用另外分配存储空间。实际上,编译系统使引用和其代表的变量具有相同的地址。如果有

```
int a=3;                         //定义整型变量 a
int &b=a;                        //声明 b 是整型变量的别名
cout<<&a<<"  "<<&b<<endl;        //输出 a 和 b 的地址
```

输出的 a 的地址和 b 的地址是相同的,这就表示了引用的地址就是其代表的变量的地址,a 和 b 代表的是同一存储单元。如果用运算符 sizeof 测量 a 和 b 的字节数,可以发现 a 和 b 的长度是相同的。

(3) 当看到 &a 这样的形式时,怎样区别是声明引用变量还是取地址的操作呢？请记住,当 &a 的前面有类型符时(如 int &a),它必然是对引用的声明;如果前面没有类型符(如 p=&a),此时的 & 是取地址运算符。

(4) 对引用的初始化,可以用一个变量名,也可以用另一个引用。如

```
int a=3;                         //定义 a 是整型变量
int &b=a;                        //声明 b 是整型变量的别名
int &c=b;                        //声明 c 是整型引用 b 的别名
```

这是合法的,这样,整型变量 a 有两个别名,即 a 和 b。

(5) 引用在初始化后不能再被重新声明为另一变量的别名。如

```
int a=3,b=4;                     //定义 a 和 b 是整型变量
int &c=a;                        //声明 c 是整型变量 a 的别名
c=&b;                            //企图使 c 改变成为整型变量 b 的别名,错误
int &c=b;                        //企图重新声明 c 为整型变量 b 的别名,错误
```

实际上,在C++程序中很少单独使用变量的引用,如果要使用某一个变量,就直接使用它的原名,没有必要故意使用它的别名。前面举的例子只是为了说明引用的特征和基本的用法。既然有了变量名,为什么还需要一个别名呢？请见下面的介绍。

4. 将引用作为函数参数

C++之所以增加“引用”,主要是利用它作为函数参数,以扩充函数传递数据的功能。

在C语言中,函数的参数传递有以下两种情况。

(1) **将变量名作为实参**。这时传给形参的是变量的值。传递是单向的,在执行函数期间形参值发生变化并不传回给实参,因为在调用函数时,形参和实参不是同一个存储单元。下面的程序无法实现两个变量的值互换。

例 1.10 无法实现两个变量的值互换的程序。

编写程序:

```
#include<iostream>
using namespace std;
void swap(int a,int b)
  {int temp;
   temp=a;
   a=b;
   b=temp;                          //实现 a 和 b 的值互换
  }
int main()
  {int i=3,j=5;
   swap(i,j);
   cout<<i<<","<<j<<endl;      //i 和 j 的值未互换
   return 0;
  }
```

运行结果:

```
3,5
```

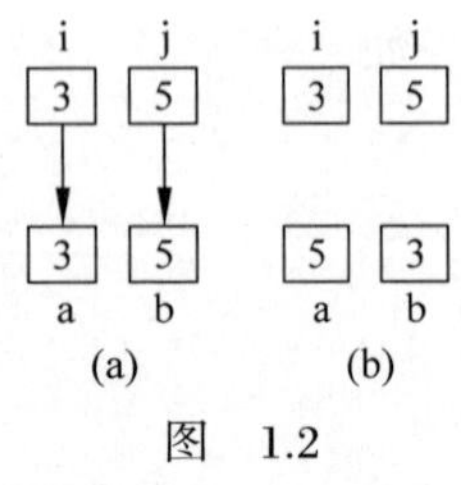

图 1.2

程序分析:

输出i和j的值仍为3和5,见图1.2示意。图1.2(a)表示调用函数时的数据传递,图1.2(b)是执行swap函数体后的情况,a和b值的改变不会改变i和j的值。

(2) **传递变量的指针**。为了解决上面这个问题,在C程序中可以用传递变量地址的方法。使形参得到一个变量的地址,这时形参指针变量指向实参变量单元,程序见例1.11。

例 1.11 使用指针变量作形参,实现两个变量的值互换。

编写程序:

```
#include<iostream>
using namespace std;
void swap(int *p1,int *p2)
  {int temp;
   temp=*p1;
   *p1=*p2;
   *p2=temp;
  }
int main()
```

```
{int i=3,j=5;
 swap(&i,&j);
 cout<<i<<","<<j<<endl;
 return 0;
}
```

运行结果:

```
5,3
```

程序分析:

形参与实参的结合见图 1.3。调用函数时把变量 i 和 j 的地址传送给形参 p1 和 p2(它们是指针变量),因此 * p1 和 i 为同一内存单元, * p2 和 j 为同一内存单元,图 1.3(a)表示刚调用 swap 函数时的情况,图 1.3(b)表示执行完函数体语句时的情况。显然,i 和 j 的值改变了。

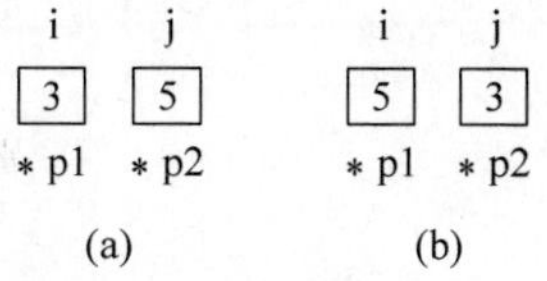

i	j		i	j
3	5		5	3
* p1	* p2		* p1	* p2

(a) (b)

图 1.3

这种方法其实也是采用“值传递”方式,向一个指针变量传送一个地址。然后再通过指针变量访问有关变量。这样做能得到正确结果,但是在概念上兜了一个圈子,需要使用指针运算符 * (有时还需要使用“->”运算符)去访问有关变量,比较麻烦。

(3) **传送变量的别名**。C++把变量的引用作为函数形参,就弥补了上面的不足。这就是向函数传递数据的第三种方法,即传送变量的别名。

例 1.12 利用“引用形参”实现两个变量的值互换。

编写程序:

```
#include<iostream>
using namespace std;
void swap(int &a,int &b)
  {int temp;
   temp=a;
   a=b;
   b=temp;
  }
int main()
  {int i=3,j=5;
   swap(i,j);
   cout<<"i="<<i<<" "<<"j="<<j<<endl;
   return 0;
  }
```

运行结果:

```
i=5 j=3
```

程序分析:

在 swap 函数的形参表列中声明 a 和 b 是整型变量的引用(要声明引用,既可以在函数体中声明,也可以在定义函数时在形参表列中声明)。请注意:在此处 &a 不是“a 的地址”,而是指“a是一个整型变量的引用”。但是此时并未对它们初始化,即未指定它们是哪个变量的别名。对引用型形参的初始化是在函数调用时通过虚实结合实现的。当main函数调用swap函数时由实参把变量名传给形参。i的名字传给引用a,这样a就成了i的别名。同理,b成为j的别名。a和i代表同一个变量,b和j代表同一个变量。在swap函数中使a和b的值对换,显然,i和j的值同时改变了(见图1.4,其中,(a)是刚开始执行swap函数时的情况;(b)是执行完函数体语句时的情况)。在main函数中输出i和j改变后的值。

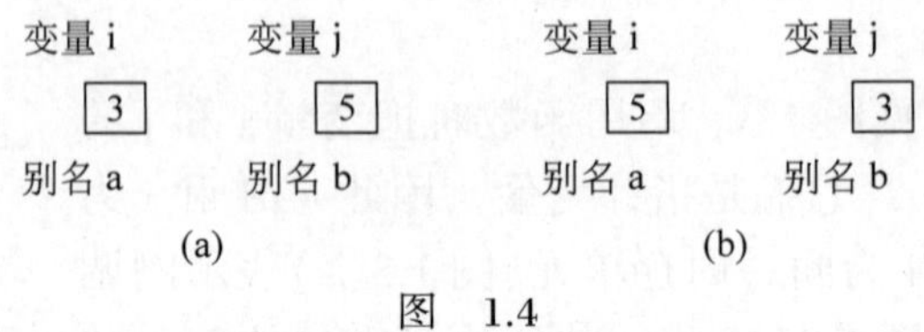

图 1.4

实际上,实参传给形参的是实参的地址,也就是使形参a和变量i具有同样的地址,从而使a和i共享同一单元。为便于理解,我们说把变量i的名字传给引用变量a,使a成为i的别名。

通过引用的方法,就可以轻而易举地解决两个变量互换值的问题。从例1.10可知,如果形参和实参都用变量名,是不能实现两个变量互换值的,因为在调用swap函数期间,形参和实参是两个不同的变量,分别占用不同的存储单元,显然形参的值的改变不会影响实参的值。而在例1.12中,形参不是另外一个变量,而是实参的引用,与实参同占一个存储单元。显然,形参的值的改变会影响实参的值。这就是用引用作函数形参的明显好处。

通过上面的例子和分析,知道在C++调用函数时有两种传递数据的方式,一种是常用的方法:将实参的**值**传送给形参,形参是实参的一个拷贝,这种方式称为**传值方式调用**(call by value);另一种是将实参的**地址**传给引用型形参,这时形参与实参是同一个变量,这种方式称为**引用方式调用**(call by reference)。

使用引用和使用指针变量作函数形参有什么不同?分析例1.12(对比例1.11),可以发现:

① 不必在swap函数中设立指针变量,指针变量要另外开辟内存单元,其内容是地址。而引用不是一个独立的变量,不单独占内存单元,在本例中其值为一整数。

② 在main函数中调用swap函数时,实参不必在变量名前加&以表示地址。系统传送的是实参的地址而不是实参的值。

③ 使用指针变量时,为了表示指针变量所指向的变量,必须使用指针运算符*(如例1.11程序内swap函数中的*p1,*p2),而使用引用时,引用就代表该变量,不必使用指针运算符*(见例1.12程序内swap函数)。对比例1.11和例1.12中的swap函数,可以发现例1.12中的swap函数比例1.11中的swap函数简单。

④ 用引用能完成的工作,用指针也能完成。但用引用比用指针直观、方便,直截了当,不必“兜圈子”,容易理解。有些过去只能用指针来处理的问题,现在可以用引用来代替,从而降低了程序设计的难度。

5. 对引用的进一步说明

有了以上的初步知识后,再对使用引用的一些细节作进一步讨论。

(1) 不能建立 void 类型的引用,如

```
void &a=9;                //错误
```

因为任何实际存在的变量都是属于非 void 类型的,void 的含义是无类型或空类型,void 只是在语法上相当于一个类型而已。

(2) 不能建立引用的数组。如

```
char c[6]="hello";
char &rc[6]=c;            //错误
```

企图建立一个包含 6 个元素的引用的数组,这是不行的,数组名 c 只代表数组首元素的地址,本身并不是一个占有存储空间的变量。

(3) 可以将变量的引用的地址赋给一个指针,此时指针指向的是原来的变量,如

```
int a=3;                  //定义 a 是整型变量
int &b=a;                 //声明 b 是整型变量的别名
int *p=&b;                //指针变量 p 指向变量 a 的引用 b,相当于指向 a,合法
```

相当于 p 指向变量 a,其作用与下面一行相同,即

```
int *p=&a;
```

如果输出 * p 的值,就是 b 的值,也就是 a 的值。但是不能定义指向引用类型的指针变量,不能写成

```
int & *p=&a;              //企图定义指向引用类型的指针变量 p,错误
```

由于引用不是一种独立的数据类型,因此不能建立指向引用类型的指针变量。

(4) 可以建立指针变量的引用,如

```
int i=5;                  //定义整型变量 i,初值为 5
int *p=&i                 //定义指针变量 p,指向 i
int * &pt=p;              //pt 是一个指向整型变量的指针变量的引用,初始化为 p
```

从定义的形式可以看出,&pt 表示 pt 是一个变量的引用,它代表一个 int * 类型的数据对象(即指针变量),如果输出 * pt 的值,就是 * p 的值 5。

(5) 可以用 const 对引用加以限定,不允许改变该引用的值。如

```
int i=5;                  //定义整型变量 i,初值为 5
const int &a=i;           //声明常引用,不允许改变 a 的值
a=3;                      //企图改变引用 a 的值,错误
```

但是它并不阻止改变引用所代表的变量的值,如

```
i=3;                      //合法
```

此时输出 i 和 a 的值都是 3。

这一特征在使用引用作为函数形参时是有用的,因为有时希望保护形参的值不被改变,在第 3 章中将会看到它的应用。

(6) 可以用常量或表达式对引用进行初始化,但此时必须用 const 作声明。如

```
int i=5;
const &a=i+3;                //合法
```

此时编译系统是这样处理的:生成一个临时变量,用来存放该表达式的值,引用是该临时变量的别名。系统将"const &a=i+3;"转换为

```
int temp=i+3;                //先将表达式的值存放在临时变量 temp 中
const int &a=temp;           //声明 a 是 temp 的别名
```

临时变量是在内部实现的,用户不能访问临时变量。

用这种办法不仅可以用表达式对引用进行初始化,还可以用不同类型的变量对之初始化(要求能赋值兼容的类型)。如

```
double d=3.1415926;          //d 是 double 类型变量
const int &a=d;              //用 d 初始化 a
```

编译系统将"const int &a=d;"转换为

```
int temp=d;                  //先将 double 类型变量 d 转换为 int 型,存放在 temp 中
const int &a=temp;           //temp 和 a 同类型
```

注意:此时如果输出引用 a 的值,将是 3 而不是 3.1415926。因为从根本上说,只能对变量建立引用。

如果在上面声明引用时不用 const,则会发生错误。如

```
double d=3.1415926;          //d 是 double 类型变量
int &a=d;                    //未加 const,错误
```

为什么呢?若允许这样做的话,如果修改了引用 a 的值(例如"a=6.28;"),则临时变量 temp 的值也变为 6.28,而变量 d 的值并未改变,这往往不是用户所希望的,即存在二义性。与其允许修改引用的值而不能实现用户的目的,还不如不允许修改引用的值。这就是C++规定对这类引用必须加 const 的原因。

C++提供的引用机制是非常有用的,尤其用作函数参数时,比用指针简单、易于理解,而且可以减少出错机会,提高程序的效率,在许多情况下能代替指针的操作。在本书的第 3 章和第 4 章中会有具体的使用例子,请读者认真阅读,并在今后的实践中进一步熟悉它的使用。

1.3.8 内置函数

调用函数时需要一定的时间,如果有些函数需要频繁使用,则累计所用时间会很长,从而降低程序的执行效率。C++提供一种提高效率的方法,即在编译时将所调用函数的代码嵌入主调函数中。这种嵌入主调函数中的函数称为**内置函数**(inline function),又称

内嵌函数。在有些书中把它译成**内联函数**。

指定内置函数的方法很简单,只须在函数首行的左端加一个关键字 inline 即可。

例 1.13 将函数指定为内置函数。

编写程序:

```
#include<iostream>
using namespace std;
inline int max(int a,int b,int c)            //这是一个内置函数,求 3 个整数中的最大者
  {if(b>a) a=b;
   if(c>a) a=c;
   return a;
  }

int main()
  {int i=7,j=10,k=25,m;
   m=max(i,j,k);
   cout<<"max="<<m<<endl;
   return 0;
  }
```

运行结果:

```
max=25
```

程序分析:

在定义函数时指定它为内置函数,因此编译系统在遇到函数调用 max(i,j,k)时,就用 max 函数体的代码代替 max(i,j,k),同时将实参代替形参。这样,m=max(i,j,k)就被置换成

```
{
 a=i;b=j;c=k;
 if(b>a) a=b;
 if(c>a) a=c;
 m=a;
}
```

内置函数与用#define 命令实现的带参宏定义有些相似,但不完全相同。宏定义是在编译前由预处理程序对其预处理的,它只作简单的字符置换而不作语法检查,往往会出现意想不到的错误。

使用内置函数可以节省运行时间,但却增加了目标程序的长度。假设要调用 10 次 max 函数,则在编译时先后 10 次将 max 的代码复制并插入 main 函数,大大增加了 main 函数的长度。因此只有对于规模很小且使用频繁的函数,才可大大提高运行速度。

1.3.9 作用域运算符

每一个变量都有其有效的作用域,只能在变量的作用域内使用该变量,不能直接使用

其他作用域中的变量,见例1.14。

例1.14 局部变量和全局变量同名。

编写程序:

```
#include<iostream>
using namespace std;
float a=13.5;
int main()
  {int a=5;
   cout<<a;
   return 0;
  }
```

运行结果:

```
5
```

程序分析:

程序中有两个a变量:一个是全局变量a,浮点型;另一个是main函数中的整型变量a,它是在main函数中有效的局部变量。根据规定,在main函数中局部变量将屏蔽全局变量。因此用cout输出的将是局部变量a的值5,而不是实型变量的值13.5。如果想输出全局实型变量的值,有什么办法呢?C++提供作用域运算符"::",它能指定所需要的作用域。可以把main函数改为

```
int main()
  {int a=5;
   cout<<a<<endl;                //输出局部变量a的值
   cout<<::a<<endl;              //输出全局变量a的值
  }
```

运行结果:

```
5                               (局部变量a的值)
13.5                            (全局变量a的值)
```

"::a"表示全局作用域中的变量a。请注意:不能用"::"访问函数中的局部变量。

1.3.10 字符串变量

除了可以使用字符数组处理字符串外,C++还提供了一种更方便的方法——用**字符串类型**(string类型)定义**字符串变量**。

实际上,string并不是C++语言本身具有的基本类型(而char,int,float,double等是C++本身提供的基本类型),它是在C++标准库中声明的一个**字符串类**,用这种类可以定义对象。

1. 定义字符串变量

和其他类型变量一样,字符串变量必须先定义后使用,定义字符串变量要用类名

string。如

```
string string1;                //定义 string1 为字符串变量
string string2="China";        //定义 string2 同时对其初始化
```

可以看出,这和定义 char,int,float,double 等类型变量的方法是类似的。

应当注意：要使用 string 类的功能时,必须在本文件的开头将C++标准库中的“string”头文件包含进来,即应加上

```
#include<string>               //注意头文件名不是"string.h"
```

这一点是与定义基本数据类型变量不同的。

2. 对字符串变量的赋值

在定义了字符串变量后,可以用赋值语句对它赋以一个字符串常量,如

```
string1="Canada";
```

而用字符数组时是不能这样做的：

```
char str[10];
str="Hello!";                  //错误
```

既可以用字符串常量给字符串变量赋值,也可以用一个字符串变量给另一个字符串变量赋值。如

```
string2=string1;               //假设 string2 和 string1 均已定义为字符串变量
```

不要求 string2 和 string1 长度相同,假如 string2 原来是"China",string1 原来是"Canada",赋值后 string2 也变成"Canada"。在定义字符串变量时不需指定长度,它的长度随其中的字符串长度而改变。如在执行上面的赋值语句前,长度为 5,赋值后长度为 6。

这就使在向字符串变量赋值时不必精确计算字符个数,不必顾虑是否会“超长”而影响系统安全,为使用者提供了很大方便。

可以对字符串变量中某一字符进行操作,如

```
string word="Then";            //定义并初始化字符串变量 word
word[2]='a';                   //修改序号为 2 的字符,修改后 word 的值为"Than"
```

前面已说明,字符串常量以“\0”作为结束符,但将字符串常量存放到字符串变量中时,只存放字符串本身而不包括“\0”。因此字符串变量 word 中的字符为"Than"(共 4 个字符)而不是"Than"再加“\0”。

3. 字符串变量的输入输出

可以在输入输出语句中用字符串变量名,输入输出字符串,如

```
cin>> string1;                 //从键盘输入一个字符串给字符串变量 string1
cout<< string2;                //将字符串 string2 输出
```

4. 字符串变量的运算

在以字符数组存放字符串时,字符串的运算要用字符串函数,如strcat(连接),strcmp(比较),strcpy(复制),而对string类对象,可以不用这些函数,而直接用简单的运算符。

(1) 字符串复制用赋值号

```
string1=string2;
```

其作用与“strcpy(string1,string2);”相同。

(2) 字符串连接用加号

```
string string1="C++";         //定义 string1 并赋初值
string string2="Language";    //定义 string2 并赋初值
string1=string1+string2;      //连接 string1 和 string2
```

连接后string1为"C++ Language"。

(3) 字符串比较直接用关系运算符

可以直接用==(等于)、>(大于)、<(小于)、!=(不等于)、>=(大于或等于)、<=(小于或等于)等关系运算符来进行字符串的比较。

使用这些运算符比使用C语言中的字符串函数直观而方便。因此,多数人都更喜欢用string变量。

5. 字符串数组

不仅可以用string定义字符串变量,也可以用string定义字符串数组。如

```
string name[5];                              //定义一个字符串数组,它包含5个字符串元素
string name[5]={"Zhang","Li","Fan","Wang","Tan"};
                                             //定义一个字符串数组并初始化
```

此时name数组的状况如图1.5所示。

可以看到:

(1) 在一个字符串数组中包含若干(这里为5个)元素,每个元素相当于一个字符串变量。

(2) 并不要求每个字符串元素具有相同的长度,即使对同一个元素而言,它的长度也是可以变化的,当向某一个元素重新赋值,其长度就可能发生变化。

(3) 在字符串数组的每一个元素中存放一个字符串,而不是一个字符,这是字符串数组与字符数组的区别。如果用字符数组存放字符串,一个元素只能存放一个字符,用一个一维字符数组存放一个字符串。

name[0]	Z	h	a	n	g
name[1]	L	i			
name[2]	F	a	n		
name[3]	W	a	n	g	
name[4]	T	a	n		

图 1.5

(4) 每一个字符串元素中只包含字符串本身的字符而不包括“\0”。

可见用字符串数组存放字符串以及对字符串进行处理是很方便的,使用户感到更加直观,简化了操作,提高了效率。

读者可能会有这样的疑问:前面曾说过,数组的每一个元素

都应该是同类型且长度相同的。而现在字符串数组中每一个元素的长度并不相同,那么,在定义字符串数组时怎样给数组分配存储空间呢?实际上,编译系统为每一个字符串变量分配固定的字节数(Visual C++为4个字节),在这个存储单元中,并不是直接存放字符串本身,而是存放字符串的地址。在上面的例子中,就是把字符串"Zhang"的首地址存放在name[0],把字符串"Li"的首地址存放在name[1],把字符串"Fan"的首地址存放在name[2]……图1.5只是示意图。在字符串变量中存放的是字符串的指针(字符串的首地址)。

读者可以自己上机试一下,输出sizeof(string)和sizeof(name),观察它们的值。可以看到前者为4,后者为20(因为name数组有5个string类的元素)。

例1.15 输入3个字符串,要求按字母由小到大顺序输出。

对于将3个整数按由小到大顺序输出,是很容易处理的。可以按照同样的算法来处理将3个字符串按大小顺序输出。

编写程序:

```
#include<iostream>
#include<string>
using namespace std;
int main()
  {string string1,string2,string3,temp;
   cout<<"please input three strings:";            //这是对用户输入的提示
   cin>>string1>>string2>>string3;                 //输入3个字符串
   if(string2>string3) {temp=string2;string2=string3;string3=temp;}
       //使串2≤串3
   if(string1<=string2) cout<<string1<<" "<<string2<<" "<<string3<<endl;
       //如果串1≤串2,则串1≤串2≤串3
   else if(string1<=string3) cout<<string2<<" "<<string1<<" "<<string3<<endl;
       //如果串1>串2,且串1≤串3,则串2<串1≤串3
   else cout<<string2<<" "<<string3<<" "<<string1<<endl;
       //如果串1>串2,且串1>串3,则串2≤串3<串1
   return 0;
  }
```

运行结果:

```
please input three strings: China U.S.A. Germany↙
China Germany U.S.A.
```

程序分析:

这个程序是很好理解的。在程序中对字符串变量用关系运算符进行比较,如同对数值型数据进行比较一样方便。

1.3.11 动态分配/撤销内存的运算符 new 和 delete

在软件开发中,常常需要动态地分配和撤销内存空间。在C语言中是利用库函数

malloc 和 free 分配和撤销内存空间的。但是使用 malloc 函数时必须指定需要开辟的内存空间的大小。其调用形式为 malloc(size)。size 是字节数,需要人们事先求出或用 sizeof 运算符由系统求出。此外,malloc 函数只能从用户处知道应开辟空间的大小而不知道数据的类型,因此无法使其返回的指针指向具体的数据。其返回值一律为 void *类型,必须在程序中进行强制类型转换,才能使其返回的指针指向具体的数据。

C++提供了较简便而功能较强的运算符 new 和 delete 来取代 malloc 和 free 函数(为了与 C 语言兼容,仍保留这两个函数)。例如:

```
new int;                      //开辟一个存放整数的空间,返回一个指向整型数据的指针
new int(100);                 //开辟一个存放整数的空间,并指定该整数的初值为 100
new char[10];                 //开辟一个存放字符数组的空间,该数组有 10 个元素
                              //返回一个指向字符数据的指针
new int[5][4];                //开辟一个存放二维整型数组的空间,该数组大小为 5×4
float *p=new float(3.14159)   //开辟一个存放实数的空间,并指定该实数的初值为 3.14159,
                              //将返回的指向实型数据的指针赋给指针变量 p
```

new 运算符使用的一般格式为

new 类型[初值];

用 new 分配数组空间时不能指定初值。

delete 运算符使用的一般格式为

delete[]指针变量

例如要撤销上面用 new 开辟的存放实数的空间(上面第 5 个例子),应该用

```
delete p;
```

前面用 new char[10]开辟的空间,如果把返回的指针赋给了指针变量 pt,则应该用以下形式的 delete 运算符撤销所开辟的空间:

```
delete[]pt;                   //在指针变量前面加一对方括号,表示对数组空间的操作
```

例 1.16 开辟空间以存放一个结构体变量。

编写程序:

```
#include<iostream>
#include<string.h>
using namespace std;
struct Student
  {char name [10];
   int num;
   char sex;
  };
int main()
  {Student *p;
   p=new Student;
```

```
    strcpy(p->name,"Wang Yun");
    p->num=10123;
    p->sex='M';
    cout<<p->name<<" "<<p->num<<" "<<p->sex<<endl;
    delete p;
    return 0;
  }
```

运行结果：

```
Wang Yun 101213 M
```

程序分析：

先声明了一个结构体类型 Student，定义一个指向它的指针变量 p，用 new 开辟一段空间以存放一个 Student 类型的变量，空间的大小由系统根据 Student 自动算出，不必用户指定。执行 new 后返回一个指向 Student 类型数据的指针，存放在 p 中。然后对各成员赋值并输出(通过指针变量 p 访问结构体变量)，最后用 delete 撤销该空间。

如果由于内存不足等原因而无法正常分配空间，则 new 会返回一个空指针 NULL，用户可以根据该指针的值判断分配空间是否成功。

注意：new 和 delete 是运算符，不是函数，因此执行效率高。new 要和 delete 配合使用。

1.3.12　C++对 C 功能扩展的小结

C++对 C 功能的扩展包括：

(1) 允许使用以//开头的注释。

(2) 对变量的定义可以出现在程序中的任何行(但必须在引用该变量之前)。

(3) 提供了标准输入输出流对象 cin 和 cout，它们不用指定输入输出格式符(如%d)，使输入输出更加方便。

(4) 可以用 const 定义常变量。

(5) 可以利用函数重载实现用同一函数名代表功能类似的函数，以方便使用，提高可读性。

(6) 可以利用函数模板，简化同一类的函数的编程工作。

(7) 可以使用带默认值的参数的函数，使函数的调用更加灵活。

(8) 提供变量的引用类型，即为变量提供一个别名，将"引用"作为函数形参，可以实现通过函数的调用来改变实参变量的值。

(9) 增加了内置函数(内嵌函数)，以提高程序的执行效率。

(10) 增加了单目的作用域运算符，这样在局部变量作用域内也能引用全局变量。

(11) 可以用 string 类定义字符串变量，使得对字符串的运算更加方便。

(12) 用 new 和 delete 运算符代替 malloc 和 free 函数，使分配动态空间更加方便。

C++对 C 的扩展还有其他一些方面。这些扩充使得人们在进行程序设计时，更加方便和得心应手。在本书以后各章中，将在程序中用到这些扩展的功能，读者会在实践过程中逐步熟悉和运用它们。

1.4 C++程序的编写和实现

在前面已经看到了一些用C++语言编写的程序。但是,写出了程序并不等于问题已经解决了,因为还没有上机运行,没有得到最终的结果。一个程序从编写到最后得到运行结果要经历以下一些步骤。

1. 用C++语言编写程序

所谓程序,就是一组计算机系统能识别和执行的指令。每一条指令使计算机执行特定的操作。用高级语言编写的程序称为"源程序"(source program)。C++的源程序是以.cpp 作为扩展名的(cpp 是 c plus plus 的缩写)。

2. 对源程序进行编译

从根本上说,计算机只能识别和执行由 0 和 1 组成的二进制的指令,而不能识别和执行用高级语言写的指令。为了使计算机能执行高级语言源程序,必须先用一种称为"编译器(complier)"的软件(也称编译程序或编译系统),把源程序翻译成二进制形式的"目标程序(object program)"。

编译是以源程序文件为单位分别编译的,每一个程序单位组成一个源程序文件,如果有多个程序单位,系统就分别把它们编译成多个目标程序。目标程序一般以.obj 或.o(object 的缩写)作为扩展名。编译的作用是对源程序进行词法检查和语法检查。词法检查是检查源程序中的单词拼写是否有错,例如把 main 错拼为 mian。语法检查是根据源程序的上下文来检查程序的语法是否有错,例如在 cout 语句中输出变量 a 的值,但是在前面并没有定义变量 a。编译时对文件中的全部内容进行检查,编译结束后最后显示出所有的编译出错信息。一般编译系统给出的出错信息分为两种,一种是错误(error);一种是警告(warning),指一些不影响运行的轻微的错误(如定义了一个变量,却一直没有使用过)。凡是检查出 error 类的错误,就不生成目标程序,必须改正后重新编译。

3. 将目标文件进行连接

改正所有的错误并全部通过编译后,得到一个或多个目标文件。此时要用系统提供的"连接程序(linker)"将一个程序的所有目标程序和系统的库文件以及系统提供的其他信息连接起来,最终形成一个可执行的二进制文件,其后缀是.exe,是可以直接执行的。

4. 运行程序

运行最终形成的可执行的二进制文件(.exe 文件),得到运行结果。

5. 分析运行结果

如果运行结果不正确,应检查程序或算法是否有问题。

以上过程如图 1.6 所示，其中实线表示操作流程，虚线表示文件的输入输出。例如，编辑后得到一个源程序文件 f.cpp，然后在进行编译时再将源程序文件 f.cpp 输入，经过编译得到目标程序文件 f.obj，再将目标程序文件 f.obj 输入内存，与系统提供的库文件等连接，得到可执行文件 f.exe，最后把 f.exe 调入内存并使之执行。

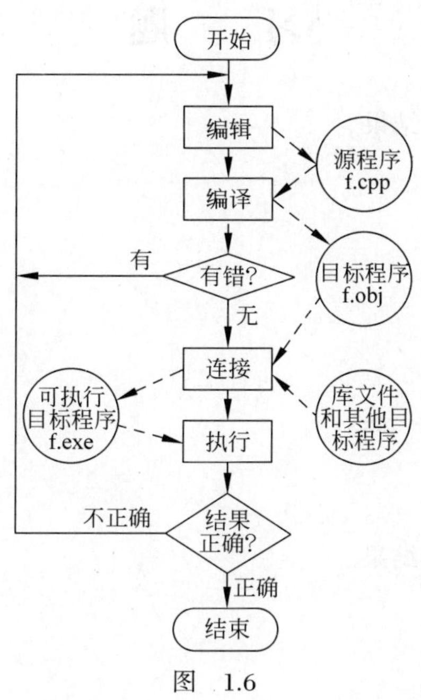

图　1.6

1.5　关于C++上机实践

了解C++语言的初步知识后，读者最好尽早在计算机上编译和运行C++程序，以加深对C++程序的认识以及初步掌握C++的上机操作。光靠课堂和书本是难以真正掌握C++的所有知识及其应用的。有许多具体的细节，在课堂上讲很枯燥而且有时还难以讲明白，上机一试就明白了。希望读者善于在实践中学习。

读者可以使用不同的C++编译系统，在不同的环境下编译和运行一个C++程序。但是需要强调的是，学习C++程序设计应当掌握标准C++，而不应该只了解某一种“方言化”的C++。不应当只会使用一种C++编译系统，只能在一种环境下工作，而应当能在不同的C++环境下运行自己的程序，并且了解不同的C++编译系统的特点和使用方法，在需要时能将自己的程序方便地移植到不同的平台上。

在本书的配套教材《C++面向对象程序设计题解与上机指导(第 3 版)》一书中简单介绍了在 3 种典型的环境下运行C++程序的方法。(1) Visual C++ 6.0 是在 Windows 环境下运行C++的集成环境，目前在国内使用比较广泛。(2)用 Visual Studio 2010 编写和运行C++程序的方法；(3) GCC 是自由软件，可以从网上免费下载，能用于 Windows、UNIX 和 Linux 等不同的平台，在目前使用的各种C++编译系统中，GCC 是最接近C++标准的，在各国的C++开发人员中使用很普遍。

请读者选择一种(如能做到两种更好) C++编译系统,在该环境下输入和运行习题中的程序,掌握上机的方法和步骤。

习　题

1. 分析下面程序运行的结果。

```
#include<iostream>
using namespace std;
int main()
  {
    cout<<"This"<<"is";
    cout<<"a"<<"C++";
    cout<<"program."<<endl;
    return 0;
  }
```

2. 分析下面程序运行的结果。

```
#include<iostream>
using namespace std;
int main()
  {
    int a,b,c;
    a=10;
    b=23;
    c=a+b;
    cout<<"a+b=";
    cout<<c;
    cout<<endl;
    return 0;
  }
```

3. 分析下面程序运行的结果。请先阅读程序写出程序运行时应输出的结果,然后上机运行程序,验证自己分析的结果是否正确。以下各题同。

```
#include<iostream>
using namespace std;
int main()
  {
    int a,b,c;
    int f(int x,int y,int z);
    cin>>a>>b>>c;
    c=f(a,b,c);
```

```
    cout<<c<<endl;
    return 0;
  }
int f(int x,int y,int z)
  {
    int m;
    if(x<y) m=x;
      else m=y;
    if(z<m) m=z;
    return(m);
  }
```

4. 输入以下程序,进行编译,观察编译情况,如果有错误,请修改程序,再进行编译,直到没有错误,然后进行连接和运行,分析运行结果。

```
int main();
  {
    int a,b;
    c=a+b;
    cout>>"a+b=">>a+b;
  }
```

5. 输入以下程序,进行编译,观察编译情况,如果有错误,请修改程序,再进行编译,直到没有错误,然后进行连接和运行,分析运行结果。

```
#include<iostream>
using namespace std;
int main()
  {
    int a,b;
    c=add(a,b)
    cout<<"a+b="<<c<<endl;
    return 0;
  }
int add(int x,int y);
  {
    z=x+y;
    retrun(z);
  }
```

6. 输入以下程序,编译并运行,分析运行结果。

```
#include<iostream>
using namespace std;
int main()
  {void sort(int x,int y,int z);
   int x,y,z;
   cin>>x>>y>>z;
```

```
    sort(x,y,z);
    return 0;
  }
void sort(int x,int y,int z)
  {
    int temp;
    if(x>y) {temp=x;x=y;y=temp;}          //{}内 3 个语句的作用是将 x 和 y 的值互换
    if(z<x) cout<<z<<'  ,'  <<x<<'  ,'  <<y<<endl;
      else if(z<y) cout<<x<<'  ,'  <<z<<'  ,'  <<y<<endl;
        else cout<<x<<'  ,'  <<y<<'  ,'  <<z<<endl;
  }
```

请分析此程序的作用。sort 函数中的 if 语句是一个嵌套的 if 语句。虽然还没有正式介绍 if 语句的结构,但相信读者完全能够看懂它。

运行时先后输入以下几组数据,观察并分析运行结果。

① 3 6 10↙
② 6 3 10↙
③ 10 6 3↙
④ 10,6,3↙

7. 求 2 个或 3 个正整数中的最大数,用带有默认参数的函数实现。

8. 输入两个整数,将它们按由大到小的顺序输出。要求使用变量的引用。

9. 对 3 个变量按由小到大顺序排序,要求使用变量的引用。

10. 编写一个程序,将两个字符串连接起来,结果取代第一个字符串。要求用 string 方法。

11. 输入一个字符串,把其中的字符按逆序输出。如输入 LIGHT,输出 THGIL。要求用 string 方法。

12. 有 5 个字符串,要求对它们按由小到大顺序排列,用 string 方法。

13. 编写一个程序,用同一个函数名对 n 个数据进行从小到大排序,数据类型可以是整型、单精度型、双精度型。用重载函数实现。

14. 对第 13 题改用函数模板实现,并与 13 题程序进行对比分析。

第 2 章 类和对象的特性

2.1 面向对象程序设计方法概述

传统计算机的运行是要遵从既定顺序的,每一步要运行什么指令,要以程序的形式事先安排好,也就是说计算机的程序执行是面向过程的。这也是为什么多数早期计算机编程语言几乎都是面向过程的,因为这与计算机所需要的指令序列的组织结构吻合。

对于内容简单,流程线性,是规模比较小的程序,编程者可以从解决问题的步骤出发,设计面向过程的程序,详细地描述每一步骤的数据结构及对其的操作过程。但是在程序规模较大,功能模块多,涉及的内容丰富,运行时场景多变的情况下,要事先具体安排一切既定步骤简直是不可能的。

面向对象的程序设计方法就是为了解决编写大型程序过程中的困难而产生的。C++对 C 语言的最主要的增强就是增加了面向对象的支持。

2.1.1 什么是面向对象的程序设计

面向对象程序设计的思路和人们日常生活中处理问题的思路是相似的。在自然世界和社会生活中,一个复杂的事物总是由许多部分组成的。例如,一辆汽车是由发动机、底盘、车身和轮子等部件组成的;一套住房是由客厅、卧室、厨房和卫生间等组成的;一个学校是由许多学院、行政科室和学生班级组成的。

下面首先介绍与面向对象的程序设计有关的几个概念。

1. 对象

客观世界中任何一个事物都可以看成一个**对象**(object),或者说,客观世界是由千千万万个对象组成的。对象可以是自然物体(如汽车、房屋、狗熊),也可以是社会生活中的一种逻辑结构(如班级、支部、连队),甚至一篇文章、一个图形、一项计划等都可视作对象。

对象的范围很广泛,例如学校是一个对象,一个班级也是一个对象,一个学生也是一个对象。同样,军队中的一个师、一个团、一个连、一个班都是对象。对象是构成系统的基本单位。系统可大可小,同样对象也可大可小,视需要而定。在实际社会生活中,人们都是在不同的对象中活动的。例如学生在一个班级中进行上课、开会、文体活动等。

可以看到,一个班级作为一个对象时有两个要素:一是班级的**静态特征**,如班级所属系和专业、学生人数、所在的教室等,这种静态特征称为"**属性**";二是班级的**动态特征**,如学习、开会、体育比赛等,这种动态特征称为"**行为**"。如果想从外部控制班级中学生的活动,可以从外界向班级发一个信息(如听到广播声就去上早操,听到打铃就下课等),一般称它为"**消息**"。

任何一个对象都应当具有属性(attribute)和行为(behavior)这两个要素。对象应能根据外界给的消息进行相应的操作。一个对象一般是由一组属性和一组行为构成的。一台电视机是一个对象,它的属性是生产厂家、牌子、重量、体积、价格等,它的行为是它的功能,例如可以根据外界给它的信息进行播放、即时时移等操作。一般来说,凡是具备属性和行为这两种要素的,都可以作为对象。一个整型变量也是一个对象,因为它有值,对它能进行各种算术运算,可以输出其值。一个单词也可以作为对象,它有长度、字符种类等属性,可以对它进行插入、删除、输出等操作。

在一个系统中的多个对象之间通过一定的渠道相互联系,如图2.1示意。要使某一个对象实现某一种行为(即操作),应当向它传送相应的消息。例如想让电视机开始播放,必须由人去按电视机上的按钮,或者用遥控器向电视机发一个电信号。对象之间就是这样通过发送和接收消息互相联系的。

面向对象的程序设计采用了以上人们所熟悉的这种思路。使用面向对象的程序设计方法设计一个复杂的软件系统时,首要的问题是确定该系统是由哪些对象组成的,并且设计这些对象的属性和行为。

在C++中,每个对象都是由**数据**和**函数**(即操作代码)这两部分组成的,见图2.2。**数据体现了前面提到的"属性"**,如一个三角形对象,它的3个边长就是它的属性。**函数是用来对数据进行操作的,以便实现某些功能**,例如可以通过边长计算出三角形的面积,并且输出三角形的边长和面积。计算三角形面积和输出有关数据就是前面提到的行为。在程序中如果调用某一个对象中的函数,就相当于向该对象传送一个**消息**(message),要求该对象实现某一行为(功能)。

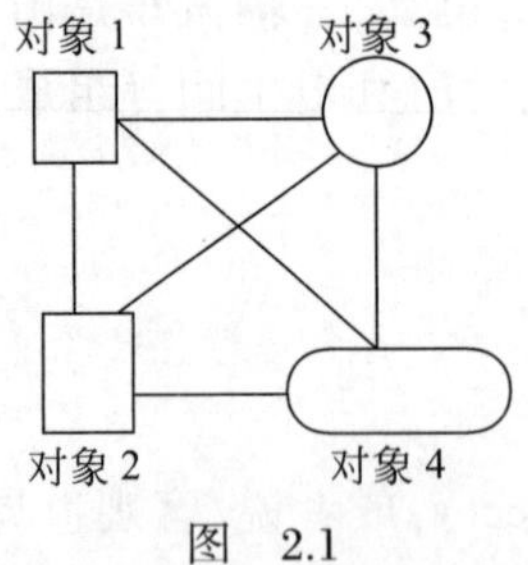

图 2.1

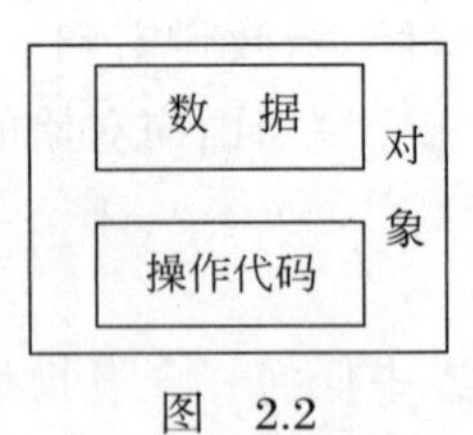

图 2.2

对于初学者,面向对象的一个新的概念是"功能",也就是成员函数。在使用C或其他面向过程的编程语言时,我们通常要规划需要处理的数据,用变量来代表这些数据,然后要规划需要对这些数据进行哪些操作,用指令和函数来进行这些处理。而使用面向对象的编程方法时,数据的组织和对数据进行的操作是在一起考虑的,在声明类的时候一起处理的,定义一个对象时,这个对象就包括了在类中包括的各个数据项,以及可以对这些数据项进行的操作。外部程序使用这个对象是通过调用这个对象的成员函数来实现的。

2. 封装与信息隐蔽

可以对一个对象进行封装处理。把数据和针对数据的操作封装在一起,形成一个类,这个类的一部分数据(即属性)和成员函数(即功能)声明为私有(private),对外界屏蔽,也就是说从外界是看不到的,甚至不知道这些属性的存在。例如电视机里有电路板和机械控制部件,但是外面是看不到的,从外面看它只是一个"黑箱子",在它的表面有几个按钮,这就是电视机与外界的接口,人们不必了解电视机里面的结构和工作原理,只须知道按某一个按钮就能使电视机执行相应的操作即可。

这样做的好处是大大降低了人们操作对象的复杂程度,使用对象的人完全可以不必知道对象内部的具体细节,只须了解其外部功能即可自如地操作对象。在日常生活中,"傻瓜相机"就是运用封装原理的典型,使用者可以对照相机的工作原理和内部结构一无所知,只须知道按下快门就能照相即可。在设计一个对象时,要周密地考虑如何进行封装,把不必要让外界知道的部分"隐蔽"起来。也就是说,**把对象的内部实现和外部行为分隔开来**。人们在外部进行控制,而具体的操作细节是在内部实现的,对外界是不透明的。

面向对象程序设计方法的一个重要特点就是**封装性**(encapsulation),所谓"封装",指两方面的含义:一是将有关的数据和操作代码封装在一个对象中,形成一个基本单位,各个对象之间相对独立,互不干扰。二是将对象中某些部分对外隐蔽,即隐蔽其内部细节,只留下少数接口,以便与外界联系,接收外界的消息。这种对外界隐蔽的做法称为**信息隐蔽**(information hiding)。信息隐蔽还有利于数据安全,防止类外无关代码修改数据。

C++的对象中的函数名(指公用的函数)就是对象的对外接口,外界可以通过函数名来调用这些函数来实现某些行为(功能)。这些将在后面详细介绍。

3. 抽象

在程序设计方法中,常用到**抽象**(abstraction)这一名词。其实"抽象"这一概念并不抽象,是很具体的,人们对之是司空见惯的。例如,我们常用的名词"人",就是一种抽象。因为世界上只有具体的人,如张三、李四、王五。把所有国籍为中国的人归纳为一类,称为"中国人",这就是一种"抽象"。再把中国人、美国人、日本人等所有国家的人抽象为"人"。在实际生活中,你只能看到一个一个具体的人,而看不到抽象的人。抽象的过程是将有关事物的共性归纳、集中的过程。例如,将有轮子、能滚动前进的陆地交通工具统称为"车子",将其中用汽油发动机驱动的抽象为"汽车",将用马拉的抽象为"马车"。"整数"是对 1,2,3 等所有不带小数的数的抽象。

抽象的作用是表示同一类事物的本质。如果你会使用自己家里的电视机,你到别人家里看到即使是不同牌子的电视机,肯定也能对它进行操作,因为它具有所有电视机所共有的特性。C 和C++中的数据类型就是对一批具体的数的抽象。例如,"整型数据"是对所有整数的抽象。

对象是具体存在的,如一个三角形可以作为一个对象,10 个不同尺寸的三角形是 10 个对象。这 10 个三角形对象有相同的属性和行为(只是具体边长值不同),可以将它们抽象为一种类型,称为三角形类型。在C++中,可以将这种类型定义为类(class)。这10个三角形就是属于同一"类"的对象。正如10个中国人属于"中国人"类,10个美国人属于"美国人"类一样。**类是对象的抽象,而对象则是类的特例,或者说是类的具体表现形式**。

4. 继承与重用

大家都知道汽车不是一天之内发明和设计成的。最先是发明轮子,用轮子做成独轮车,再发现为两轮车、三轮车、四轮车,再到早期的汽车,最后发展成为现代的汽车。许多的设计元素在这个发展过程中被继承和发展。一种常用的说法是"不要重新去发明轮子",就是指要在已有元素的基础上继承和发展。

如果汽车制造厂想生产一款新型汽车,一般是不会全部从头开始设计的,而是选择已有的某一型号汽车为基础,再增加一些新的功能,就研制成了新型号的汽车。这是提高生产效率的常用方法。

如果在软件开发中已经建立了一个名为A的"类",又想另外建立一个名为B的"类",而后者与前者内容基本相同,只是在前者的基础上增加一些属性和行为,显然不必再从头设计一个新类,而只须在类A的基础上增加一些新内容即可。这就是面向对象程序设计中的继承机制。利用继承可以简化程序设计的步骤。举个例子:如果大家都已经充分认识了马的特征,现在要叙述"白马"的特征,显然不必从头介绍什么是马,而只要说明"白马是白色的马"即可。这就简化了人们对事物的认识和叙述,简化了工作程序。"白马"继承了"马"的基本特征,又增加了新的特征(颜色),"马"是父类,或称为基类,"白马"是从"马"派生出来的,称为**子类**或**派生类**。如果还想定义"白公马",只须说明"白公马是雄性的白马"。"白公马"又是"白马"的子类或派生类。第5章将会对继承作详细介绍。

C++提供了继承机制,采用继承的方法可以很方便地利用一个已有的类建立一个新的类,这就可以重用已有软件中的一部分甚至大部分,大大节省了编程工作量。这就是常说的**软件重用**(software reusability)的思想,不仅可以利用自己过去所建立的类,而且可以利用别人使用的类或存放在类库中的类,对这些类作适当加工即可使用,大大缩短了软件开发周期,对于大型软件的开发具有重要意义。

5. 多态性

如果有几个相似而不完全相同的对象,有时人们要求在向它们发出同一个消息时,它们的反应各不相同,分别执行不同的操作。这种情况就是**多态现象**。例如甲、乙、丙3个班都是高二年级,他们有基本相同的属性和行为,在同时听到上课铃声时,他们会分别走进3个教室,而不会走向同一个教室。同样,如果有两支军队,当在战场上同时听到一种号声,由于事先约定不同,A军队可能实施进攻,而B军队可能准备开饭。又如,在Windows环境下,双击一个文件对象(这就是向对象传送一个消息),如果对象是一个可执行文件,则会执行此程序,如果对象是一个文本文件,则启动文本编辑器并打开该文件。类似这样的情况是很多的。

在C++中,所谓**多态性**(**polymorphism**)**是指:由继承而产生的相关的不同的类,其对**

象对同一消息会作出不同的响应。多态性是面向对象程序设计的一个重要特征,能增加程序的灵活性。

以上这些概念是很重要的,在后面各章中介绍C++程序设计中将会用到。

2.1.2　面向对象程序设计的特点

传统的面向过程程序设计是围绕功能进行的,用一个函数实现一个功能。所有的数据都是公用的,一个函数可以使用任何一组数据,而一组数据又能被多个函数所使用(见图 2.3)。程序设计者必须考虑每一个细节,什么时候对什么数据进行操作。当程序规模较大、数据很多、操作种类繁多时,程序设计者往往感到难以应付。就如让工厂的厂长直接指挥每一个工人的工作一样,一会儿让某车间的某工人在 A 机器上用 X 材料生产轴承,一会儿又让另一车间的某工人在 B 机器上用 Y 材料生产滚珠……显然这是非常劳累的,而且往往会遗漏或搞错。

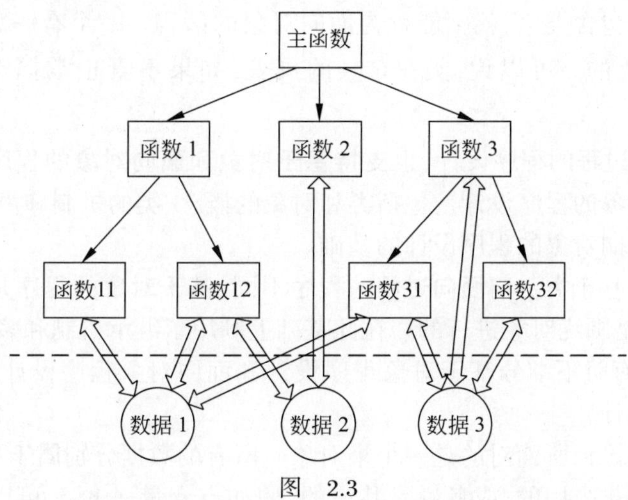

图　2.3

结构化程序设计试图将复杂的程序结构模块化,把大的功能分解成小的功能模块来实现。但是随着计算机应用程序所处理的问题越来越复杂,当一组数据需要被很多功能模块处理时,指令、模块与数据的关系依然难以管理。

面向对象程序设计采取的是另外一种思路。它面对的是一个个对象。实际上,每一组数据都是有特定的用途的,是某种操作的对象。也就是说,一组操作调用一组数据。例如,a,b,c 是三角形的三边,只与计算三角形面积和输出三角形的操作有关,与其他操作无关。我们就把这 3 个数据和对三角形的操作代码放在一起,封装成一个对象,与外界相对分隔,正如一个家庭的人生活在一起,与外界相对独立一样。这是符合客观世界本来面目的。

把数据和有关操作封装成一个对象,好比工厂把材料、机器和工人承包给车间,厂长只要向车间下达命令:“一车间生产 10 台发动机”,“二车间生产 100 个轮胎”,“三车间生产 15 个车身”,车间就会运作起来,调动工人选择有关材料,在某些机器上完成有关的操作,把指定的材料变成产品。厂长可以不必过问车间内运作的细节。对厂长来说,车间就如同一个"黑箱",只要给它一个命令或通知,它能按规定完成任务就可以了。

程序设计者的任务包括两个方面:一是设计所需的各种类和对象,即决定把哪些数据和操作封装在一起;二是考虑怎样向有关对象发送消息,以完成所需的任务。这时他如同一个总调度,不断地向各个对象发出命令,让这些对象活动起来(或者说激活这些对象),完成自己职责范围内的工作。各个对象的操作完成了,整体任务也就完成了。显然,对一个大型任务来说,面向对象程序设计方法是十分有效的,它能大大降低程序设计人员的构思难度,减少出错机会。

2.1.3 类和对象的作用

"**类**"是C++中十分重要的概念,它是实现面向对象程序设计的基础。C++对C的改进,最重要的就是增加了"类"这样一种类型。所以C++开始时被称为"带类的C"。**类是所有面向对象的语言具有的共同特征**,所有面向对象的语言都提供了这种类型。如果一种计算机语言中不包含类,它就不能称为面向对象的语言。一个有一定规模的C++程序是由许多类所构成的。可以说,类是C++的灵魂,如果不真正掌握类,就不能真正掌握C++。

C++支持面向过程的程序设计,也**支持基于对象和面向对象**的程序设计。从本章到第4章介绍基于对象的程序设计。包括类和对象的概念、类的机制和声明、类对象的定义与使用等。这是面向对象的程序设计的基础。

基于对象就是基于类。与**面向过程**的程序不同,**基于对象**的程序是以类和对象为基础的,程序的操作是围绕对象进行的。在此基础上利用了继承机制和多态性,就成为**面向对象**的程序设计(有时不细分基于对象程序设计和面向对象程序设计,而把二者合称为面向对象的程序设计)。

基于对象程序设计所面对的是一个个对象。所有的数据分别属于不同的对象。面向过程的程序中数据是公用的,或者说是共享的,假如有变量a,b,c,可以被不同的函数所调用,也就是说这些数据是缺乏保护的。数据的交叉使用很容易导致程序的错误。而实际上,程序中的每一组数据都是为某一种操作而准备的,也就是说,**一组数据是与一组操作相对应的。因此人们设想把相关的数据和操作放在一起,形成一个整体,与外界相对分隔。这就是面向对象的程序设计中的对象。**

在面向过程的结构化程序设计中,人们常使用这样的公式来表述程序:

算法+数据结构=程序

算法和数据结构两者是互相独立、分开设计的,面向过程的程序设计是以算法为主体的。在实践中人们逐渐认识到算法和数据结构是互相紧密联系不可分的,应当以一个算法对应一组数据结构,而不宜提倡一个算法对应多组数据结构,以及一组数据结构对应多个算法。基于对象和面向对象程序设计就是把一个算法和一组数据结构封装在一个对象中。因此,就形成了新的观念:

算法+数据结构=对象

(对象+对象+对象+…)+消息=程序

或表示为

对象 s+消息=程序

“对象 s”表示“多个对象”。**消息的作用就是对对象的控制。程序设计的关键是设计好每一个对象，以及确定向这些对象发出的命令，使各对象完成相应的操作。**

2.1.4　面向对象的软件开发

在以前，软件开发面临的问题比较简单，从任务分析到编写程序，再到程序的调试，难度都不太大，可以由一个人或一个小组来完成。随着软件规模的迅速增大，软件人员面临的问题越来越复杂，需要考虑的因素也越来越多，在一个软件中所产生的错误和隐藏的错误可能达到惊人的程度，这不是程序设计阶段所能解决的。需要规范整个软件开发过程，明确软件开发过程中每个阶段的任务，在保证前一个阶段工作的正确性的情况下，再进行下一阶段的工作。这就是软件工程学需要研究和解决的问题。

面向对象的软件工程包括以下几个部分。

1. 面向对象分析（object oriented analysis，OOA）

软件工程中的系统分析阶段，系统分析员要和用户结合在一起，对用户的需求作出精确的分析和明确的描述，从宏观的角度概括出系统应该做什么（而不是怎么做）。面向对象的分析，要按照面向对象的概念和方法，在对任务的分析中，从客观存在的事物和事物之间的关系，归纳出有关的对象（包括对象的属性和行为）以及对象之间的联系，并将具有相同属性和行为的对象用一个类（class）来表示，进而建立类之间的相互关系，例如某些类与另外的类有继承的关系或者有组合关系，以实现更完善的功能。最终建立一个能反映真实工作情况的需求模型，当然，在这个阶段所形成的模型是比较粗略（而不是精细）的。

2. 面向对象设计（object oriented design，OOD）

根据面向对象分析阶段形成的需求模型，对每一部分分别进行具体的设计，首先是进行类的设计，类的设计可能包含多个层次（利用继承与派生机制）。然后以这些类为基础提出程序设计的思路和方法，包括对算法的设计。在设计阶段，并不牵涉某一种具体的计算机语言，而是用一种更通用的描述工具（如伪代码或流程图）来描述。

3. 面向对象编程（object oriented programming，OOP）

根据面向对象设计的结果，用一种计算机语言把它写成程序，显然应当选用面向对象的计算机语言（例如C++），否则是无法实现面向对象设计的要求的。

4. 面向对象测试（object oriented test，OOT）

在写好程序后交给用户使用前，必须对程序进行严格的测试。测试的目的是发现程序中的错误并改正。面向对象测试是用面向对象的方法进行测试，以类作为测试的基本单元。

5. 面向对象维护(object oriented soft maintenance,OOSM)

正如对任何产品都需要进行售后服务和维护一样,软件在使用中也会出现一些问题,或者软件商想改进软件的性能,这就需要修改程序。由于使用了面向对象的方法开发程序,使得程序的维护比较容易了。因为对象的封装性,修改一个对象对其他对象影响很小。利用面向对象的方法维护程序,大大提高了软件维护的效率。

在面向对象方法中,最早发展的是面向对象编程(OOP),那时 OOA 和 OOD 还未发展起来,因此程序设计者为了写出面向对象的程序,还必须深入到分析和设计领域(尤其是设计领域),那时的 OOP 实际上包括了现在的 OOD 和 OOP 两个阶段。对程序设计者要求比较高,许多人感到很难掌握。

现在设计一个大的软件,是严格按照面向对象软件工程的 5 个阶段进行的,这 5 个阶段的工作不是由一个人从头到尾完成的,而是由不同的人分别完成的。这样,OOP 阶段的任务就比较简单了,程序编写者只须根据 OOD 提出的思路用面向对象语言编写出程序即可。在一个大型软件的开发中,OOP 只是面向对象开发过程中的一个很小的部分。

如果处理的是一个较简单的问题,不必严格按照以上 5 个阶段进行,往往由程序设计者按照面向对象的方法进行程序设计,包括类的设计(或选用已有的类)和程序的设计。

2.2 类的声明和对象的定义

2.2.1 类和对象的关系

2.1 节已说明了什么是对象。每一个实体都是对象。有一些对象是具有相同的结构和特性的。例如,高炮一连、高炮二连、高炮三连是 3 个不同的对象,但它们是属于同一类型的,它们具有完全相同的结构和特性。而民兵一连、民兵二连、民兵三连这 3 个对象的类型也是相同的,但它们与高炮连的类型并不相同。每个对象都属于一个特定的类型。

在C++中,**对象的类型称为类**(class)。**类**代表了某一批对象的共性和特征。前面已说明:**类是对象的抽象,而对象是类的具体实例**(instance)。在C++中,类的地位与作用和结构体相似。类与对象的关系相当于结构体类型和结构体变量的关系。人们先要声明一个结构体类型,然后用它去定义结构体变量。同一个结构体类型可以定义出多个不同的结构体变量。在C++中,也是先要声明一个**类**的类型,然后用它去定义若干同类型的对象。对象就是某一种**类**类型的一个变量。好比建造房屋先要设计图纸,然后按图纸在不同的地方建造若干幢同类的房屋。可以说类是对象的**模板**,是用来定义对象的一种抽象类型。

类是抽象的,不占用内存,不可以直接用来存储数据或执行任何操作;而对象是具体的,占用存储空间,可用来存储数据,也可被调用来对数据进行操作。在一开始时弄清对象和类的关系是十分重要的。

2.2.2 声明类的类型

类是用户建立的类型。如果程序中要用到类,必须自己根据需要进行类型声明,或者使用别人已建立的类。C++标准本身并不提供现成的类的名称、结构和内容。

在C++中怎样声明(即建立)一个**类的**类型呢?其方法和声明一个结构体类型是相似的。下面是我们熟悉的声明一个结构体类型的方法:

```
struct Student                          //声明了一个名为 Student 的结构体类型
  {int num;
   char name[20];
   char sex;
  };
Student stud1,stud2;                    //定义了两个结构体变量 stud1 和 stud2
```

上面声明了一个名为 Student 的结构体类型并定义了两个结构体变量 stud1 和 stud2。可以看到它只包括数据(变量),没有包括操作。现在我们声明一个类:

```
class Student                           //以 class 开头,类名为 Student
  {int num;
   char name[20];
   char sex;                            //以上 3 行是数据成员
   void display()                       //这是成员函数
     {cout<<"num:"<<num<<endl;
      cout<<"name:"<<name<<endl;
      cout<<"sex:"<<sex<<endl;          //以上 3 行是函数中的操作语句
   }
  };
Student stud1,stud2;                    //定义了两个 Student 类的对象 stud1 和 stud2
```

可以看到,声明**类**的方法是由声明结构体类型的方法发展而来的。第 1 行(class Student)是**类头**(class head),由关键字 class 与类名 Student 组成,class 是声明类时必须使用的关键字,相当于声明结构体类型时必须用 struct 一样。从第 2 行开头的左花括号起到倒数第 2 行的右花括号是**类体**(class body)。类体是用一对花括号包起来的。类的声明以分号结束。

在类体中是类的成员表(class member list),列出类中的全部成员。可以看到,除了数据部分以外,还包括了对这些数据操作的函数。这就体现了**把数据和操作封装在一起**。类体中的 display 是一个函数,通过它对本对象中的数据进行操作,作用是输出本对象中学生的学号、姓名和性别。

现在封装在类对象 stud1 和 stud2 中的成员都对外界隐蔽,外界不能调用它们。只有本对象中的函数 display 可以引用同一对象中的数据。也就是说,在类外不能直接调用类中的成员。这当然"安全"了,但是在程序中怎样才能执行对象 stud1 的 display 函数呢?它无法启动,因为缺少对外界的接口,外界不能调用类中的成员函数,完全与外界隔绝了。这样的类有什么用处呢?显然是毫无实际作用的。因此,不能把类中的全部成员与外界隔离,一般是把数据隐蔽起来,而把成员函数作为对外界的接口。例如可以从外界发出一个命令,通知对象 stud1 执行其中的 display 函数,输出某一学生的有关数据。

可以将上面类的声明改为

```
class Student                          //声明类类型
  {private:                            //声明以下部分为私有的
    int num;
    char name[20];
    char sex;
   public:                             //声明以下部分为公用的
    void display()
      {cout<<"num:"<<num<<endl;
       cout<<"name:"<<name<<endl;
       cout<<"sex:"<<sex<<endl; }
    };
Student stud1,stud2;                   //定义了 Student 类的对象 stud1 和 stud2
```

现在声明了 display 函数是公用的,外界就可以调用该函数了。

如果在类的定义中既不指定 private,也不指定 public,则系统就默认为是私有的(第一次的类声明就属于此情况)。

归纳以上对类类型的声明,可以得到其一般形式:

```
class 类名
  { private :
      私有的数据和成员函数;
    public:
      公用的数据和成员函数;
  };
```

private 和 public 称为**成员访问限定符**(member access specifier)。用它们来声明各成员的访问属性。被声明为**私有的**(private)成员,只能被本类中的成员函数引用,类外不能调用(友元类除外,有关友元类的概念在第 3 章介绍)。被声明为**公用的**(public)成员,既可以被本类中的成员函数所引用,也可以被类的作用域内的其他函数引用。有的书中将 public 译为"公有的",即公开的,外界可以调用。

除了 private 和 public 之外,还有一种成员访问限定符 protected(受保护的),用 protected 声明的成员称为受保护的成员,它不能被类外访问(这点与私有成员类似),但可以被派生类的成员函数访问。有关派生类的知识将在第 5 章介绍。

在声明类类型时,声明为 private 的成员和声明为 public 的成员的顺序是任意的,既可以先出现 private 部分,也可以先出现 public 部分。在一个类体不一定都必须包含 private 和 public 两个部分,可以只有 private 部分或 public 部分。前已说明:如果在类体中既不写关键字 private 又不写 public,就默认为 private。在一个类体中,关键字 private 和 public 可以分别出现多次,即一个类体可以包含多个 private 和 public 部分。每个部分的有效范围到出现另一个访问限定符或类体结束(最后一个右花括号)为止。但是为了使

程序清晰,应该养成这样的习惯:使每一种成员访问限定符在类定义体中只出现一次。

在以前的C++程序中,常先出现 private 部分,后出现 public 部分,如上面所示。现在的C++程序多数先写 public 部分,把 private 部分放在类体的后部。这样可以使用户将注意力集中在能被外界调用的成员上,使阅读者的思路更清晰一些。不论先出现 private 还是 public,类的作用是完全相同的。

在C++程序中,经常会用到类。为了用户方便,C++编译系统往往向用户提供**类库**(但不属于C++语言本身的组成部分),内装常用的基本的类,供用户使用。不少用户也把自己或本单位经常用到的类放在一个专门的类库中,需要用时直接调用,这样就减少了程序设计的工作量。

2.2.3　定义对象的方法

在 2.2.2 节列出的程序段中,最后一行用已建立的 Student 类来定义对象,这种方法是很容易理解的。经过定义后,stud1 和 stud2 就成为具有 Student 类特征的对象。stud1 和 stud2 这两个对象都分别包括以上的数据和函数。

实际上,如同定义结构体变量有多种方法一样,定义对象也可以有多种方法。

1. 先声明类类型,然后再定义对象

前面我们用的就是这种方法,如

```
Student stud1,stud2;                    //Student 是已经声明的类类型
```

在C++中,在声明了类类型后,定义对象有两种形式。

(1)

class 类名 对象名;

如

```
class Student stud1,stud2;
```

把 class 和 Student 合起来作为一个类名,用来定义对象。

(2)

类名 对象名;

如

```
Student stud1,stud2;
```

直接用类名定义对象。这两种方法是等效的。第 1 种方法是从 C 语言继承下来的,第 2 种方法是C++的特色,显然第 2 种方法使用更简捷方便。

2. 在声明类的同时定义对象

```
class Student                           //声明类类型
  { public:                             //先声明公用部分
```

```
    void display()
      {cout<<"num:"<<num<<endl;
       cout<<"name:"<<name<<endl;
       cout<<"sex:"<<sex<<endl;
      }
  private:                                    //后声明私有部分
    int num;
    char name[20];
    char sex;
 }stud1,stud2;                                //定义了两个 Student 类的对象
```

在定义 Student 类的同时,定义了两个 Student 类的对象。

3. 不出现类名,直接定义对象

```
class                                         //无类名
 {private:                                    //声明以下部分为私有的
   ⋮
  public:                                     //声明以下部分为公用的
   ⋮
 }stud1,stud2;                                //定义了两个无类名的类对象
```

直接定义对象,在C++中是合法的、允许的,但却是很少用的,也不提倡用。因为在面向对象程序设计和C++程序中,类的声明和类的使用是分开的,类并不只为一个程序服务,人们常把一些常用的功能封装成类,并放在类库中。因此,在实际的程序开发中,一般都采用上面3种方法中的第1种方法。在小型程序中或所声明的类只用于本程序时,也可以用第2种方法。本书的例题基本上都是示例性的小程序,而且为了直观易于理解,把类的声明和定义对象放在相近的位置,故多用第2种方法。

在定义一个对象时编译系统会为这个对象分配存储空间,以存放对象中的成员。

2.2.4 类和结构体类型的异同

C++增加了 class 类型后,仍保留了结构体类型(struct),而且把它的功能也扩展了。C++允许用 struct 来声明一个类。例如,可以将前面用关键字 class 声明的类类型改为用关键字 struct:

```
struct Student                                //用关键字 struct 来声明一个类类型
 {private:                                    //声明以下部分为私有的
    int num;                                  //以下 3 行为数据成员
    char name[20];
    char sex;
  public:                                     //声明以下部分为公用的
    void display()                            //成员函数
     {cout<<"num:"<<num<<endl;
      cout<<"name:"<<name<<endl;
      cout<<"sex:"<<sex<<endl;
```

```
        }
    };
    Student stud1,stud2;                    //定义了两个 Student 类的对象
```

有人自然会问：这二者有什么区别呢？何必多此一举呢？这是由于C++语言在设计时的初衷：C++应兼容 C,使得大量过去编写的 C 程序能够不加修改地在C++的环境下使用。可以设想,如果C++是从零开始设计(而不是以 C 为基础),很有可能不会提供结构体这种数据类型,因为类类型已经包括了结构体类型的所有功能,而且功能更强,更符合面向对象程序设计的要求。为了使结构体类型也具有封装的特征,C++不是简单地继承 C 的结构体,而是使它也具有类的特点,以便于用于面向对象程序设计。用 struct 声明的结构体类型实际上也就是类。

但是,用 struct 声明的类和 class 声明的类有所区别。**用 struct 声明的类,如果对其成员不作 private 或 public 的声明,系统将其默认定为 public(公用的)**。如果想分别指定私有成员和公用成员,则应用 private 或 public 作显式声明。而**用 class 定义的类,如果不作 private 或 public 声明,系统将其成员默认定为 private(私有的)**,在需要时也可以自己用显式声明改变。

那么,什么时候宜用 struct,什么时候宜用 class 呢？如果希望成员是公用的,使用 struct 比较方便,如果希望部分成员是私有的,宜用 class。我们建议尽量使用 class 来建立类,写出完全体现C++风格的程序。

2.3　类的成员函数

2.3.1　成员函数的性质

类的成员函数(简称类函数)是函数的一种,它的用法和作用和一般函数基本上是一样的,它也有返回值和函数类型,与一般函数的区别只是：它是属于一个类的成员,出现在类体中。它可以被指定为 private(私有的)、public(公用的)或 protected(受保护的)。

在使用类函数时,要注意调用它的权限(它能否被调用)以及它的作用域(函数能使用什么范围中的数据和函数)。例如,私有的成员函数只能被本类中的其他成员函数所调用,而不能被类外调用。成员函数可以访问本类中任何成员(包括私有的和公用的),可以引用在本作用域中有效的数据。

一般的做法是将需要被外界调用的成员函数指定为 public,它们是类的对外接口。实际上并不是把所有成员函数都指定为 public。有的函数并不是准备为外界调用的,而是为本类中的成员函数所调用的,就应该将它们指定为 private。这种函数的作用是支持其他函数的操作,是类中其他成员的**工具函数**(utility function),用户不能调用这些私有的工具函数。

类的成员函数是类体中十分重要的部分。如果一个类中不包含成员函数,就等同于 C 语言中的结构体了,体现不出类在面向对象程序设计中的作用。

2.3.2 在类外定义成员函数

前面看到的成员函数是在类体中定义的。也可以在类体中只对成员函数进行声明，而在类的外面进行函数定义。如

```
class Student
 { public:
      void display();                    //公用成员函数原型声明
   private:
      int num;
      string name;
      char sex;                          //以上3行是私有数据成员
 };

void Student::display()                  //在类外定义display类函数
 {cout<<"num:"<<num<<endl;               //函数体
  cout<<"name:"<<name<<endl;
  cout<<"sex:"<<sex<<endl;
 }
Student stud1,stud2;                     //定义两个类对象
```

注意：在类体中直接定义函数时，不需要在函数名前面加上类名，因为函数属于哪一个类是不言而喻的。但成员函数在类外定义时，必须在函数名前面加上类名，予以限定(qualifed)，"::"是作用域限定符(field qualifier)或称作用域运算符，用它声明函数是属于哪个类的。Student::display()表示Student类的作用域中的display函数，也就是Student类中的display函数。如果没有"Student::"的限定，display()默认为当前有效作用域中的display函数，对上面程序段而言，就是指全局作用域中的display函数，而不是Student类中的display函数。而且不同的类中可能有同名的函数(但功能可能不同)，用作用域限定符加以限定，就明确地指明了是哪一个作用域中的函数，也就是哪一个类的函数。

如果在作用域运算符"::"的前面没有类名，或者函数名前面既无类名又无作用域运算符"::"，如

```
::display()
```

或

```
display()
```

则表示这个display函数不属于任何类，这个函数不是成员函数，而是一般普通函数，可被任何同作用域的函数调用，而不能对任何私有的成员函数直接操作。

如果在类外定义成员函数，应注意：类函数必须先在类体中作原型声明，然后在类外定义，也就是说类体的位置应在函数定义之前(如上面所示的那样)，否则编译时会出错。

虽然函数在类的外部定义，但在调用成员函数时会根据在类中声明的函数原型找到函数的定义(函数代码)，从而执行该函数。

说明：在类的内部对成员函数作声明，而在类体外定义成员函数，这是程序设计的一

种良好习惯。如果一个函数的函数体只有 2~3 行,一般可在声明类时在类体中定义。行数多的函数,一般在类体内声明,而在类外定义。这样不仅可以减少类体的长度,使类体清晰,便于阅读,而且能使类的接口和类的实现细节分离。因为从类的定义体中用户只看见函数的原型,而看不到函数执行的细节,从类的使用者的角度看,类函数更像一个黑箱子,隐藏了执行的细节。这样做,可提高软件工程的质量。

2.3.3　内置成员函数(inline 成员函数)

在第 1 章的 1.3.8 节中介绍了内置函数。类的成员函数也可以指定为内置函数。

在类体中定义的成员函数的规模一般都很小,而系统调用函数的过程所花费的时间开销相对是比较大的。调用一个函数的时间开销远远大于小规模函数体中全部语句的执行时间。为了减少时间开销,如果在**类体中定义**的成员函数中不包括循环等控制结构,C++系统会自动地对它们作为内置(inline)函数来处理。也就是说,在程序调用这些成员函数时,并不是真正地执行函数的调用过程(如保留返回地址等处理),而是在编译时把函数代码嵌入程序的调用点。这样可以大大减少调用成员函数的时间开销。

C++要求对一般的内置函数要用关键字 inline 声明,但对类内定义的成员函数,可以省略 inline,因为这些成员函数已被隐含地指定为内置函数。如

```
class Student
  {public:
    void display()
    {cout<<"num:"<<num<<endl;
     cout<<"name:"<<name<<endl;
     cout<<"sex:"<<sex<<endl;
    }
  private:
    int num;
    string name;
    char sex;
  };
```

其中第 3 行

```
void display()
```

也可以写成

```
inline void display()
```

将 display 函数显式地声明为内置函数。以上两种写法是等效的。对在类体内定义的函数,一般都省写 inline。

应该注意的是:如果成员函数不在类体内定义,而在类体外定义,系统并不把它默认为内置函数,调用这些成员函数的过程和调用一般函数的过程是相同的。如果想将这些成员函数指定为内置函数,应当用 inline 作显式声明。如

```
class Student
```

```
  { public:
      inline void display();                //声明此成员函数为内置函数
    private:
      int num;
      string name;
      char sex;
  };
inline void Student::display()              //在类外定义 display 函数为内置函数
 {cout<<"num:"<<num<<endl;
  cout<<"name:"<<name<<endl;
  cout<<"sex:"<<sex<<endl;
 }
```

对需要作为内置函数处理的,在函数的定义或函数的原型声明时作 inline 声明即可(二者有其一即可)。值得注意的是:如果在类体外定义 inline 函数,则必须将类的声明和成员函数的定义都放在同一个头文件中(或者写在同一个源文件中),否则编译时无法进行置换(将函数代码的拷贝嵌入到函数调用点)。但是这样做,不利于类的接口与类的实现分离,不利于信息隐蔽。虽然程序的执行效率提高了,但从软件工程质量的角度来看,这样做并不适用于所有情况。

只有在类外定义的成员函数规模很小而调用频率较高时,指定为内置函数才有益处。如果一个函数比较大,即使被程序员指定为内置函数,编译器也会根据其他因素决定忽略这个指定,而把这个大函数编译成普通的函数。

2.3.4 成员函数的存储方式

用类定义对象时,系统会为每一个对象分配存储空间。如果一个类包括了数据和函数,按理说,要分别为数据和函数代码(指经过编译的目标代码)分配存储空间。如果用同一个类定义了 10 个对象,那么是否需要为每一个对象的数据和函数代码分别分配存储单元,并把它们"封装"在一起(如图 2.4 所示那样)呢?

事实上不是这样的。经过分析可知:**同一类的不同对象中的数据成员的值一般是不相同的,而不同对象的函数的代码是相同的,不论调用哪一个对象的函数的代码,其实调用的都是同样内容的代码**。既然这样,在内存中开辟 10 段空间来分别存放 10 个相同内容的函数代码段,显然是不必要的。人们自然会想:能否只用一段空间来存放这个共同的函数的目标代码,在调用各对象的函数时,都去调用这个公用的函数代码,如图 2.5 所示。

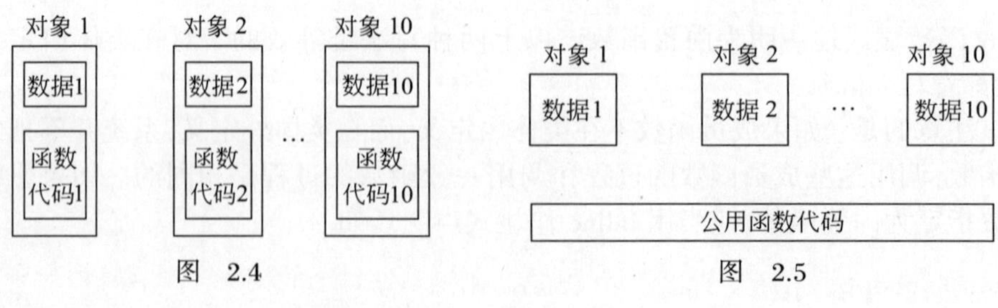

图 2.4　　图 2.5

显然,这样做会大大节约存储空间。C++编译系统正是这样做的,因此每个对象所占用的存储空间只是该对象的数据成员所占用的存储空间,而不包括函数代码所占用的存储空间。如果声明了以下一个类:

```
class Time
  {public:
    int hour;
    int minute;
    int sec;
    void set()
      {cin>>a>>b>>c;}
  };
```

读者可以用下面的语句来得到该类对象所占用的字节数:

```
cout<<sizeof(Time)<<endl;
```

在 Visual C++环境下,输出的值是 12。这就证明了一个对象所占的空间大小只取决于该对象中数据成员所占的空间,而与成员函数无关。函数的目标代码是存储在对象空间之外的。如果对同一个类定义了 10 个对象,这些对象的成员函数对应的是同一个函数代码段,而不是 10 个不同的函数代码段。

需要注意的是:虽然调用不同对象的成员函数时都是执行同一段函数代码,但是执行结果一般是不相同的。例如,在调用 stud1 对象的成员函数 display 时,输出的是对象 stud1 的数据 num,name 和 sex 的值,在调用 stud2 对象的成员函数 display 时,输出的是对象 stud2 的数据 num,name 和 sex 的值,结果是不同的。因为对象 stud1 的成员函数访问的是本对象中的成员。

那么,就发生了一个问题:不同的对象使用的是同一个函数代码段,它怎么能够分别对不同对象中的数据进行操作呢?原来,C++为此专门设立了一个名为 **this 的指针**,用来指向不同的对象,当调用对象 stud1 的成员函数时,this 指针就指向 stud1,成员函数访问的就是 stud1 的成员。当调用对象 stud2 的成员函数时,this 指针就指向 stud2,此时成员函数访问的就是 stud2 的成员。关于 this 指针,在第 3 章中会作更详细的介绍。

需要说明:

(1) **不论成员函数在类内定义还是在类外定义,成员函数的代码段的存储方式是相同的,都不占用对象的存储空间**。不要误以为在类内定义的成员函数的代码段占用对象的存储空间,而在类外定义的成员函数的代码段不占用对象的存储空间。

(2) **不要将成员函数的这种存储方式和 inline(内置)函数的概念混淆**。不要误以为用 inline 声明(或默认为 inline)的成员函数,其代码段占用对象的存储空间,而不用 inline 声明的成员函数,其代码段不占用对象的存储空间。

不论是否用 inline 声明,成员函数的代码段都不占用对象的存储空间(读者可以上机验证一下)。用 inline 声明的作用是在调用该函数时,将函数的代码段复制插入函数调用点,而若不用 inline 声明,在调用该函数时,流程转去函数代码段的入口地址,在执行完该函数代码段后,流程返回函数调用点。**inline 函数只影响程序的执行效率,而与成员函数**

是否占用对象的存储空间无关,它们不属于同一范畴,不应搞混。

(3) 有人可能会问:既然成员函数的代码并不占用对象的存储空间,那么前面说的"对象 stud1 的成员函数 display"的说法是否不对呢?应当说明:首先,成员函数应该是类的"功能",同一类的对象都有相同的功能;其次,常说的"某某对象的成员函数",是从逻辑的角度而言的,而成员函数的存储方式(不占用对象的存储空间),是从内存管理(物理)的角度而言的,是由计算机根据优化的原则实现的,二者是不矛盾的。物理上的实现必须保证逻辑上的实现。例如某人有钱若干,可以放在家中,也可以放在银行中租用的保险箱中,虽然在物理上保险箱并不在他家中,但保险箱是他租用的,这笔钱无疑是属于他的,这是从逻辑的角度而言的。同样,**虽然成员函数并没有放在对象的存储空间中,但从逻辑的角度,成员函数是和数据一起封装在一个对象中的,只允许本对象中成员的函数访问同一对象中的私有数据**。所以,"调用对象 stud1 的成员函数 display,输出对象 stud1 中的数据 hour 和 minute",是不会引起误解的。

作为程序设计人员,了解一些物理实现方面的知识是有好处的,可以加深对问题的理解。

2.4 怎样访问对象的成员

在程序中经常需要访问对象中的成员。访问对象中的成员可以有 3 种方法:

- **通过对象名和成员运算符访问对象中的成员;**
- **通过指向对象的指针访问对象中的成员;**
- **通过对象的引用访问对象中的成员。**

2.4.1 通过对象名和成员运算符访问对象中的成员

例如在程序中可以写出以下语句:

```
stud1.num=1001;                    //假设 num 已定义为公用的整型数据成员
```

表示将整数 1001 赋给对象 stud1 中的数据成员 num。其中,"."是**成员运算符**,用来对成员进行限定,指明所访问的是哪一个对象中的成员。注意,不能只写成员名而忽略对象名,不应该这样写:

```
num=1001;                          //没有指出是哪个对象中的 num
```

如果在程序中已另外定义了一个整型变量 num,则此语句意味着将 1001 赋给该普通变量 num,如果在程序中未另外定义普通变量 num,则会在编译时出错。

访问对象中成员的一般形式为

对象名.成员名

不仅可以在类外引用对象的公用数据成员,而且还可以调用对象的公用成员函数,但同样必须指出对象名,如

```
stud1.display();                   //正确,调用对象 stud1 的公用成员函数
```

```
display();                              //没有指明是哪一个对象的 display 函数
```

由于没有指明对象名,编译时把 display 作为普通函数处理。

应该注意所访问的成员是公用的(public)还是私有的(private)。在类外只能访问 public 成员,而不能访问 private 成员,如果已定义 num 为私有数据成员,下面的语句是错误的:

```
stud1.num=10101;                        //num 是私有数据成员,不能被外界引用
```

在类外只能调用公用的成员函数。**在一个类中应当至少有一个公用的成员函数,作为对外的接口,否则就无法对对象进行任何操作。**

2.4.2 通过指向对象的指针访问对象中的成员

可以通过指针去问对象中的成员。如果有以下程序段:

```
class Time
  {public:                              //数据成员是公用的
   int hour;
   int minute;
  };
Time t, *p;                             //定义对象 t 和指针变量 p
p=&t;                                   //使 p 指向对象 t
cout<<p->hour;                          //输出 p 指向的对象中的成员 hour
```

p->hour 表示 p 当前指向的对象 t 中的成员 hour,(*p).hour 也是对象 t 中的成员 hour,因为(*p)就是对象 t。在 p 指向 t 的前提下,p->hour,(*p).hour 和 t.hour 三者等价。

2.4.3 通过对象的引用来访问对象中的成员

在 1.3.7 节中介绍了变量的引用,引用与其代表的变量共享同一存储空间。

也可以为一个对象定义一个**引用**。同样,它与其代表的对象共享同一存储空间。它们代表的是同一个对象,只是用不同的名字表示而已。因此完全可以通过引用来访问对象中的成员,其概念和方法与通过对象名来引用对象中的成员是相同的。

如果已声明了 Time 类,并有以下定义语句:

```
Time t1;                                //定义对象 t1
Time &t2=t1;                            //定义 Time 类引用 t2,并使之初始化为 t1
cout<<t2.hour;                          //输出对象 t1 中的成员 hour
```

由于 t2 与 t1 共占同一段存储单元(即 t2 是 t1 的别名),因此 t2.hour 就是 t1.hour。

2.5 节的例 2.2 中程序(b),介绍的是引用作为形参的情况,读者可以参考。

2.5 类和对象的简单应用举例

有了以上的基础,通过几个简单的例子来说明怎样使用类来设计C++程序。

例 2.1 用类来实现输入和输出时间(时:分:秒)。

编写程序:

```
#include<iostream>
using namespace std;
class Time                              //声明 Time 类
  {public:                              //数据成员为公用的
  int hour;
  int minute;
  int sec;
  };

int main()
  { Time t1;                            //定义 t1 为 Time 类对象
    cin>>t1.hour;                       //以下 3 行的作用是输入设定的时间
    cin>>t1.minute;
    cin>>t1.sec;
    cout<<t1.hour<<":"<<t1.minute<<":"<<t1.sec<<endl;      //输出时间
    return 0;
  }
```

运行结果:

```
12  32  43↙                             (输入 3 个整数)
12:32:43
```

程序分析:

这是一个最简单的例子。类 Time 中只有数据成员,而且它们被定义为公用的,因此可以在类的外面对这些成员进行操作。t1 被定义为 Time 类的对象。在主函数中向 t1 对象的数据成员输入用户指定的时、分、秒的值,然后输出这些值。

注意:

(1) 由于是在类外引用对象 t1 的数据成员 hour,minute,sec,因此不要忘记在前面指定对象名 t1。

(2) 不要把对象名错写为类名,如写成 Time.hour,Time.minute,Time.sec 是不对的。因为类是一种抽象的数据类型,并不是一个实体,也不占用存储空间,而对象是实际存在的实体,是占用存储空间的,其数据成员是有值的,可以被引用的。

(3) 如果删掉主函数的 3 个输入语句,即不向这些数据成员赋值,则它们的值是不可预知的。读者可以上机试一下。

例 2.2 用上例中的 Time 类,定义多个类对象,分别输入和输出各对象中的时间(时:分:秒)。

例 2.1 的程序是最简单的情况,类中只有公用数据而无成员函数,而且只有一个对象。可以直接在主函数中进行输入和输出。若有多个对象,需要分别引用多个对象中的数据成员,可以编写出如下程序:

程序(a)：

```
#include<iostream>
using namespace std;
class Time                                        //声明 Time 类
  {public:
    int hour;
    int minute;
    int sec;
  };
int main()
  {Time t1;                                       //定义对象 t1
   cin>>t1.hour;                                  //向 t1 的数据成员输入数据
   cin>>t1.minute;
   cin>>t1.sec;
   cout<<t1.hour<<":"<<t1.minute<<":"<<t1.sec<<endl;     //输出 t1 中数据成员的值
   Time t2;                                              //定义对象 t2
   cin>>t2.hour;                                         //向 t2 的数据成员输入数据
   cin>>t2.minute;
   cin>>t2.sec;
   cout<<t2.hour<<":"<<t2.minute<<":"<<t2.sec<<endl;     //输出 t2 中数据成员的值
   return 0;
  }
```

运行结果：

```
10  32  43↙         (输入 t1 的时、分、秒)
10:32:43            (输出 t1 的时、分、秒)
22  32  43↙         (输入 t2 的时、分、秒)
22:32:43            (输出 t2 的时、分、秒)
```

程序分析：

此程序是清晰易懂的，但是在主函数中对不同的对象一一写出有关操作，会使程序冗长，如果有 10 个对象，那么主函数会有多长呢？这样会降低程序的清晰性，使阅读困难。为了解决这个问题，可以使用函数来进行输入和输出，见程序(b)。

程序(b)：

```
#include<iostream>
using namespace std;
class Time
  {public:
    int hour;
    int minute;
    int sec;
  };

int main()
```

```
  {
    void set_time(Time&);          //函数声明
    void show_time(Time&);         //函数声明
    Time t1;                       //定义 t1 为 Time 类对象
    set_time(t1);                  //调用 set_time 函数,向 t1 对象中的数据成员输入数据
    show_time(t1);                 //调用 show_time 函数,输出 t1 对象中的数据
    Time t2;                       //定义 t2 为 Time 类对象
    set_time(t2);                  //调用 set_time 函数,向 t2 对象中的数据成员输入数据
    show_time(t2);                 //调用 show_time 函数,输出 t2 对象中的数据
    return 0;
  }

void set_time(Time& t)             //定义函数 set_time ,形参 t 是引用变量
  {
    cin>>t.hour;                   //输入设定的时间
    cin>>t.minute;
    cin>>t.sec;
  }

void show_time(Time& t)            //定义函数 show_time,形参 t 是引用变量
  {
    cout<<t.hour<<":"<<t.minute<<":"<<t.sec<<endl;          //输出对象中的数据
  }
```

运行结果:

与程序(a)相同。

程序分析:

函数 set_time 和 show_time 是普通函数,而不是成员函数。函数 set_time 用来给数据成员赋值,函数 show_time 用来显示数据成员的值。函数的形参 t 是 Time 类对象的引用 t,当执行主函数的调用函数 set_time(t1)时,由于 set_time 函数中的形参 t 是 Time 类对象的引用,因此它与实参 t1 共占同一段内存单元(所以说 t 是 t1 的别名)。调用 set_time(t1)相当于执行以下语句:

```
cin>>t1.hour;
cin>>t1.minute;
cin>>t1.sec;
```

向 t1 中的 hour,minute 和 sec 输入数值。

调用 show_time(t1)时,输出对象 t1 中的数据。用 t2 作实参时情况类似。

注意: 在程序中对类对象 t1 和 t2 的定义是分别用两个语句完成的,并未写在一行中。C 语言要求所有的声明必须集中写在本模块的开头,因此熟悉 C 语言的程序编写人员往往养成一个习惯,把所有声明集中写在本模块的开头。但是在C++编程中并不提倡这样做。在C++中,声明是作为语句处理的,可以出现在程序中的任何一行。因此,C++的编程人员习惯不把声明写在开头,而是用到时才进行声明(如同本程序那样),这样程序比较清晰,阅读方便。

程序(c)：

可以对上面的程序做一些修改，数据成员的值不再由键盘输入，而在调用函数时由实参给出，并在函数中使用默认参数。将程序(b)第 8 行以下的部分修改为

```
int main()
  {
    void set_time(Time&,int hour=0,int minute=0,int sec=0);
                                                //函数声明，指定了默认参数
    void show_time(Time&);                      //函数声明
    Time t1;
    set_time(t1,12,23,34);                      //通过实参传递时分秒的值
    show_time(t1);
    Time t2;
    set_time(t2);                               //使用默认的时分秒的值
    show_time(t2);
    return 0;
  }

void set_time(Time& t,int hour,int minute,int sec)//定义函数时不必再指定默认参数
  {
    t.hour=hour;
    t.minute=minute;
    t.sec=sec;
  }

void show_time(Time& t)
  {
    cout<<t.hour<<":"<<t.minute<<":"<<t.sec<<endl;
  }
```

运行结果：

```
12:23:34          (t1 中的时、分、秒)
0:0:0             (t2 中的时、分、秒)
```

程序分析：

在执行 set_time(t1,12,23,34)时，将 12,23,34 分别传递给形参 hour,minute 和 sec，然后再赋给 t.hour,t.minute,t.sec，由于 t 是 t1 的引用，因此相当于赋给 t1.hour,t1.minute,t1.sec，即对象 t1 中的数据成员 hour,minute 和 sec。因此在执行 show_time(t1)时输出“12:23:34”。

在执行 set_time(t2)时，由于只给出第 1 个参数 t2，后面的 3 个参数未给定，因此形参采用定义函数时指定的默认值。关于默认参数，已在 1.3.6 节作了介绍。

在 main 函数中声明 set_time 函数时指定了默认参数，在定义 set_time 函数时不必重复指定默认参数。如果在定义函数时也指定默认参数，其值应与函数声明时一致，如果不一致，编译系统以函数声明时指定的默认参数值为准，在定义函数时指定的默认参数值不起作用。例如将定义 set_time 函数的首行改为

```
void set_time(Time& t,int hour=9,int minute=30,int sec=0)
```

在编译时上行指定的默认参数值不起作用,程序运行结果仍为

```
12:23:34
0:0:0
```

以上两个程序中定义的类都只有数据成员,没有成员函数,这显然没有体现出使用类的优越性。之所以举这两个例子,主要想从最简单的情况开始逐步熟悉有关类的使用。在下面的例子中,类体中就包含成员函数。

例 2.3 将例 2.2 的程序改用含成员函数的类来处理。

编写程序:

```
#include<iostream>
using namespace std;
class Time                  //声明 Time 类
  {public:
     void set_time();     //公用成员函数
     void show_time();    //公用成员函数
    private:                //数据成员为私有
     int hour;
     int minute;
     int sec;
  };
int main()
  {
   Time t1;                 //定义对象 t1
   t1.set_time();           //调用对象 t1 的成员函数 set_time,向 t1 的数据成员输入数据
   t1.show_time();          //调用对象 t1 的成员函数 show_time,输出 t1 的数据成员的值
   Time t2;                 //定义对象 t2
   t2.set_time();           //调用对象 t2 的成员函数 set_time,向 t2 的数据成员输入数据
   t2.show_time();          //调用对象 t2 的成员函数 show_time,输出 t2 的数据成员的值
   return 0;
  }

void Time::set_time()  //在类外定义 set_time 函数
  {
   cin>>hour;
   cin>>minute;
   cin>>sec;
  }

void Time::show_time() //在类外定义 show_time 函数
  {
   cout<<hour<<":"<<minute<<":"<<sec<<endl;
  }
```

运行结果：

与例2.2中的程序(a)相同。

程序分析：

(1) 在主函数中调用两个成员函数时，应指明对象名(t1或t2)。表示调用的是哪一个对象的成员函数。t1.display()和t2.display()虽然都是调用同一个display函数，但是结果是不同的。函数t1.display()只能引用对象t1中的数据成员，t2.display()只能引用对象t2中的数据成员。尽管t1和t2都属于同一类，但t1的成员函数只能访问t1中的成员，而不能访问t2中的成员；反之亦然。

(2) 在类外定义函数时，应指明函数在哪个作用域中(如void Time::set_time())。在成员函数引用本对象的数据成员时，只须直接写数据成员名，这时C++系统会把它默认为本对象的数据成员。也可以显式地写出类名并使用域运算符。如上面最后一个函数的定义也可以写成

```
void Time::show_time()
  {
   cout<<Time::hour<<":"<<Time::minute<<":"<<Time::sec<<endl;        //加了类名限定
  }
```

在执行时，会根据this指针的指向，输出当前对象中的数据成员的值。

(3) 应注意区分什么场合用域运算符"::"，什么场合用成员运算符"."，不要搞混。例如在主函数中调用set_time函数，不能写成

```
Time::set_time();     //错误
```

类型是抽象的，对象是具体的。定义成员函数时应该指定类名，因为定义的是该类中的成员函数，而调用成员函数时应该指定具体的对象名。后面不是跟域运算符"::"，而是成员运算符"."。如

```
t1.set_time();
```

或

```
t2.set_time();
```

例2.4 找出一个整型数组中的元素的最大值。

这个问题我们以前没有用类的方法来处理，现在用类来处理，读者可以比较不同方法的特点。

编写程序：

```
#include<iostream>
using namespace std;
class Array_max                        //声明类
  {public:                             //以下3行为成员函数原型声明
     void set_value();                 //对数组元素设置值
     void max_value();                 //找出数组中的最大元素
     void show_value();                //输出最大值
```

```
  private:
    int array[10];                    //整型数组
    int max;                          //max 用来存放最大值
  };

void Array_max::set_value()           //成员函数定义,向数组元素输入数值
  { int i;
   for(i=0;i<10;i++)
     cin>>array[i];
  }

void Array_max::max_value()           //成员函数定义,找数组元素中的最大值
  {int i;
   max=array[0];
   for(i=1;i<10;i++)
     if(array[i]>max) max=array[i];
  }

void Array_max::show_value()          //成员函数定义,输出最大值
  {cout<<"max="<<max;}

int main()
  {Array_max arrmax;                  //定义对象 arrmax
   arrmax.set_value();  //调用 arrmax 的 set_value 函数,向数组元素输入数值
   arrmax.max_value();  //调用 arrmax 的 max_value 函数,找出数组元素中的最大值
   arrmax.show_value(); //调用 arrmax 的 show_value 函数,输出数组元素中的最大值
   return 0;
  }
```

运行结果:

```
12 12 39 -34 17 134 0 45 -91 76↙      (输入 10 个元素的值)
max=134                               (输入 10 个元素中的最大值)
```

程序分析:

例 2.4 看起来比较长,其实并不复杂,它包括三个部分:①声明一个类 Array_max;②在类外定义成员函数;③主函数。实际上,在类外定义成员函数是属于类声明的一部分,只是把本来在类中定义的成员函数拿到类外来定义而已。因此上面三部分实际上是两个部分,即:①声明一个类 Array_max;②主函数。

可以看到,在主函数中做的事是:①定义对象; ②向各对象发出"消息",通知各对象完成有关任务。即调用有关对象的成员函数,去完成相应的操作。主函数很简单,语句很少,在大多数情况下,主函数中甚至不出现控制结构(判断结构和循环结构),而在成员函数中常会使用控制结构。在面向对象的程序设计中,最关键的工作是类的设计。所有的数据和对数据的操作都体现在类中。只要把类定义好,编写程序的工作就显得很简单了。

说明:请读者仔细分析和消化例 2.1~例 2.4 这几个例子,初步了解什么是面向对象

的程序。

首先分析一下面向对象的程序和过去学过的面向过程的程序有什么不同？

(1) 面向对象程序中,一般都是把需要处理的数据封装在对象中的(数据可以是私有的或公用的,但一般应把数据设定为私有的,否则没有意义)。

(2) 在程序中必须要声明一个或多个类,即使是最简单的问题,也需要声明一个类。在类中包括数据和对数据操作的函数。至少要有一个公用的成员函数,作为对外的接口。然后用该类来定义对象。

(3) 对数据的访问一般是通过对象进行的,即指定访问的是哪个对象中的数据。如例 2.1 中的 t1.hour(t1 是对象名,hour 是 t1 中的公用数据),不能直接用 hour 来访问 t1 中的 hour。调用对象中的公用成员函数也必须指明对象,如例 2.3 的 t1.set_time( )。

(4) 程序的功能是由执行各个对象中的成员函数完成的。成员函数用来调用本对象的数据并进行运算处理。实际上,处理问题的算法是由各个成员函数实现的。

可以概括为一句话：一切通过对象。

讨论：从前面 4 个例子中,读者可以知道怎样建立类,怎样定义对象,怎样通过成员函数访问类中的私有数据,可能有的读者认为：这么简单的问题,若用 C 语言面向过程方法编程,只需要少数几行就行了,现在用类来处理反而这么复杂,是不是“杀鸡用牛刀”啊!

的确,面向对象的方法不是用来处理简单问题的,即使对于求一个三角形面积这样简单的问题,也要先建立一个三角形类,把三角形的三边等数据和计算三角形面积的函数封装在该类中,然后再定义三角形对象。在主函数中调用计算三角形面积的成员函数,计算三角形面积。

像例 2.4 这样数据少、操作简单的问题,其实完全不必要用面向对象的方法来处理,用面向过程的方法、用 C 语言编程,直截了当,游刃有余。用面向对象的方法来处理的确是“杀鸡用牛刀”。

但是,如果面对的是一个大型的、复杂的问题,譬如学校中的数据处理,学校中有不同的人群(如教师、职工、学生),有不同的行政组织(如学院、系),学生有不同层次(本科生、硕士生、博士生),有不同年级……如果想找出信息学院三年级学生中曾选修机械学院张教授和李教授课程的学生,这个不算太复杂的问题,如果用面向过程的方法处理是很麻烦的,各种数据量大,容易混淆,程序设计者需要清晰地处理每一个步骤,先后调出所需的数据并对其分别进行不同的处理,难度很大。这时用面向对象的方法来处理就方便多了,思路也清晰了。把不同的数据和对其的操作封装在一个类中,并定义若干对象,需要用哪个就调用哪个,十分方便。

本章介绍了使用类的最简单的例子,用这种例子的目的是为了使C++的初学者清晰地理解类的概念和初步学习使用类和对象,并不意味着提倡用面向对象的方法去处理这样简单的问题。在学习阶段,对简单问题“小试牛刀”,使大家知道什么是“牛刀”以及怎么用“牛刀”。在有了初步的基础之后,再逐步增加问题的复杂性,待深入掌握后,就能够“游刃有余”了。

2.6 类的封装性和信息隐蔽

2.6.1 公用接口与私有实现的分离

从前面的介绍已知：C++通过类来实现封装性，把数据和与这些数据有关的操作封装在一个类中，或者说，类的作用是把数据和算法封装在用户声明的抽象数据类型中。

在面向对象的程序设计中，在声明类时，一般都是把所有的数据指定为私有的，使它们与外界隔离。把需要让外界调用的成员函数指定为公用的。在类外虽然不能直接访问私有数据成员，但可以通过调用公用成员函数来引用甚至修改私有数据成员。

外界只能通过公用成员函数来实现对类中的私有数据的操作，因此，外界与对象唯一的联系渠道就是调用公用的成员函数。这样就使类与外界的联系减少到最低限度。公用成员函数是用户使用类的公用接口(public interface)，或者说是类的对外接口。

在声明了一个类以后，用户(指使用类的程序员)的主要工作就是通过调用其公用的成员函数来实现类提供的功能(例如对数据成员设置值，显示数据成员的值，对数据进行加工等)。这些功能是在声明类时已确定的，用户可以使用它们而不应改变它们。实际上用户往往并不关心这些功能实现的细节，而只须知道调用哪个函数能会得到什么结果，能实现什么功能即可。如同使用照相机一样，只须知道按下快门就能照相即可，不必了解其实现细节，那是设计师和制造商的事。照相机的快门就是公用接口，用户通过使用快门实现照相的目的，但不能改变相机的结构和功能。一切与用户操作无关的部分都封装在机箱内，用户看不见，摸不着，改不了，这就是**接口与实现分离**。

通过成员函数对数据成员进行操作称为类的功能的**实现**，如果用户任意修改公用成员函数，改变对数据进行的操作，会导致其他用户难以了解其原来的功能和调用方式，因此往往不让用户看到公用成员函数的源代码，显然更不能修改它，用户只能接触到公用成员函数的目标代码(详见2.6.2节)。可以看到，类中被操作的数据是私有的，类的功能的实现细节对用户是隐蔽的，这种实现称为**私有实现**(private implementation)。这种“**类的公用接口与私有实现的分离**”形成了**信息隐蔽**(information hiding)。用户接触到的是公用接口，而不能接触被隐蔽的数据和实现的细节。

软件工程的一个最基本的原则就是**将接口与实现分离**，信息隐蔽是软件工程中一个非常重要的概念。它的好处在于：

(1) 如果想修改或扩充类的功能，只须修改该类中有关的数据成员和与它有关的成员函数，程序中类以外的部分可以不必修改。例如，想在2.2.3节中声明的Student类中增加一项数据成员“年龄”，只须这样改：

```
class Student
 {private:
    int num;
    string name;
    int age;                                //此行是新增的
    char sex;
```

```
    public:
      void display()
        {cout<<"num:"<<num<<endl;
         cout<<"name:"<<name<<endl;
         cout<<"age:"<<age<<endl;           //此行是新增的
         cout<<"sex:"<<sex<<endl; }
    };
  Student stud;
```

注意：虽然类中的数据成员改变了，成员函数 display 的定义改变了，但是类的对外接口没有改变，外界仍然通过公用的 display 函数访问类中的数据。程序中其他任何部分均无须修改。当然，类的功能改变了，在调用 stud 对象的 display 时，就输出该学生的学号、姓名、年龄和性别的值。

可以看出，**当接口与实现（对数据的操作）分离时，只要类的接口没有改变，对私有实现的修改不会引起程序的其他部分的修改**。对用户来说，类的实现方法的改变，不会影响用户的操作，只要保持类的接口不变即可。例如，系统软件开发商想对以前提供给客户的类库进行修改升级，只要保持类的接口不变，即用户调用成员函数的方法（包括函数参数的类型和个数）不变，用户的程序就不必修改。

（2）如果在编译时发现类中的数据读写有错，不必检查整个程序，只须检查本类中访问这些数据的少数成员函数。

这样，就使得程序（尤其是大程序）的设计、修改和调试都更加易于掌握了。

2.6.2　类声明和成员函数定义的分离

如果一个类只被一个程序使用，那么类的声明和成员函数的定义可以直接写在程序的开头，但是如果一个类被多个程序使用，这样做的重复工作量就很大了，效率就太低了。在面向对象的程序开发中，往往把类的声明（其中包含成员函数的声明）放在指定的头文件中，用户如果想用该类，只要把有关的头文件包含进来即可，不必在程序中重复书写类的声明，以减少工作量，节省篇幅，提高编程的效率。

由于在头文件中包含了类的声明，因此在用户的程序中就可以直接用该类名来定义对象。由于在类体中包含了对成员函数的原型声明，在程序中就可以调用这些对象的公用成员函数。因此，在程序中用#include 指令把有关类声明头文件包含进来，就使得在程序中使用这些类成为可能，可以认为类声明头文件是**用户使用类库的公用接口**。

为了实现 2.6.1 节所叙述的信息隐蔽，不让用户看到函数执行的细节，对类成员函数的定义一般不和类的声明一起放在头文件中，而另外放在一个文件中。**包含成员函数定义的文件就是类的实现**（即通过调用成员函数用来实现类的功能）。请特别注意：**在系统提供的头文件中只包括对成员函数的声明，而不包括成员函数的定义。类声明和函数定义是分别放在两个文件中的**。

本教材的例子由于比较简单，为了阅读程序方便，把类的声明、类成员函数的定义和主函数都写在同一个程序中了。实际上，**一个C++程序是由 3 个部分组成的：①类声明**

头文件(后缀为.h或无后缀);②类实现文件(后缀为.cpp),包括类成员函数的定义;③类的使用文件(后缀为.cpp),即主文件。

例如,可以先分别写两个文件:

(1) 类声明头文件

```
//student.h                        (这是名为student.h的头文件,在此文件中进行类的声明)
#include<string>
using namespace std;
class Student                                //类声明
{ public:
    void display();                          //公用成员函数原型声明
  private:
    int num;
    string name;
    char sex;
};
```

(2) 包含类成员函数的定义的文件(即类实现文件)

```
//student.cpp                                (在此文件中进行函数的定义)
#include<iostream>
#include "student.h"                         //不要漏写此行,否则编译无法通过
void Student::display()                      //在类外定义display类函数
 {cout<<"num:"<<num<<endl;
  cout<<"name:"<<name<<endl;
  cout<<"sex:"<<sex<<endl;
 }
```

(3) 主文件。为了组成一个完整的源程序,还应当有包括主函数的源文件:

```
//main.cpp                                   (主函数模块)
#include<iostream>
#include "student.h"                         //将类声明头文件包含进来
using namespace std;
int main()
 {Student stud;                              //定义对象stud
  stud.display();                            //执行stud对象的display函数
  return 0;
 }
```

这是一个包括3个文件的程序,组成两个文件模块:一个是主模块main.cpp,一个是student.cpp。在主模块中又包含头文件student.h。在预编译时会将头文件student.h中的内容取代#include "student.h"行。请注意:由于将头文件student.h放在用户当前目录中,因此在文件名两侧用双撇号包起来("student.h")而不用尖括号(<student.h>),否则编译时会找不到此文件。

可以按照对多文件程序的编译和运行方法对程序进行编译和连接。C++编译系统对

两个源文件 main.cpp 和 student.cpp 分别进行编译，得到两个目标程序 main.obj 和 student.obj[①]，然后将它们和其他系统资源连接起来，形成可执行文件 main.exe，见图 2.6。

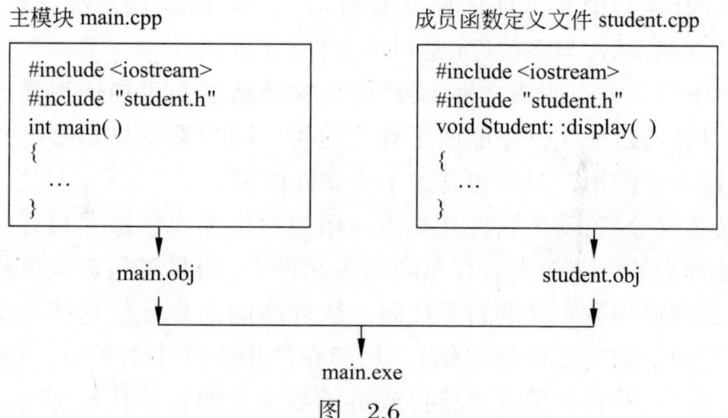

图　2.6

在执行主函数时调用 stud 中的 display 函数，输出各数据成员的值。

这只是一个程序的框架，在 Student 类中包括了数据成员 num，name 和 sex，但是并没有对 stud 对象中的数据成员赋值。程序虽能通过编译并可以运行，但输出的值是不可预知的、无意义的。请读者对以上程序框架作必要的补充（可以在 Student 类中增加一个对数据成员赋值的 set 函数）。

有的读者可能会考虑这样一个问题：如果一个类声明多次被不同的程序所选用，每次都要对包含成员函数定义的源文件（如上面的 student.cpp）进行编译，这是否可以改进呢？的确，可以不必每次都对它重复进行编译，而只须编译一次即可。把 student.cpp 第 1 次编译后所形成的目标文件保存起来，以后在需要时把它调出来直接与主文件的目标文件相连接即可。这和使用函数库中的函数是类似的。

这也是把成员函数的定义不放在头文件中的一个好处。如果对成员函数的定义也放在类声明的头文件中，那么，不仅不能实现信息隐蔽，而且在对使用这些类的每一个程序的每一次编译时都要对成员函数定义进行编译，即同一个成员函数的定义会多次被重复编译。把对成员函数的定义单独放在另一文件中，单独编译，就可以做到不重复编译。

在实际工作中，并不是将一个类声明做成一个头文件，而是将若干常用的功能相近的类声明集中在一起，形成类库。类库有两种：一种是C++编译系统提供的标准类库；一种是用户根据自己的需要做成的用户类库，提供给自己和自己授权的人使用，这称为自定义类库。在程序开发工作中，类库是很有用的，它可以减少用户自己对类和成员函数进行定义的工作量。

类库包括两个组成部分：①类声明头文件；②已经过编译的成员函数的定义，它是目标文件。用户只须把类库装入到自己的计算机系统中（一般装到C++编译系统所在的子目录下），并在程序中用#include 指令将有关的类声明的头文件包含到程序中，就可以在程序中使用这些类。

---

① 目标文件的后缀在不同的C++编译系统中是不同的，例如在 GCC 中，后缀是.o，这里用.obj 是对一般目标程序而言的。

这和在程序中使用C++系统提供的标准函数的方法是类似的,例如用户在调用 sin 函数时只须将包含声明此函数的头文件包含到程序中,即可调用该库函数,而不必了解 sin 函数是怎么实现的(函数值是怎样计算出来的)。当然,前提是系统已装了标准函数库。在用户源文件经过编译后,与系统库(是目标文件)相连接。

在用户程序中包含类声明头文件,**类声明头文件就成为用户使用类库的有效方法和公用接口**,用户只有通过头文件才能使用有关的类。用户看得见和接触到的是这个头文件,任何要使用这个类的用户只须包含这个头文件即可。

由于接口与实现分离,就为软件开发商向用户提供类库创造了很好的条件。开发商把用户所需的各种类的声明按类放在不同的头文件中,同时对包含成员函数定义的源文件进行编译,得到成员函数定义的目标代码。软件商向用户提供这些头文件和类的实现的目标代码(不提供函数定义的源代码)。用户在使用类库中的类时,只须将有关头文件包含到自己的程序中,并且在编译后连接成员函数定义的目标代码即可。用户可以看到头文件中类的声明和成员函数的原型声明,但看不到定义成员函数的源代码,更无法修改成员函数的定义,开发商的权益得到保护。

由于类库的出现,用户可以像使用零件一样方便地使用在实践中积累的通用的或专用的类,这就大大减少了程序设计的工作量,有效地提高了工作效率。

2.6.3 面向对象程序设计中的几个名词

顺便介绍面向对象程序设计中的几个名词:类的成员函数体现对象的**行为**,在面向对象程序理论中被称为“方法”(method)。“方法”是指对数据的操作。一个“方法”对应一种操作。显然,只有被声明为**公用**的方法(成员函数)才能被对象外界所激活。外界是通过发“**消息**”(message)来激活有关方法的。所谓“消息”,其实就是一个命令,由程序语句来实现。前面的

```
stud.display();
```

就是向对象 stud 发出的一个“消息”,通知对象 stud 执行其中的 display“方法”(即 display 函数)。上面这个语句涉及3个术语:**对象**、**方法**和**消息**。stud 是**对象**;display( )是**方法**;调用一个对象的方法(如“stud.display( );”)就是一个发给对象的**消息**,要求对象执行一个操作。

面向对象的理论涉及很多新的术语,读者不要被它吓住和难倒,其实从实际应用的角度来看并不复杂。学习应用课程和学习理论课程的要求和方法是不一样的。对一般初学C++的非专业的读者来说,对面向对象的有关概念有一般了解即可,学习的重点应该放在掌握实际的应用上,尤其不要一开始就陷入抽象的名词术语的“汪洋大海”之中,也不要不分主次地死抠语法细节。待以后进一步深入学习和使用时,自然会逐步深入地掌握。

习　题

1. 请检查下面程序,找出其中的错误(先不要上机,在纸面上作人工检查),并改正之。然后上机调试,使之能正常运行。运行时从键盘输入时、分、秒的值,检查输出是否

正确。

```
#include<iostream>
using namespace std;
class Time
  { void set_time(void);
    void show_time(void);
    int hour;
    int minute;
    int sec;
  };
Time t;
int main()
  {
    set_time();
    show_time();
    return 0;
  }
int set_time(void)
  {
    cin>>t.hour;
    cin>>t.minute;
    cin>>t.sec;
  }
int show_time(void)
  {
    cout<<t.hour<<":"<<t.minute<<":"<<t.sec<<endl;
  }
```

2. 改写本章例 2.1 程序,要求:

(1) 将数据成员改为私有的;

(2) 将输入和输出的功能改为由成员函数实现;

(3) 在类体内定义成员函数。

3. 在第 2 题的基础上进行如下修改:在类体内声明成员函数,而在类外定义成员函数。

4. 在 2.3.3 节中分别给出了包含类定义的头文件 student.h,包含成员函数定义的源文件 student.cpp 以及包含主函数的源文件 main.cpp。请完善该程序,在类中增加一个对数据成员赋初值的成员函数 set_value。上机调试并运行。

5. 将本章的例 2.4 改写为一个多文件的程序:

(1) 将类定义放在头文件 arraymax.h 中;

(2) 将成员函数定义放在源文件 arraymax.cpp 中;

(3) 主函数放在源文件 file1.cpp 中。

请写出完整的程序,上机调试并运行。

6. 需要求 3 个长方柱的体积,请编写一个基于对象的程序。数据成员包括 length

(长)、width(宽)、height(高)。要求用成员函数实现以下功能:

(1) 由键盘分别输入 3 个长方柱的长、宽、高;

(2) 计算长方柱的体积;

(3) 输出 3 个长方柱的体积。

请编写程序,上机调试并运行。

第 3 章 怎样使用类和对象

通过第 2 章的学习,已经对类和对象有了初步的了解。在本章中将进一步说明怎样使用类和对象。本章将会遇到一些稍复杂的概念,我们尽量用读者容易理解的方式进行介绍,也请读者细心阅读。

3.1 类对象的初始化

3.1.1 需要对类对象进行初始化

在程序中常常需要对变量赋初值,即对其初始化。这在面向过程的程序中是很容易实现的,在定义变量时赋以初值。如

```
int a=10;                    //定义整型变量 a,a 的初值为 10
```

在基于对象的程序中,在定义一个对象时,有可能需要作初始化的工作,包括对数据成员赋初值。对象代表一个实体,每一个对象都有它确定的属性。例如有一个 Time 类(时间),用它定义对象 t1,t2,t3。显然,t1,t2,t3 分别代表 3 个不同的时间(时、分、秒)。每一个对象都应当在它建立之时就有确定的内容,否则就失去对象的意义了。在系统为对象分配内存时,应该同时对有关的数据成员赋以初始值。

那么,怎样使它们得到初值呢？有人企图在声明类时对数据成员初始化。如

```
class Time
  { hour=0;                    //不能在类声明中对数据成员初始化
    minute=0;
    sec=0;
  };
```

这是错误的。因为类并不是一个实体,而是一种抽象类型,并不占存储空间,显然无处容纳数据。

如果一个类中所有的成员都是公用的,则可以在定义对象时对数据成员进行初始化。如

```
class Time
  { public:                    //声明为公用成员
```

```
        hour;
        minute;
        sec;
    };
    Time t1={14,56,30};         //将t1初始化为14:56:30
```

这种情况和结构体变量的初始化是类似的,在一个花括号内顺序列出各公用数据成员的值,两个值之间用逗号分隔。但是,如果数据成员是私有的,或者类中有 private 或 protected 的数据成员,就不能用这种方法初始化。

在第2章的几个例子中,是用成员函数来对对象中的数据成员赋初值的(例如例2.3中的 set_time 函数)。从例2.3中可以看到,用户在主函数中调用 set_time 函数来为数据成员赋值。如果对一个类定义了多个对象,而且类中的数据成员比较多,那么程序就显得非常臃肿烦琐,这样的程序哪里还有质量和效率?应当找到一种方便的方法对类对象中的数据成员进行初始化。

3.1.2 用构造函数实现数据成员的初始化

在C++程序中,对象的初始化是一个重要的问题。不应该使程序员在这个问题上花费过多的精力,C++在类的设计中提供了较好的处理方法。

为了解决这个问题,**C++提供了构造函数(constructor)来处理对象的初始化。构造函数是一种特殊的成员函数,与其他成员函数不同,不需要用户来调用它,而是在建立对象时自动执行。**构造函数的是在对类进行声明的时候由类的设计者定义的,程序用户只须在定义对象的同时指定数据成员的初值即可。

构造函数的名字必须与类名同名,而不能任意命名,以便编译系统能识别它,并把它作为构造函数处理。它不具有任何类型,不返回任何值。

先观察下面的例子。

例3.1 在例2.3基础上,用构造函数为对象的数据成员赋初值。

编写程序:

```
#include<iostream>
using namespace std;
class Time                      //声明Time类
  {public:                      //以下为公用函数
     Time()                     //定义构造成员函数,函数名与类名相同
       {hour=0;                 //利用构造函数对对象中的数据成员赋初值
        minute=0;
        sec=0;
       }
     void set_time();           //成员函数声明
     void show_time();          //成员函数声明
   private:                     //以下为私有数据
     int hour;
     int minute;
```

```
    int sec;
  };

void Time::set_time()           //定义成员函数,向数据成员赋新值
  {cin>>hour;
   cin>>minute;
   cin>>sec;
  }
void Time::show_time()          //定义成员函数,输出数据成员的值
  {
   cout<<hour<<":"<<minute<<":"<<sec<<endl;
  }

int main()                      //主函数
  {
   Time t1;                     //建立对象 t1,同时调用构造函数 t1.Time()
   t1.set_time();               //对 t1 的数据成员赋新值
   t1.show_time();              //显示 t1 的数据成员的值
   Time t2;                     //建立对象 t2,同时调用构造函数 t2.Time()
   t2.show_time();              //显示 t2 的数据成员的值
   return 0;
  }
```

运行结果：

```
10 25 54↙                       (从键盘输入新值赋给 t1 的数据成员)
10:25:54                        (输出 t1 的时、分、秒值)
0:0:0                           (输出 t2 的时、分、秒值)
```

程序分析：

在类中定义了构造函数 Time,它和所在的类同名。在建立对象时自动执行构造函数,根据构造函数 Time 的定义,其作用是对该对象中的全部数据成员赋以初值 0。不要误认为是在声明类时直接对程序数据成员赋初值(那是不允许的),赋值语句是写在构造函数 Time 的函数体中的,只有在调用构造函数 Time 时才执行这些赋值语句,对当前的对象中的数据成员赋值。

执行主函数时,首先建立对象 t1,此时自动执行构造函数 Time。在执行构造函数 Time 过程中对 t1 对象中的数据成员赋初值 0。然后再执行主函数中的 t1.set_time 函数,从键盘输入新值赋给对象 t1 的数据成员,再输出 t1 的数据成员的值。接着建立对象 t2,同时自动执行构造函数 Time,对 t2 中的数据成员赋初值 0。但主函数中没有对 t2 的数据成员再赋新值,直接输出数据成员的初值。

上面是在类内定义构造函数的,也可以只在类内对构造函数进行声明而在类外定义构造函数。将程序中的第 4~7 行改为下面一行：

```
Time();                          //对构造函数进行声明
```

在类外定义构造函数：

```
Time::Time()                    //在类外定义构造成员函数,要加上类名 Time 和域限定符“::”
  {hour=0;
   minute=0;
   sec=0;
  }
```

有关构造函数的使用,有以下说明:

(1) 什么时候调用构造函数呢?在建立类对象时会自动调用构造函数。在建立对象时系统为该对象分配存储单元,此时执行构造函数,就把指定的初值送到有关数据成员的存储单元中。每建立一个对象,就调用一次构造函数。在上面的程序中,在主函数中定义了一个对象 t1,此时就会自动调用 t1 对象中的构造函数 Time,使各数据成员的值为 0。

(2) 构造函数没有返回值,它的作用只是对对象进行初始化。因此也不需要在定义构造函数时声明类型,这是它和一般函数的一个重要的不同之点。不能写成

```
int Time()
  {…}
```

或

```
void time()
  {…}
```

(3) 构造函数不需要用户调用,也不能被用户调用。下面的用法是错误的:

```
t1.Time();                        //企图用调用一般成员函数的方法来调用构造函数
```

构造函数是在定义对象时由系统自动执行的,而且只能执行一次。构造函数一般声明为 public。

(4) 可以用一个类对象初始化另一个类对象,如

```
Time t1;                          //建立对象 t1,同时调用构造函数 t1.Time()
Time t2=t1;                       //建立对象 t2, 并用 t1 初始化 t2
```

此时,把对象 t1 的各数据成员的值复制到 t2 相应各成员,而不调用构造函数 t2.Time()。

(5) 在构造函数的函数体中不仅可以对数据成员赋初值,而且可以包含其他语句,例如 cout 语句。但是一般不提倡在构造函数中加入与初始化无关的内容,以保持程序的清晰。

(6) 如果用户自己没有定义构造函数,则C++系统会自动生成一个构造函数,只是这个构造函数函数体是空的,也没有参数,不执行初始化操作。

(7) 以上介绍的构造函数是最基本的形式。构造函数有不同的形式以便用于不同情况的数据初始化。从 3.1.3 节开始会分别介绍。

3.1.3 用带参数的构造函数对不同对象初始化

在例 3.1 中构造函数不带参数,在函数体中对数据成员赋初值。这种方式使该类的

每一个对象的数据成员都得到同一组初值(例如例3.1中各个对象的数据成员的初值均为0)。但是,有时用户希望对不同的对象赋予不同的初值,这时就无法使用上面的办法来解决了。

可以采用**带参数的构造函数**,在调用不同对象的构造函数时,从外面将不同的数据传递给构造函数,以实现对不同对象的初始化。构造函数首部的一般格式为

构造函数名(类型1 形参1,类型2 形参2,…)

前面已说明:用户是不能调用构造函数的,因此无法采用常规的调用函数的方法给出实参(如fun(a,b);)。实参是在定义对象时给出的。定义对象的一般格式为

类名 对象名(实参1,实参2,…);

在建立对象时把实参的值传递给构造函数相应的形参,把它们作为数据成员的初值。

例3.2 有两个长方柱,其高、宽、长分别为12,25,30;15,30,21。求它们的体积。编写一个基于对象的程序,在类中用带参数的构造函数对数据成员初始化。

编写程序:

```
#include<iostream>
using namespace std;
class Box                              //声明Box类
  {public:
     Box(int,int,int);                 //声明带参数的构造函数
     int volume();                     //声明计算体积的函数
   private:
     int height;                       //高
     int width;                        //宽
     int length;                       //长
  };
Box::Box(int h,int w,int len)          //在类外定义带参数的构造函数
  {height=h;
   width=w;
   length=len;
  }

int Box::volume()                      //定义计算体积的函数
  {return(height*width*length);
  }

int main()
  {Box box1(12,25,30);                 //建立对象box1,并指定box1的高、宽、长的值
   cout<<"The volume of box1 is "<<box1.volume()<<endl;
   Box box2(15,30,21);                 //建立对象box2,并指定box2的高、宽、长的值
   cout<<"The volume of box2 is "<<box2.volume()<<endl;
```

```
    return 0;
}
```

运行结果:

```
The volume of box1 is 9000
The volume of box2 is 9450
```

程序分析:

构造函数 Box 有 3 个参数(h,w,l),分别代表高、宽、长。在主函数中定义对象 box1 时,同时给出函数的实参 12,25,30。系统自动调用对象 box1 中的构造函数 Box,通过虚实结合,对 box1 中的 height,width,length 进行赋值。然后由主函数中的 cout 语句调用函数 box1.volume(),并输出 box1 的体积。对 box2 也类似。

注意: 定义对象的语句形式是

```
Box box1(12,25,30);
```

可以看到:

(1) 带参数的构造函数中的形参,其对应的实参是在建立对象时给定的,即在建立对象时同时指定数据成员的初值。

(2) 定义不同对象时用的实参是不同的,它们反映不同对象的属性。用这种方法可以方便地实现对不同的对象进行不同的初始化。

这种初始化对象的方法,使用起来很方便,很直观。从定义语句中直接看到数据成员的初值。

3.1.4 在构造函数中用参数初始化表对数据成员初始化

在 3.1.3 节中介绍的是在构造函数的函数体内通过赋值语句对数据成员实现初始化。C++还提供另一种更简化的方法——**参数初始化表**来实现对数据成员的初始化。这种方法不在函数体内对数据成员初始化,而是在函数首部实现。例如,例 3.2 中定义构造函数可以改用以下形式:

```
Box::Box(int h,int w,int len):height(h),width(w),length(len){ }
```

即在原来函数首部的末尾加一个冒号,然后列出参数的初始化表。上面的初始化表表示:用形参 h 的值初始化数据成员 height,用形参 w 的值初始化数据成员 width,用形参 len 的值初始化数据成员 length。后面的花括号是空的,即函数体是空的,没有任何执行语句。这种形式的构造函数的作用和例 3.2 中在类外定义的 Box 构造函数相同。用参数的初始化表法可以减少函数体的长度,使结构函数显得精练简单。这样就可以直接在**类体**中(而不是在类外)定义构造函数。尤其当需要初始化的数据成员较多时更显其优越性。许多C++程序人员喜欢用这种方法初始化所有数据成员。

带有参数初始化表的构造函数的一般形式如下:

类名:: 构造函数名([参数表])[:成员初始化表]
{

```
    [构造函数体]
  }
```

其中,方括号内为可选项(可有可无)。

说明:如果数据成员是数组,则应当在构造函数的函数体中用语句对其赋值,而不能在参数初始化表中对其初始化。如

```
class Student
  {public:
    Student(int n,char s,nam[]):num(n),sex(s)        //定义构造函数
      {strcpy(name,nam);}                            //函数体
   private:
    int num;.
    char sex;
    char name[20];
  };
```

可以这样定义对象 stud1:

```
Student stud1(10101,'m',"Wang_li");
```

利用初始化表,把形参 n 得到的值 10101 赋给私有数据成员 num,把形参 s 得到的值' m'赋给 sex,把形参数组 nam 的各元素的值通过 strcpy 函数复制到 name 数组中。这样对象 stud1 中所有的数据成员都初始化了,此对象是有确定内容的。

3.1.5　可以对构造函数进行重载

在一个类中可以定义多个构造函数,以便为对象提供不同的初始化的方法,供用户选用。这些构造函数具有相同的名字,而参数的个数或参数的类型不相同,这称为构造函数的**重载**。1.3.4 节中所介绍的函数重载的知识也适用于构造函数。

通过下面的例子可以了解怎样应用构造函数的重载。

例 3.3　在例 3.2 的基础上,定义两个构造函数,其中一个无参数,一个有参数。

编写程序:

```
#include<iostream>
using namespace std;
class Box
  {public:
    Box();                              //声明一个无参的构造函数 Box
    Box(int h,int w,int len):height(h),width(w),length(len){ }
                           //定义一个有参的构造函数,用参数的初始化表对数据成员初始化
    int volume();                       //声明成员函数 volume
   private:
    int height;
    int width;
    int length;
  };
```

```
Box::Box()                              //在类外定义无参构造函数 Box
  {height=10;
   width=10;
   length=10;
  }

int Box::volume()                       //在类外定义成员函数 volume
  {return(height * width * length);
  }

int main()
  {Box box1;                            //建立对象 box1,不指定实参
   cout<<"The volume of box1 is "<<box1.volume()<<endl;
   Box box2(15,30,25);                  //建立对象 box2,指定 3 个实参
   cout<<"The volume of box2 is "<<box2.volume()<<endl;
   return 0;
  }
```

运行结果:

```
The volume of box1 is 1000
The volume of box2 is 11250
```

程序分析:

在类中声明了一个无参数构造函数 Box,在类外定义的函数体中对私有数据成员赋值。第 2 个构造函数 Box 是直接在类体中定义的,用参数初始化表对数据成员初始化,此函数有 3 个参数,需要 3 个实参与之对应。这两个构造函数同名(都是 Box),那么系统怎么辨别调用的是哪一个构造函数呢?是根据函数调用的形式去确定对应哪一个构造函数。

在主函数中,建立对象 box1 时没有给出参数,系统找到与之对应的无参构造函数 Box,执行此构造函数的结果是使 3 个数据成员的值均为 10。然后输出 box1 的体积 1000。建立对象 box2 时给出 3 个实参,系统找到有 3 个形参的构造函数 Box 与之对应,执行此构造函数的结果是使 3 个数据成员的值为 15,30,25。然后输出 box2 的体积 11250。

在本程序中定义了两个同名的构造函数,其实还可以定义更多的重载构造函数。例如还可以有以下的构造函数原型:

```
Box::Box(int h);                        //有一个参数的构造函数
Box::Box(int h,int w);                  //有两个参数的构造函数
```

在建立对象时可以给出一个参数和两个参数,系统会分别调用相应的构造函数。

说明:

(1) 在建立对象时不必给出实参的构造函数,称为**默认构造函数**(default constructor)。显然,无参构造函数属于默认构造函数。一个类只能有一个默认构造函数。如果用户未定义构造函数,则系统会自动提供一个默认构造函数,但它的函数体是空的,

不起初始化作用。如果用户希望在创建对象时就能使数据成员有初值，就必须自己定义构造函数。

(2) 如果在建立对象时选用的是无参构造函数，应注意正确书写定义对象的语句。如本程序中有以下定义对象的语句：

```
Box box1;                          //建立对象的正确形式
```

注意不要写成

```
Box box1();                        //建立对象的错误形式，不应该有括号
```

上面的语句并不是定义 Box 类的对象 box1，而是声明一个普通函数 box1，此函数的返回值为 Box 类型。在程序中不应出现调用无参构造函数(如 Box())。请记住：构造函数是不能被用户显式调用的。

(3) 尽管在一个类中可以包含多个构造函数，但是对于每一个对象来说，建立对象时只执行其中一个构造函数，并非每个构造函数都被执行。

3.1.6　构造函数可以使用默认参数

构造函数中参数的值既可以通过实参传递，也可以指定为某些默认值，即如果用户不指定实参值，编译系统就使形参的值为默认值。在实际生活中常有一些这样的初始值：计数器的初始值一般默认为 0，战士的性别一般默认为“男”，天气默认为“晴”等，如果实际情况不是这些值，则由用户另行指定。这样可以减少输入量。

在 1.3.6 节中介绍过在函数中可以使用有默认值的参数。在构造函数中也可以采用这样的方法来实现初始化。例如，例 3.3 的问题也可以使用包含默认参数的构造函数来处理。

例 3.4　将例 3.3 程序中的构造函数改用含默认值的参数，宽、高、长的默认值均为 10。

在例 3.3 程序的基础上改写。

编写程序：

```
#include<iostream>
using namespace std;
class Box
  {public:
     Box(int h=10,int w=10,int len=10);   //在声明构造函数 Box 时指定默认参数
     int volume();
   private:
     int height;
     int width;
     int length;
  };
Box::Box(int h,int w,int len)                //在定义 Box 函数时可以不指定默认参数
  {height=h;
   width=w;
```

```
    length=len;
  }

int Box::volume()
  {return(height * width * length);
  }

int main()
  {
    Box box1;                                //没有给定实参
    cout<<"The volume of box1 is "<<box1.volume()<<endl;
    Box box2(15);                            //只给定一个实参
    cout<<"The volume of box2 is "<<box2.volume()<<endl;
    Box box3(15,30);                         //只给定两个实参
    cout<<"The volume of box3 is "<<box3.volume()<<endl;
    Box box4(15,30,20);                      //给定3个实参
    cout<<"The volume of box4 is "<<box4.volume()<<endl;
    return 0;
  }
```

运行结果:

```
The volume of box1 is 1000
The volume of box2 is 1500
The volume of box3 is 4500
The volume of box4 is 9000
```

程序分析:

由于在定义对象 box1 时没有给实参,系统就调用默认构造函数,各形参的值均取默认值 10。即

```
box1.height=10;box1.width=10;box1.length=10
```

在定义对象 box2 时只给定一个实参 15,它传给形参 h(长方柱的高),形参 w 和 len 未得到实参过来的值,就取默认值 10。即

```
box2.height=15; box2.width=10;box2.length=10;
```

同理:

```
box3.height=15; box3.width=30;box3.length=10;
box4.height=15; box4.width=30;box4.length=20;
```

程序中对构造函数的定义(第 12 至 16 行)也可以改写成参数初始化表的形式:

```
Box::Box(int h,int w,int len):height(h),width(w),length(len){ }
```

只需要一行就够了,简单方便。

可以看到,在构造函数中使用默认参数是方便而有效的,它提供了建立对象时的多种

选择,它的作用相当于好几个重载的构造函数。它的好处是：即使在调用构造函数时没有提供实参值,不仅不会出错,而且还确保按照默认的参数值对对象进行初始化。尤其在希望对每一个对象都有同样的初始化状况时用这种方法更为方便,无须输入数据,对象全按事先指定的值进行初始化。

说明：

（1）应该在什么地方指定构造函数的默认参数？在声明构造函数时指定默认值,而不能只在定义构造函数时指定默认值。因为类定义是放在头文件中的,它是类的对外接口,用户是可以看到的,而函数的定义是类的实现细节,用户往往是看不到的。在声明构造函数时指定默认参数值,使用户知道在建立对象时怎样使用默认参数。

（2）程序第 5 行在声明构造函数时,形参名可以省略,即写成

```
Box(int=10,int=10,int=10);
```

（3）如果构造函数的全部参数都指定了默认值,则在定义对象时可以给一个或几个实参,也可以不给出实参。由于不需要实参也可以调用构造函数,因此全部参数都指定了默认值的构造函数也属于默认构造函数。前面曾提到过：一个类只能有一个默认构造函数,也就是说,可以不使用参数而调用的构造函数,一个类只能有一个。其道理是显然的,是为了避免调用时的歧义性。如果同时定义了下面两个构造函数,是错误的。

```
Box();                              //声明一个无参的构造函数
Box(int=10,int=10,int=10);          //声明一个全部参数都指定了默认值的构造函数
```

在建立对象时,如果写成

```
Box box1;
```

编译系统无法识别应该调用哪个构造函数,出现了歧义性,编译时报错。应该避免这种情况。

（4）在一个类中定义了全部是默认参数的构造函数后,不能再定义重载构造函数。例如在一个类中有以下构造函数的声明：

```
Box(int=10,int=10,int=10);          //指定全部为默认参数
Box();                              //声明无参的构造函数
Box(int,int);                       //声明有两个参数的构造函数
```

若有以下定义语句：

```
Box box1;                 //是调用上面第 1 个构造函数,还是调用第 2 个构造函数
Box box2(15,30)           //是调用上面第 1 个构造函数,还是调用第 3 个构造函数
```

应该执行哪一个构造函数呢？出现了歧义性。但如果构造函数中的参数并非全部为默认值时,就要分析具体情况。如有以下 3 个原型声明：

```
Box();                    //无参的构造函数
Box(int,int=10,int=10);   //有一个参数不是默认参数
Box(int,int);             //有两个参数的构造函数
```

若有以下定义对象的语句：

```
Box box1;                    //正确,不出现歧义性,调用第 1 个构造函数
Box box2(15);                //调用第 2 个构造函数
Box box3(15,30);             //错误,出现歧义性
```

很容易出错,要十分仔细。因此,一般不应同时使用构造函数的重载和有默认参数的构造函数。

3.1.7 用构造函数实现初始化方法的归纳

(1) 在类中定义构造函数的函数体中对数据进行赋初值,如例 3.1 中:

```
public:
Time()
  {hour=0;.
   minute=0;
   sec=0;
  }
```

在建立对象时执行构造函数,给数据赋初值。如果定义了多个对象,每个对象中的数据的初值都是相同的(今为 0)。

(2) 用带参数的构造函数,可以使同类的不同对象中的数据具有不同的初值,如例 3.2,在类中定义构造函数:

```
Box(int h,int w,int len)
  {height=h;
   width=w;
   length=len;
  }
```

在定义对象时指定实参。

```
Box box1(12,25,30);
```

把 12,25,30 传递给构造函数的形参,再赋给对象中各数据。不同的对象可以有不同的初值。

(3) 在构造函数中用参数初始化表实现对数据赋初值。如:

```
Box(int h,int w,int len): height(h),width(w),length(len){ };
```

其作用与(2)相同,但免去了(2)中定义的函数体,使构造函数简单精练,使用方便。定义对象的形式与(2)相同:

```
Box box1(12,25,30);
```

(4) 在定义构造函数时可以使用默认参数。如例 3.3 中:

```
Box(int h=10,int w=10,int len=10)
  {height=h;
   width=w;
```

```
    length=len;
  }
```

上面的构造函数可以改用参数初始化表如下：

```
Box(int h=10,int w=10,int len=10):height(h),width(w),length(len) { };
```

这样更为简洁方便。

在定义对象时，如果不指定实参，则以默认参数作为初值。如：

```
Box box1;                      //此时 h=10,w=10,len=10
Box box1(12);                  //此时 h=12,w=10,len=10
Box box1(12,25);               //此时 h=12,w=25,len=10
Box box1(12,25,30);            //此时 h=12,w=25,len=30
```

(5) 构造函数可以重载，即在一个类中定义多个同名的构造函数。如例 3.4 中定义了两个同名的构造函数 Box：

```
Box()                          //定义无参构造函数 Box
  {height=10;
   width=10;
   length=10;
  }
Box(int h,int w,int len): height(h),width(w),length(len){ };
     //定义有参构造函数 Box,用初始化表对数据初始化
```

定义对象：

```
Box box1;                      //不指定实参,调用无参构造函数 Box
Box box2(15,30,25);;           //指定 3 个实参,调用有参构造函数 Box
```

注意：一般不应同时使用有默认参数的构造函数和构造函数的重载，容易出现歧义。

3.1.8　利用析构函数进行清理工作

析构函数(destructor)也是一个特殊的成员函数，它的作用与构造函数相反，它的名字是类名的前面加一个"~"符号。在C++中"~"是位取反运算符，从这点也可以想到：析构函数是与构造函数作用相反的函数。

当对象的生命期结束时，会自动执行析构函数。具体地说如果出现以下几种情况，程序就会执行析构函数：

① 如果在一个函数中定义了一个对象(假设是自动局部对象)，当这个函数被调用结束时，对象应该释放，在对象释放前自动执行析构函数。

② 静态(static)局部对象在函数调用结束时对象并不释放，因此也不调用析构函数，只在 main 函数结束或调用 exit 函数结束程序时，才调用 static 局部对象的析构函数。

③ 如果定义了一个全局的对象，则在程序的流程离开其作用域时(如 main 函数结束或调用 exit 函数) 时，调用该全局的对象的析构函数。

④ 如果用 new 运算符动态地建立了一个对象，当用 delete 运算符释放该对象时，先

调用该对象的析构函数。

析构函数的作用并不是删除对象,而是在撤销对象占用的内存之前完成一些清理工作,使这部分内存可以被程序分配给新对象使用。程序设计者要事先设计好析构函数,以完成所需的功能,只要对象的生命期结束,程序就自动执行析构函数来完成这些工作。

析构函数不返回任何值,没有函数类型,也没有函数参数。由于没有函数参数,因此它不能被重载。一个类可以有多个构造函数,但是只能有一个析构函数。

实际上,析构函数的作用并不仅限于释放资源方面,它还可以被用来执行"用户希望在最后一次使用对象之后所执行的任何操作",例如输出有关的信息。这里说的用户是指类的设计者,因为,析构函数是在声明类的时候定义的。也就是说,析构函数可以完成类的设计者所指定的任何操作。

一般情况下,类的设计者应当在声明类的同时定义析构函数,以指定如何完成"清理"的工作。如果用户没有定义析构函数,C++编译系统会自动生成一个析构函数,但它只是徒有析构函数的名称和形式,实际上什么操作都不进行。想让析构函数完成任何工作,都必须在定义的析构函数中指定。

例 3.5 包含构造函数和析构函数的C++程序。

编写程序:

```
#include<string>
#include<iostream>
using namespace std;
class Student                                       //声明 Student 类
  {public:
    Student(int n,string nam,char s)                //定义有参数的构造函数
    {num=n;
     name=nam;
     sex=s;
     cout<<"Constructor called."<<endl;             //输出有关信息
    }
    ~Student()                                      //定义析构函数
      {cout<<"Destructor called."<<endl; }          //输出指定的信息

    void display()                                  //定义成员函数
      {cout<<"num: "<<num<<endl;
       cout<<"name: "<<name<<endl;
       cout<<"sex: "<<sex<<endl<<endl; }
   private:
    int num;
    char name[10];
    char sex;
  };

int main()                                          //主函数
  {Student stud1(10010,"Wang_li",'f');              //建立对象 stud1
   stud1.display();                                 //输出学生 1 的数据
```

```
    Student stud2(10011,"Zhang_fan",'m');    //定义对象 stud2
    stud2.display();                          //输出学生 2 的数据
    return 0;
  }
```

运行结果：

```
Constructor called.                         (执行 stud1 的构造函数)
num: 10010                                  (执行 stud1 的 display 函数)
name: Wang_li
sex: f

Constructor called.                         (执行 stud2 的构造函数)
num: 10011                                  (执行 stud2 的 display 函数)
name: Zhang_fan
sex: m

Destructor called.                          (执行 stud2 的析构函数)
Destructor called.                          (执行 stud1 的析构函数)
```

程序分析：

在 main 函数的前面声明类，它的作用域是全局的。这样做可以使 main 函数更简练一些。在 Student 类中定义了构造函数和析构函数。在执行 main 函数时先建立对象 stud1，在建立对象时调用对象的构造函数，给该对象中数据成员赋初值。然后调用 stud1 的 display 函数，输出 stud1 的数据成员的值。接着建立对象 stud 2，在建立对象时调用 stud2 的构造函数，然后调用 stud2 的 display 函数，输出 stud2 的数据成员的值。

至此，主函数中的语句已执行完毕，对主函数的调用结束了，在主函数中建立的对象是局部的，它的生命期随着主函数的结束而结束，在撤销对象之前的最后一项工作是调用析构函数。在本例中，析构函数并无任何实质上的作用，只是输出一个信息。我们在这里使用它，只是为了说明析构函数的使用方法。

最后两行是哪一个对象的析构函数所输出的呢？在行右侧的括号内做了说明，请读者先考虑一下，在 3.1.9 节中将作进一步的说明。

3.1.9　调用构造函数和析构函数的顺序

在使用构造函数和析构函数时，需要特别注意对它们的调用时间和调用顺序。

有的读者在看到 3.1.8 节例 3.5 程序输出结果的最后两行时，还以为该两行右侧括号内的说明是印错了。许多人会自然地认为：应该是先执行 stud1 的析构函数，然后再执行 stud2 的析构函数啊。是不是书上把 stud1 和 stud2 印反了？实际上，在一般情况下，调用析构函数的次序正好与调用构造函数的次序相反：最先被调用的构造函数，其对应的（同一对象中的）析构函数最后被调用，而最后被调用的构造函数，其对应的析构函数最先被调用，如图 3.1 所示。可简记为：**先构造的后析构，后构造的先析构**。它相当于一个栈，**先进后出**。

读者可能还不放心：你怎么知道先执行的是 stud2 的析构函数呢？请读者自己先想

出一种方法来验证。

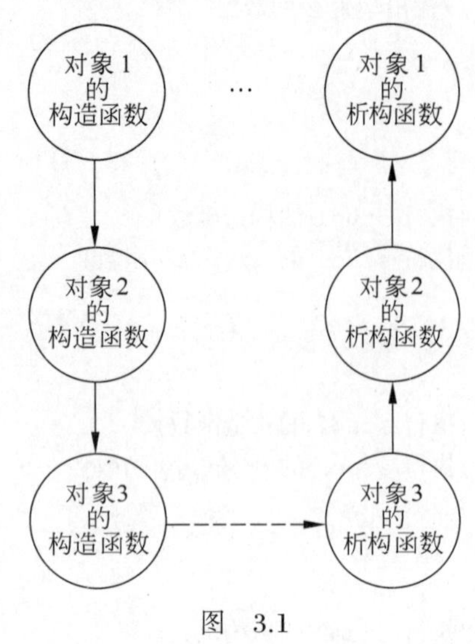

图 3.1

这里提供一个简单的方法：将 Student 类中定义的析构函数的函数体改为

```
cout<<"Destructor called."<<num<<endl;
```

即在输出时增加一项 num，输出本对象中数据成员 num 的值(学号)。这样就可以从输出结果中分析出输出的是哪个对象中学生的学号，从而确定执行的是哪个对象的析构函数。

修改后的运行结果的最后两行为

```
Destructor called.10011
                        (可见执行的是 stud2 的析构函数)
Destructor called.10010
                        (可见执行的是 stud1 的析构函数)
```

10011 是对象 stud2 中的成员 num 的值，10010 是对象 stud1 中的成员 num 的值。这就清楚地表明了：**先构造的后析构，后构造的先析构**。

上面曾提到：在一般情况下，调用析构函数的次序与调用构造函数的次序相反。这是对同一类存储类别的对象而言的。例如例3.5程序中的 stud1 和 stud2 是在同一个函数中定义的局部函数，它们的特性相同，按照“先构造的后析构，后构造的先析构”的原则处理。

但是，并不是在任何情况下都是按这一原则处理的。在学习 C 语言时曾介绍过作用域和存储类别的概念，这些概念对于对象也是适用的。对象可以在不同的作用域中定义，可以有不同的存储类别。这些会影响调用构造函数和析构函数的时机。

下面归纳一下系统在什么时候调用构造函数和析构函数：

(1) 如果在全局范围中定义对象(即在所有函数之外定义的对象)，那么它的构造函数在本文件模块中的所有函数(包括 main 函数)执行之前调用。但如果一个程序包含多个文件，而在不同的文件中都定义了全局对象，则这些对象的构造函数的执行顺序是不确定的。当 main 函数执行完毕或调用 exit 函数时(此时程序终止)，调用析构函数。

(2) 如果定义的是局部自动对象(例如在函数中定义对象)，则在建立对象时调用其构造函数。如果对象所在的函数被多次调用，则在每次建立对象时都要调用构造函数。在函数调用结束、对象释放时先调用析构函数。

(3) 如果在函数中定义静态(static)局部对象，则只在程序第1次调用此函数定义对象时调用构造函数一次，在调用函数结束时对象并不释放，因此也不调用析构函数，只在 main 函数结束或调用 exit 函数结束程序时，才调用析构函数。

例如，在一个函数中定义了两个对象：

```
void fn()
  {Student stud1;                       //定义自动局部对象
   static Student stud2;                //定义静态局部对象
   ⋮
```

```
}
```

在调用 fn 函数时，先建立 stud1 对象、调用 stud1 的构造函数，再建立 stud2 对象、调用 stud2 的构造函数。在 fn 调用结束时，对象 stud1 是要释放的（因为它是自动局部对象），因此调用 stud1 的析构函数。而 stud2 是静态局部对象，在 fn 调用结束时并不释放，因此不调用 stud2 的析构函数。直到程序结束释放 stud2 时，才调用 stud2 的析构函数。可以看到 stud2 是后调用构造函数的，但并不先调用其析构函数。原因是两个对象的存储类别不同、生命周期不同。

构造函数和析构函数在面向对象的程序设计中是相当重要的，是类的设计中的一个重要部分。以上介绍了最基本的、使用最多的普通构造函数，在 3.6 节中将会介绍**复制构造函数**，4.7 节中还要介绍**转换构造函数**。在以后深入的学习和编程实践中将会进一步掌握它们的应用。

说明：在上面几节中介绍了通过构造函数给类对象中的数据成员赋初值的方法（在第 5 章还要介绍对派生类对象的初始化，更复杂一些）。有的读者可能觉得太复杂了，难以掌握。应当说明，构造函数是由类的设计者定义的，或者说，是声明一个类的一部分。在一般情况下，类的设计（声明）者和类的使用者不是同一个人。在头文件中声明了一个类（包括定义构造函数）后，用户只要用#include 指令包含了此文件，就可以用这个类来定义对象。在定义对象时进行初始化是比较简单的，如

```
Box box(15,30,20);                          //定义对象 box 时给出 3 个初值
```

作为用户可以不关心构造函数的具体写法和在构造函数中如何赋初值的细节，只要知道构造函数的原型（知道有几个形参、形参的类型以及顺序）以及怎样使用即可，并不需要 C++的编程人员都自己写构造函数。

3.2　对象数组

学过 C 语言的读者对数组的概念应当比较熟悉了。数组不仅可以由简单变量组成（例如，整型数组的每一个元素都是整型变量），也可以由类对象组成（**对象数组的每一个元素都是同类的对象**）。

在日常生活中，有许多实体的属性是共同的，只是属性的具体内容不同。例如，一个班有 50 个学生，其属性包括姓名、性别、年龄、成绩等。如果为每一个学生建立一个对象，需要分别取 50 个对象名。用程序处理很不方便。这时可以定义一个“学生类”对象数组，每一个数组元素是一个“学生类”对象。例如

```
Student stud[50];          //假设已声明了 Student 类，定义 stud 数组，有 50 个元素
```

在建立数组时，同样要调用构造函数。如果有 50 个元素，需要调用 50 次构造函数。在需要时可以在定义数组时提供实参以实现初始化。如果构造函数只有一个参数，在定义数组时可以直接在等号后面的花括号内提供实参。如

```
Student stud[3]={60,70,78};        //合法，3 个实参分别传递给 3 个数组元素的构造函数
```

如果构造函数有多个参数,则不能用在定义数组时直接提供所有实参的方法,因为一个数组有多个元素,对每个元素要提供多个实参,如果再考虑到构造函数有默认参数的情况,很容易造成实参与形参的对应关系不清晰,出现歧义性。例如,类 Student 的构造函数有多个参数,且为默认参数:

```
Student::Student(int=1001,int=18,int=60);          //定义构造函数,有多个参数,且为默认参数
```

如果定义对象数组的语句为

```
Student stud[3]={1005,60,70};
```

这3个实参与形参的对应关系是怎样的?是为每个对象各提供第一个实参呢?还是全部作为第一个对象的3个实参呢?编译系统是这样处理的:这3个实参分别作为3个元素的第1个实参。读者可以自己上机验证一下。在程序中最好不要采用这种容易引起歧义性的方法。

编译系统只为每个对象元素的构造函数传递一个实参,所以在定义数组时提供的实参个数不能超过数组元素个数,如

```
Student stud[3]={60,70,78,45};      //不合法,实参个数超过对象数组元素个数
```

那么,如果构造函数有多个参数,在定义对象数组时应当怎样实现初始化呢?回答是:在花括号中分别写出构造函数名并在括号内指定实参。如果构造函数有3个参数,分别代表学号、年龄、成绩。则可以这样定义对象数组:

```
Student Stud[3]={                   //定义对象数组
  Student(1001,18,87),              //调用第1个元素的构造函数,向它提供3个实参
  Student(1002,19,76),              //调用第2个元素的构造函数,向它提供3个实参
  Student(1003,18,72)               //调用第3个元素的构造函数,向它提供3个实参
};
```

在建立对象数组时,分别调用构造函数,对每个元素初始化。每一个元素的实参分别用括号包起来,对应构造函数的一组形参,不会混淆。

例3.6 计算和输出3个立方体的体积。

本例使用对象数组。

编写程序:

```
#include<iostream>
using namespace std;
class Box
  {public:
     Box(int h=10,int w=12,int len=15):hetght(h),width(w),length(len){}
                                   //声明有默认参数的构造函数,用参数初始化表对数据成员初始化
     int volume();
   private:
     int height;
     int width;
     int length;
```

```
  };

int Box::volume()
  {return(height * width * length);
  }

int main()
  { Box a[3]={                          //定义对象数组
      Box(10,12,15),                    //调用构造函数Box,提供第1个元素的实参
      Box(15,18,20),                    //调用构造函数Box,提供第2个元素的实参
      Box(16,20,26)                     //调用构造函数Box,提供第3个元素的实参
      Return 0;
    };
    cout<<"volume of a[0] is "<<a[0].volume()<<endl;     //调用a[0]的volume函数
    cout<<"volume of a[1] is "<<a[1].volume()<<endl;     //调用a[1]的volume函数
    cout<<"volume of a[2] is "<<a[2].volume()<<endl;     //调用a[2]的volume函数
  }
```

运行结果:

```
volume of a[0] is 1800
volume of a[1] is 5400
volume of a[2] is 8320
```

请读者自己分析程序,了解对象数组中各元素的数据成员的值以及程序执行过程。

3.3 对象指针

在C语言中已学习过变量的指针,也学习过结构体指针。在此基础上再理解有关对象的指针就很容易了。指针不仅可以指向普通变量,也可以指向对象。

3.3.1 指向对象的指针

在建立对象时,编译系统会为每一个对象分配一定的存储空间,以存放其数据成员的值。**一个对象存储空间的起始地址就是对象的指针。可以定义一个指针变量,用来存放对象的地址,这就是指向对象的指针变量**。如果有一个类:

```
class Time
  {public:
     int hour;
     int minute;
     int sec;
     void get_time();       //在类中声明成员函数
  };
void Time::get_time()     //在类外定义成员函数
  {cout<<hour<<":"<<minute<<":"<<sec<<endl;}
```

在此基础上有以下语句：

```
Time *pt;                    //定义 pt 为指向 Time 类对象的指针变量
Time t1;                     //定义 t1 为 Time 类对象
pt=&t1;                      //将 t1 的起始地址赋给 pt
```

这样,pt 就是指向 Time 类对象的指针变量,它指向对象 t1。

定义指向类对象的指针变量的一般形式为

类名 *对象指针名;

在上面的基础上,可以通过对象指针 pt 来访问对象和对象的公有成员。如

```
*pt                          //pt 所指向的对象,即 t1
(*pt).hour                   //pt 所指向的对象中的 hour 成员,即 t1.hour
pt->hour                     //pt 所指向的对象中的 hour 成员,即 t1.hour
(*pt).get_time()             //调用 pt 所指向的对象中的 get_time 函数,即 t1.get_time
pt->get_time()               //调用 pt 所指向的对象中的 get_time 函数,即 t1.get_time
```

上面第2,3两行的作用是等价的,第4,5两行也是等价的。

3.3.2 指向对象成员的指针

对象有地址,存放对象的起始地址的指针变量就是**指向对象的指针变量**。对象中的成员也有地址,存放对象成员地址的指针变量就是**指向对象成员的指针变量**。

1. 指向对象数据成员的指针

定义指向对象数据成员的指针变量的方法和定义指向普通变量的指针变量方法相同。例如

```
int *p1;                     //定义指向整型数据的指针变量
```

定义指向对象数据成员的指针变量的一般形式为

数据类型名 *指针变量名;

如果 Time 类的数据成员 hour 为公用的整型数据,则可以在类外通过指向对象数据成员的指针变量访问对象数据成员 hour:

```
p1=&t1.hour;            //将对象 t1 的数据成员 hour 的地址赋给 p1,使 p1 指向 t1.hour
cout<<*p1<<endl;        //输出 t1.hour 的值
```

2. 指向对象成员函数的指针

需要提醒读者注意:**定义指向对象成员函数的指针变量的方法和定义指向普通函数的指针变量方法有所不同。**重温指向普通函数的指针变量的定义方法:

类型名(*指针变量名)(参数表列);

如

```
void(*p)();              //p 是指向 void 型函数的指针变量
```

可以使 p 指向一个函数,并通过指针变量调用函数:

```
p=fun;                   //将 fun 函数的入口地址赋给指针变量 p,p 就指向了函数 fun
(*p)();                  //调用 fun 函数
```

而定义一个指向**对象成员函数**的指针变量则比较复杂一些。如果模仿上面的方法将对象 t1 的成员函数名赋给指针变量 p:

```
p=t1.get_time;
```

则会出现编译错误。为什么呢? 成员函数与普通函数有一个最根本的区别: 它是类中的一个成员。编译系统要求在上面的赋值语句中,指针变量的类型必须与赋值号右侧函数的类型相匹配,要求在以下 3 方面都要匹配: ①函数参数的类型和参数个数; ②函数返回值的类型; ③所属的类。

现在 3 点中第①②两点是匹配的,而第③点不匹配。指针变量 p 与类无关,而 get_time 函数却属于 Time 类。因此,要区别普通函数和成员函数的不同性质,不能在类外直接用成员函数名作为函数入口地址去调用成员函数。

那么,应该怎样定义指向成员函数的指针变量呢? 应该采用下面的形式:

```
void(Time::*p2)();  //定义 p2 为指向 Time 类中公用成员函数的指针变量
```

注意:(Time::*p2)两侧的括号不能省略,因为()的优先级高于*。如果无此括号,即

```
void Time::*p2();
```

就相当于

```
void(Time::*(p2()));                //这是返回值为 void 型指针的函数
```

定义指向公用成员函数的指针变量的一般形式为

数据类型名(类名::*指针变量名)(参数表列);

可以让它指向一个公用成员函数,只须把公用成员函数的入口地址赋给一个指向公用成员函数的指针变量即可。如

```
p2=&Time::get_time;
```

使指针变量指向一个公用成员函数的一般形式为

指针变量名=&类名::成员函数名;

在 Visual C++,也可以不写 &,以和 C 语言的用法一致,但建议在写C++程序时不要省略 &。

例 3.7　用对象指针方法输出时、分、秒。

编写程序:

```
#include<iostream>
```

```
using namespace std;
class Time
  {public:
    Time(int,int,int);          //声明结构函数
    int hour;
    int minute;
    int sec;
    void get_time();            //声明公有成员函数
  };
Time::Time(int h,int m,int s)  //定义结构函数
  {hour=h;
  minute=m;
  sec=s;
  }
void Time::get_time()           //定义公有成员函数
  {cout<<hour<<":"<<minute<<":" <<sec<<endl;}

int main()
  {Time t1(10,13,56);  //定义 Time 类对象 t1 并初始化
   int *p1=&t1.hour;   //定义指向整型数据的指针变量 p1,并使 p1 指向 t1.hour
   cout<<*p1<<endl;    //输出 p1 所指的数据成员 t1.hour
   t1.get_time();      //调用对象 t1 的公用成员函数 get_time
   Time *p2=&t1;       //定义指向 Time 类对象的指针变量 p2,并使 p2 指向 t1
   p2->get_time();     //调用 p2 所指向对象(即 t1)的 get_time 函数
   void(Time::*p3)(); //定义指向 Time 类公用成员函数的指针变量 p3
   p3=&Time::get_time; //使 p3 指向 Time 类公用成员函数 get_time
   (t1.*p3)();         //调用对象 t1 中 p3 所指的成员函数(即 t1.get_time())
   return 0;
  }
```

运行结果:

```
10                        (main 函数第 4 行的输出)
10:13:56                  (main 函数第 5 行的输出)
10:13:56                  (main 函数第 7 行的输出)
10:13:56                  (main 函数第 10 行的输出)
```

程序分析:

在 main 函数中,定义了 Time 类对象 t1,并使之初始化。定义 p1 为指向整型数据的指针变量,并使它指向 t1.hour。然后输出 p1 所指的整型数据(即 t1.hour)。main 函数第 5 行调用对象 t1 的成员函数 get_time,输出 t1 中 hour,minute 和 sec 的值。第 6 行定义指向 Time 类对象的指针变量 p2,并使 p2 指向对 t1。第 7 行调用 p2 所指向对象(即 t1)的 get_time 函数,同样输出 t1 中 hour,minute 和 sec 的值。第 8 行定义指向 Time 类公用成员函数的指针变量 p3,第 9 行使 p3 指向 Time 类公用成员函数 get_time,第 10 行调用对象 t1 中 p3 所指的成员函数,即 t1.get_time(),输出 t1 中 hour,minute 和 sec 的值。

可以看到,为了输出 t1 中 hour,minute 和 sec 的值,可采用 3 种不同的方法。

说明:

(1) 从 main 函数第 9 行可以看出:成员函数的入口地址的正确写法是

& 类名::成员函数名

不应写成

```
p3=&t1.get_time;          //t1 为对象名而不是类名
```

在 2.3.5 节中已介绍:成员函数不是存放在对象的空间中的,而是存放在对象外的空间中的。如果有多个同类的对象,它们共用同一个函数代码段。因此赋给指针变量 p3 的应是这个公用的函数代码段的入口地址。

调用 t1 的 get_time 函数可以用 t1. get_time( )形式,那是从逻辑的角度而言的,通过对象名能调用成员函数。而现在程序语句中需要的是地址,它是物理的,具体地址是和类而不是对象相联系的。

(2) main 函数第 8,9 两行可以合写为一行:

```
void(Time:: * p3)() =&Time::get_time;                    //定义指针变量时指定其指向
```

3.3.3　指向当前对象的 this 指针

在第 2 章中曾经提到过:每个对象中的数据成员都分别占有存储空间,如果对同一个类定义了 n 个对象,则有 n 组同样大小的空间以存放 n 个对象中的数据成员。但是,**不同的对象都调用同一个函数的目标代码**。

那么,当不同对象的成员函数引用数据成员时,怎么能保证引用的是所指定的对象的成员呢?假如,对于例 3.6 程序中定义的 Box 类,定义了 3 个同类对象 a,b,c。如果有 a.volume( ),应该是引用对象 a 中的 height,width 和 length,计算出长方体 a 的体积。如果有 b.volume( ),应该是引用对象 b 中的 height,width 和 length,计算出长方体 b 的体积。而现在都用同一个函数代码,系统怎样使它分别引用 a 或 b 中的数据成员呢?

在每一个成员函数中都包含一个特殊的指针,这个指针的名字是固定的,称为 this。**它是指向本类对象的指针,它的值是当前被调用的成员函数所在的对象的起始地址**。例如,当调用成员函数 a.volume 时,编译系统就把对象 a 的起始地址赋给 this 指针,于是在成员函数引用数据成员时,就按照 this 的指向找到对象 a 的数据成员。例如,volume 函数要计算 height * width * length 的值,实际上是执行:

```
(this->height) * (this->width) * (this->length)
```

由于当前 this 指向 a,因此相当于执行:

```
(a.height) * (a.width) * (a.length)
```

这就计算出长方体 a 的体积。同样如果有 b.volume( ),编译系统就把对象 b 的起始地址赋给成员函数 volume 的 this 指针,此时的(this->height) * (this->width) * (this->length)就是(b.height) * (b.width) * (b.length),显然计算出来的是长方体 b 的体积。以上两个表达式中的括号并不是必要的,只是为了便于阅读才加上括号。

this 指针是隐式使用的,它是作为参数被传递给成员函数的。本来,成员函数 volume 的定义是

```
int Box::volume()
{return(height * width * length);}
```

C++把它处理为

```
int Box::volume(Box *this)
{return(this->height * this->width * this->length); }
```

即在成员函数的形参表列中增加一个 this 指针。在调用该成员函数时,实际上是用以下的方式调用的:

```
a.volume(&a);
```

将对象 a 的地址传给形参 this 指针。然后按 this 的指向去引用有关成员。

需要说明:这些都是编译系统自动实现的,编程序者不必特意在形参中增加 this 指针,也不必将对象 a 的地址传给 this 指针。这里写出以上过程,只是为了使读者理解 this 指针的作用和实现的机理。

在需要时也可以显式地使用 this 指针。例如在 Box 类的 volume 函数中,下面两种表示方法都是合法的、相互等价的。

```
return(height * width * length);                          //隐式使用 this 指针
return(this->height * this->width * this->length);        //显式使用 this 指针
```

可以用 * this 表示被调用的成员函数所在的对象, * this 就是 this 所指向的对象,即当前的对象。例如在成员函数 a.volume()的函数体中,如果出现 * this,它就是本对象 a。上面的 return 语句也可写成

```
return((*this).height * (*this).width * (*this).length);
```

注意, * this 两侧的括号不能省略,不能写成 * this.height。因为成员运算符“.”的优先级别高于指针运算符“ * ”,因此, * this.height 就相当于 * (this.height),而 this.height 是不合法的,编译出错。

通过上面的叙述可以知道:所谓“调用对象 a 的成员函数 f”,实际上是在调用成员函数 f 时使 this 指针指向对象 a,从而访问对象 a 的成员。应当对“调用对象 a 的成员函数 f”的含义有正确的理解。

3.4 共用数据的保护

C++虽然采取了不少有效的措施(如设 private 保护)以增加数据的安全性,但是有些数据却往往是共享的,例如实参与形参,变量与其引用,数据及其指针等,人们可以在不同的场合通过不同的途径访问同一个数据对象。有时在无意之中的误操作会改变有关数据

的状况，而这是人们所不希望出现的。

既要使数据能在一定范围内共享，又要保证它不被任意修改，因此应该把下面几类数据用 const 定义为常量。

3.4.1 定义常对象

可以在定义对象时加关键字 const，指定对象为**常对象**。常对象必须要有初值，如

```
Time const t1(12,34,46);                  //定义 t1 是常对象
```

这样，在 t1 的生命周期中，对象 t1 中的所有数据成员的值都不能被修改。凡希望保证数据成员不被改变的对象，可以声明为常对象。

定义常对象的一般形式为

类名 const 对象名[(实参表)];

也可以把 const 写在最左面：

const 类名 对象名[(实参表)];

二者等价。在定义常对象时，必须同时对之初始化，之后不能再改变。

说明：

(1) 如果一个对象被声明为常对象，则通过该对象只能调用它的常成员函数，而不能调用该对象的普通成员函数(除了由系统自动调用的隐式的构造函数和析构函数)。常成员函数是常对象唯一的对外接口。

对于例 3.7 中已定义的 Time 类，如果有

```
const Time t1(10,15,36);                  //定义常对象 t1
t1.get_time();                            //企图调用常对象 t1 中的普通成员函数，非法
```

这是为了防止普通成员函数会修改常对象中数据成员的值。有人可能会提出这样一个问题：在 get_time 函数中并没有修改常对象中数据成员的值啊，为什么也不允许呢？因为不能仅依靠编程者的细心检查来保证程序不出错，编译系统充分考虑到可能出现的情况，对不安全的因素予以排斥。

有人问：为什么编译系统不检查函数的代码，看它是否修改了常对象中数据成员的值呢？实际上，函数的定义与函数的声明可能不在同一个源程序文件中。而编译则是以一个源程序文件为单位的，无法测出两个源程序文件之间是否有矛盾。如果有错，只有在连接或运行阶段才能发现。这就给调试程序带来不便。

现在，编译系统只检查函数的声明，只要发现调用了常对象的成员函数，而且该函数未被声明为 const，就报错，提请编程者注意。

那么，怎样才能引用常对象中的数据成员呢？很简单，只须将该成员函数声明为 const 即可。如

```
void get_time() const;                    //将函数声明为 const
```

表示 get_time 是一个 const 型函数，即常成员函数。

(2) 常成员函数可以访问常对象中的数据成员,但不允许修改常对象中数据成员的值。

以上两点(不能调用常对象中的普通成员函数和常成员函数不能修改对象的数据成员),就保证了常对象中的数据成员的值绝对不会改变。

有时在编程时有要求,一定要修改常对象中的某个数据成员的值(例如类中有一个用于计数的变量count,其值应当能不断变化),C++考虑到实际编程时的需要,对此作了特殊的处理,对该数据成员声明为mutable,如

```
mutable int count;
```

把count声明为可变的数据成员,这样就可以用声明为const的成员函数来修改它的值。

有关常成员函数的作用和用法请看3.4.2节的介绍。

3.4.2 定义常对象成员

可以将对象的成员声明为const,包括常数据成员和常成员函数。

1. 常数据成员

其作用和用法与一般常变量相似,用关键字const来声明常数据成员。常数据成员的值是不能改变的。有一点要注意:**只能通过构造函数的参数初始化表对常数据成员进行初始化,任何其他函数都不能对常数据成员赋值**。如在类体中定义了常数据成员hour:

```
const int hour;                       //定义 hour 为常数据成员
```

不能采用在构造函数中对常数据成员赋初值的方法,下面的用法是非法的:

```
Time::Time(int h)
{hour=h;}                             //非法,不能对之赋值
```

因为常数据成员是不能被赋值的。

如果在类外定义构造函数,应写成以下形式:

```
Time::Time(int h):hour(h){}           //通过参数初始化表对常数据成员 hour 初始化
```

常对象的数据成员都是常数据成员,因此在定义常对象时,**构造函数只能用参数初始化表对常数据成员进行初始化**。

2. 常成员函数

前面已提到:一般的成员函数可以引用本类中的非const数据成员,也可以修改它们。**如果将成员函数声明为常成员函数,则只能引用本类中的数据成员,而不能修改它们**,例如只用于输出数据等。如

```
void get_time() const;                //注意 const 的位置在函数名和括号之后
```

声明常成员函数的一般格式为

类型名 函数名(参数表) const

const 是函数类型的一部分,在声明函数和定义函数时都要有 const 关键字,在调用时不必加 const。常成员函数可以引用 const 数据成员,也可以引用非 const 的数据成员。const 数据成员可以被 const 成员函数引用,也可以被非 const 的成员函数引用。不必死记,用到时查一下表 3.1 即可。

表 3.1 对数据成员的引用

数 据 成 员	非 const 的普通成员函数	const 成员函数
非 const 的普通数据成员	可以引用,也可以改变值	可以引用,但不可以改变值
const 数据成员	可以引用,但不可以改变值	可以引用,但不可以改变值
const 对象	不允许引用	可以引用,但不可以改变值

怎样利用常成员函数呢?

(1) 如果在一个类中,有些数据成员的值允许改变,另一些数据成员的值不允许改变,则可以将一部分数据成员声明为 const,以保证其值不被改变,可以用非 const 的成员函数引用这些数据成员的值,并修改非 const 数据成员的值。

(2) 如果要求所有的数据成员的值都不允许改变,则可以将所有的数据成员声明为 const,或将对象声明为 const(常对象),然后用 const 成员函数引用数据成员,这样起到"双保险"的作用,切实保证了数据成员不被修改。

(3) 如果已定义了一个常对象,只能调用其中的 const 成员函数,而不能调用非 const 成员函数(不论这些函数是否会修改对象中的数据)。这是为了保证数据的安全。如果需要访问常对象中的数据成员,可将常对象中所有成员函数都声明为 const 成员函数,并确保在函数中不修改对象中的数据成员。

不要误认为常对象中的成员函数都是常成员函数。常对象只保证其数据成员是常数据成员,其值不被修改。如果在常对象中的成员函数未加 const 声明,编译系统把它作为非 const 成员函数处理。

还有一点要指出:常成员函数不能调用另一个非 const 成员函数。

3.4.3 指向对象的常指针

将指针变量声明为 const 型,这样指针变量始终保持为初值,不能改变,即其指向不变。如

```
Time t1(10,12,15),t2;        //定义对象
Time * const ptr1;           //const 位置在指针变量名前面,指定 ptr1 是常指针变量
ptr1=&t1;                    //ptr1 指向对象 t1,此后不能再改变指向
ptr1=&t2;                    //错误,ptr1 不能改变指向
```

定义指向对象的常指针变量的一般形式为

类名 * const 指针变量名;

也可以在定义指针变量时使之初始化,如将上面第 2,3 行合并为

```
Time * const ptr1=&t1;       //指定 ptr1 指向 t1
```

注意:指向对象的常指针变量的值不能改变,即始终指向同一个对象,但可以改变其所指向对象(如t1)的值。

什么时候需要用指向对象的常指针呢?如果想将一个指针变量固定地与一个对象相联系(即该指针变量始终指向一个对象),可以将它指定为const型指针变量。这样可以防止误操作,增加安全性。

往往用常指针作为函数的形参,目的是不允许在函数执行过程中改变指针变量的值,使其始终指向原来的对象。如果在函数执行过程中修改了该形参的值,编译系统就会发现错误,给出出错信息,这样比用人工保证形参值不被修改更可靠。

3.4.4 指向常对象的指针变量

为了使读者更容易理解指向常对象的指针变量的概念和使用,首先介绍指向常变量的指针变量,然后再进一步讨论指向常对象的指针变量。

下面定义了一个指向常变量的指针变量ptr:

```
const char *ptr;
```

注意,const的位置在最左侧,它与类型名char紧连,表示指针变量ptr指向的char变量是常变量,不能通过ptr来改变其值。

定义指向常变量的指针变量的一般形式为

const 类型名 *指针变量名;

说明:

(1) **如果一个变量已被声明为常变量,只能用指向常变量的指针变量指向它**,而不能用一般的(指向非const型变量的)指针变量去指向它。

如

```
const char c[]="boy";          //定义const型的char数组
const char *p1;                //定义p1为指向const型的char变量的指针变量
p1=c;                          //合法,p1指向常变量(char数组的首元素)
char *p2=c;                    //不合法,p2不是指向常变量的指针变量
```

(2) 指向常变量的指针变量除了可以指向常变量(如上面(1)中所示)外,还可以指向未被声明为const的变量。此时不能通过此指针变量改变该变量的值。如

```
char c1='a';                   //定义字符变量c1,它并未声明为const
const char *p;                 //定义了一个指向常变量的指针变量p
p=&c1;                         //使p指向字符变量c1
*p='b';                        //非法,不能通过p改变变量c1的值
c1='b';                        //合法,没有通过p访问c1,c1不是常变量
```

由上可知:指向常变量的指针变量可以指向一个非const变量。这时可以通过指针变量访问该变量,但不能改变该变量的值。如果不是通过指针变量访问,则变量的值是可以改变的。请注意:定义了指向常变量的指针变量p并使它指向c1,并不意味着把c1也声明为常变量,而只是在**用指针变量访问c1期间**,c1**具有常变量的特征**,其值不能改变。

在其他情况下,c1 仍然是一个普通的变量,其值是可以改变的。

如果希望在任何情况下都不能改变 c1 的值,则应把它定义为 const 型,如

```
const char c1='a';
```

(3) 如果函数的形参是指向普通(非 const)变量的指针变量,实参只能用指向普通(非 const)变量的指针,而不能用指向 const 变量的指针,这样,在执行函数的过程中可以改变形参指针变量所指向的变量(也就是实参指针所指向的变量)的值。

使用形参和实参的对应关系见表 3.2。

表 3.2　用指针变量作形参时形参和实参的对应关系

形　　参	实　　参	合法否	改变指针所指向的变量的值
指向非 const 型变量的指针	非 const 变量的地址	合法	可以
指向非 const 型变量的指针	const 变量的地址	非法	—
指向 const 型变量的指针	const 变量的地址	合法	不可以
指向 const 型变量的指针	非 const 变量的地址	合法	不可以

以上的对应关系与在(2)中所介绍的指针变量和其所指向的变量的关系是一致的:指向常变量的指针变量可以指向 const 和非 const 型的变量,而指向非 const 型变量的指针变量只能指向非 const 的变量。

以上介绍的是指向常变量的指针变量,指向常对象的指针变量的概念和使用是与此类似的,只要将"变量"换成"对象"即可。

(1) 如果一个对象已被声明为常对象,只能用指向常对象的指针变量指向它,而不能用一般的(指向非 const 型对象的)指针变量去指向它。

(2) 如果定义了一个指向常对象的指针变量,并使它指向一个非 const 的对象,则其指向的对象是不能通过该指针变量来改变的。如

```
Time t1(10,12,15);              //定义 Time 类对象 t1,它是非 const 型对象
const Time *p=&t1;              //定义 p 是指向常对象的指针变量,并指向 t1
t1.hour=18;                     //合法,t1 不是常变量
(*p).hour=18;                   //非法,不能通过指针变量改变 t1 的值
```

如果希望在任何情况下 t1 的值都不能改变,则应把它定义为 const 型,如

```
const Time t1(10,12,15);
```

请注意指向常对象的指针变量与 3.6.3 节中介绍的指向对象的常指针变量在形式上和作用上的区别。

```
Time * const p;                 //指向对象的常指针变量
const Time *p;                  //指向常对象的指针变量
```

(3) 指向常对象的指针最常用于函数的形参,目的是在保护形参指针所指向的对象,使它在函数执行过程中不被修改。如

```
  ⋮
```

```
int main()
  {void fun(const Time *);          //函数声明,形参是指向常对象的指针变量
   Time t1(10,13,56);               //定义 Time 类对象 t1,它不是常对象
   fun(&t1);                        //实参是对象 t1 的地址
   return 0;
  }

void fun(const Time *p)             //定义 fun 函数
  {p->hour=18;                      //错误
   cout<<p->hour<<endl;
  }
```

这是一个简单的程序段。fun 函数的形参 p 是指向 Time 类常对象的指针变量,根据表 3.2,实参可以是 const 或非 const 对象的地址。main 函数第 4 行在语法上是合法的,但是形参的性质不允许改变 p 所指向的对象的值。因此,在 fun 函数中企图改变 p 所指向的对象(即 t1)的数据成员的值是非法的。

如果形参不是指向 const 型 Time 对象的指针变量,即函数首行形式为

```
void fun(Time *p)
```

则 t1 的值可以在 fun 函数中被修改。现在 main 函数中的 t1 虽未定义为 const 型,但由于形参是指向 const 型 Time 对象的指针变量,所以 t1 就成为只读的对象而不能被函数修改。

读者可以思考并上机试验:①形参有 const 或无 const;②t1 是 const 型或非 const 型。在不同组合的情况下的运行情况,从而加深对用指向常对象的指针作为函数的形参的作用的理解。

有人可能会想:能否不将形参定义为指向常对象的指针变量,而只将 t1 定义为 const,不也可以保证 t1 不被修改吗?读者可以上机试一下,会发现编译时出错。因为指向非 const 对象的指针是不能指向 const 对象的,同理,若形参是指向非 const 对象的指针变量,实参不能是 const 型的对象,这在前面第(2)和(3)点中已说明。

请记住这样一条规则:**当希望在调用函数时对象的值不被修改,就应当把形参定义为指向常对象的指针变量,同时用对象的地址作实参(对象可以是 const 或非 const 型)。**如果要求该对象不仅在调用函数过程中不被改变,而且要求它在程序执行过程中都不改变,则应把它定义为 const 型。

能否不用指针而直接用对象名作为形参和实参,达到同样目的呢?如

```
int main()
  {void fun(Time t);
   Time t1(10,13,56);
   fun(t1);
   cout<<t1.hour<<endl;             //输出 t1.hour 的值为 10
   return 0;
  }
```

```
void fun(Time t)                    //形参 t 是 Time 类对象
  {t.hour=18;                       //可以修改形参 t 的值
  }
```

在函数中可以修改形参 t 的值,但不能改变其对应的实参 t1 的值。这是因为用对象作函数参数时,在函数调用时将建立一个新的对象 t,它是实参对象 t1 的拷贝。实参把值传给形参,二者分别占有不同的存储空间。无论形参是否修改都不会影响实参的值。这种形式的虚实结合,要产生实参的拷贝,当对象的规模比较大时,则时间开销和空间开销都可能比较大。因此常用指针作函数参数。

(4) 如果定义了一个指向常对象的指针变量,是不能通过它改变所指向的对象的值的,但是指针变量本身的值是可以改变的。如

```
const Time *p=&t1;                  //定义指向常对象的指针变量 p,并指向对象 t1
p=&t2;                              //p 改为指向 t2,合法
```

这时,同样不能通过指针变量 p 改变 t2 的值。

3.4.5 对象的常引用

过去曾介绍:**一个变量的引用就是变量的别名**。实际上,变量名和引用名都指向同一段内存单元。如果形参为变量的引用名,实参为变量名,则在调用函数进行虚实结合时,并不是为形参另外开辟一个存储空间(常称为建立实参的一个**拷贝**),而是把实参变量的地址传给形参(引用名),这样引用名也指向实参变量。对象的引用也是与此类似的。也可以把引用声明为 const,即常引用。

例 3.8 使用对象的引用,输出时间(时、分、秒)。

编写程序:

```
#include<iostream>
using namespace std;
class Time
  {public:
    Time(int,int,int);
    int hour;
    int minute;
    int sec;
  };
Time::Time(int h,int m,int s) //定义构造函数
  {hour=h;
   minute=m;
   sec=s;
  }

void fun(Time &t)                   //形参 t 是 Time 类对象的引用
  {t.hour=18;}
```

```
int main()
  {Time t1(10,13,56);                 //t1 是 Time 类对象
   fun(t1);                           //实参是 Time 类对象,可以通过引用来修改实参 t1 的值
   cout<<t1.hour<<endl;               //输出 t1.hour 的值为 18
   return 0;
  }
```

如果不希望在函数中修改实参 t1 的值,可以把 fun 函数的形参 t 声明为 const(常引用),函数原型为

```
void fun(const Time &t);
```

则在函数中不能改变 t 的值,也就是不能改变其对应的实参 t1 的值。

在C++面向对象程序设计中,经常用**常指针**和**常引用**作函数参数。这样既能保证数据安全,使数据不能被随意修改,在调用函数时又不必建立实参的拷贝。在学习 3.8 节时会知道,每次调用函数建立实参的拷贝时,都要调用复制构造函数,要有时间开销。用常指针和常引用作函数参数,可以提高程序运行效率。

3.4.6 const 型数据的小结

在 3.4.2 节中介绍了常数据,由于与对象有关的 const 型数据种类较多,形式又有些相似,往往难以记住,容易搞混淆,因此在本节中集中归纳一下。为便于理解,以具体的形式表示,对象名设为 Time。读者通过表 3.3 可以对几种 const 型数据的用法和区别一目了然,需要时也便于查阅。

表 3.3 const 型数据的含义

形　　式	含　　义
Time const t1;	t1 是常对象,其值在任何情况下都不能改变
void Time::fun()const;	fun 是 Time 类中的常成员函数,可以引用,但不能修改本类中的数据成员
Time * const p;	p 是指向 Time 类对象的常指针变量,p 的值(p 的指向)不能改变
const Time *p;	p 是指向 Time 类常对象的指针变量,p 指向的类对象的值不能通过 p 来改变
const Time &t1=t;	t1 是 Time 类对象 t 的引用,二者指向同一存储空间,t 的值不能改变

const 数据是很重要的,在C++编程中常常用到,因此我们作了简单的介绍,目的是使读者有一些基本的了解,在以后的学习和使用时不致感到陌生和产生困惑。这部分内容比较烦琐难记,光靠看书和听课是难以真正掌握的。在学习时不必死记,对它有一定了解即可,在以后编程实践中用到时可以回顾和查阅本书的叙述,以加深理解,熟练掌握。

3.5 对象的动态建立和释放

用前面介绍的方法定义的对象是静态的,在程序运行过程中,对象所占的空间是不能随时释放的。例如在一个函数中定义了一个对象,只有在该函数结束时,该对象才释放。

但有时人们希望在需要用到对象时才建立对象,在不需要用该对象时就撤销它,释放它所占的内存空间以供别的数据使用,这样可以提高内存空间的利用率。

C 语言可以用 new 运算符动态地分配内存,用 delete 运算符释放这些内存空间。这也适用于对象,可以用 new 运算符动态建立对象,用 delete 运算符撤销对象。

如果已经定义了一个 Box 类,可以用下面的方法动态地建立一个对象:

```
new Box;
```

执行此语句时,系统开辟了一段内存空间,并在此内存空间中存放一个 Box 类对象,同时调用该类的构造函数,以使该对象初始化(如果已对构造函数赋予此功能的话)。但是此时用户还无法访问这个对象,因为这个对象既没有对象名,用户也不知道它的地址。这种对象称为无名对象,它确实是存在的,但它没有名字。

用 new 运算符动态地分配内存后,将返回一个指向新对象的指针,即所分配的内存空间的起始地址。用户可以获得这个地址,并通过这个地址来访问这个对象。这样就需要定义一个指向本类的对象的指针变量来存放该地址。如

```
Box *pt;                            //定义一个指向 Box 类对象的指针变量 pt
pt=new Box;                         //在 pt 中存放了新建对象的起始地址
```

在程序中就可以通过 pt 访问这个新建的对象。如

```
cout<<pt->height;                   //输出该对象的 height 成员
cout<<pt->volume();                 //调用该对象的 volume 函数,计算并输出体积
```

C++还允许在执行 new 时,对新建立的对象进行初始化。如

```
Box *pt=new Box(12,15,18);
```

这种写法是把上面两个语句(定义指针变量和用 new 建立新对象)合并为一个语句,并指定初值,这样更精练。新对象中的 height,width 和 length 分别获得初值 12,15,18。

调用对象既可以通过对象名,也可以通过指针。用 new 建立的动态对象一般是不用对象名的,是通过指针访问的,它主要应用于动态的数据结构,如链表。访问链表中的节点,并不需要通过对象名,而是在上一个节点中存放下一个节点的地址,从而由上一个节点找到下一个节点,构成链接的关系。

在执行 new 运算时,如果内存量不足,无法开辟所需的内存空间,目前大多数C++编译系统都使 new 返回一个 0 指针值(NULL)。只要检测返回值是否为 0,就可判断分配内存是否成功。C++标准提出,在执行 new 出现故障时,就"抛出"一个"异常",用户可根据异常进行有关处理(关于异常处理可参阅本书第 8 章)。但C++标准仍然允许在出现 new 故障时返回 0 指针值。当前,不同的编译系统对 new 故障的处理方法是不同的。

在不再需要使用由 new 建立的对象时,可以用 delete 运算符予以释放。如

```
delete pt;                          //释放 pt 指向的内存空间
```

这就撤销了 pt 指向的对象。此后程序不能再使用该对象。如果用一个指针变量 pt 先后指向不同的动态对象,应注意指针变量的当前指向,以免删除错了对象。

在执行 delete 运算符时,在释放内存空间之前,自动调用析构函数,完成有关善后清理工作。

3.6 对象的赋值和复制

3.6.1 对象的赋值

如果对一个类定义了两个或多个对象,则这些同类的对象之间可以互相赋值,或者说,一个对象的值可以赋给另一个同类的对象。这里所指的对象的值是指对象中所有数据成员的值。

对象之间的赋值也是通过赋值运算符"="进行的。本来,赋值运算符"="只能用来对单个的变量赋值,现在被扩展为两个同类对象之间的赋值,这是通过对赋值运算符的重载实现的(关于运算符的重载将在第4章中介绍)。实际上这个过程是通过成员复制(memberwise copy)来完成的,即将一个对象的成员值一一复制给另一对象的对应成员。对象赋值的一般形式为

对象名1=对象名2;

注意对象名1和对象名2必须属于同一个类。例如

```
Student stud1,stud2;                    //定义两个同类的对象
  ⋮
stud2=stud1;                            //将 stud1 赋给 stud2
```

通过下面的例子可以了解怎样进行对象的赋值。

例 3.9 将一个对象的值赋给另一个对象。

编写程序:

```
#include<iostream>
using namespace std;
class Box
  {public:
     Box(int=10,int=10,int=10);         //声明有默认参数的构造函数
     int volume();
   private:
     int height;
     int width;
     int length;
  };

Box::Box(int h,int w,int len)           //定义构造函数
  {height=h;
   width=w;
   length=len;
```

```
  }

int Box::volume()                          //定义 volume 函数
  {return(height * width * length);        //返回体积
  }

int main()
  {Box box1(15,30,25),box2;                //定义两个对象 box1 和 box2
   cout<<"The volume of box1 is "<<box1.volume()<<endl;
   box2=box1;                              //将 box1 的值赋给 box2
   cout<<"The volume of box2 is "<<box2.volume()<<endl;
   return 0;
  }
```

运行结果：

```
The volume of box1 is 11250
The volume of box2 is 11250
```

说明：

(1) 对象的赋值只是对其中数据成员的赋值，而不对成员函数赋值。数据成员是占存储空间的，不同对象的数据成员占有不同的存储空间，赋值的过程是将一个对象的数据成员在存储空间的状态复制给另一对象的数据成员的存储空间。而不同对象的成员函数是同一个函数代码段，不需要也无法对它们赋值。

(2) 类的数据成员中不能包括动态分配的数据，否则在赋值时可能出现严重后果（在此不作详细分析，只须记住这一结论即可）。

3.6.2 对象的复制

有时需要用到多个完全相同的对象，例如，同一型号的每一个产品从外表到内部属性都是一样的，如果要对每一个产品分别进行处理，就需要建立多个同样的对象，并要进行相同的初始化。用以前的办法定义对象（同时初始化）比较麻烦。此外，有时需要将对象在某一瞬时的状态保留下来。C++有没有提供复制对象的方便易行的方法呢？

有！这就是对象的**复制机制**。用一个已有的对象快速地复制出多个完全相同的对象。如

```
Box box2(box1);
```

其作用是用已有的对象 box1 去克隆出一个新对象 box2。

其一般形式为

类名 对象2(对象1)；

用对象1复制出对象2。

可以看到，它与前面介绍过的定义对象方式类似，但是括号中的参数不是一般的变量，而是对象。在建立对象时调用一个特殊的构造函数——**复制构造函数**（copy constructor)。这个函数的形式是这样的:

```
//The copy constructor definition
Box::Box(const Box& b)
  {height=b.height;
   width=b.width;
   length=b.length;
  }
```

复制构造函数也是构造函数,但它只有一个参数,这个参数是本类的对象(不能是其他类的对象),而且采用对象的引用的形式(一般约定加 const 声明,使参数值不能改变,以免在调用此函数时因不慎而使实参对象被修改)。此复制构造函数的作用就是将实参对象的各成员值一一赋给新的对象中对应的成员。

回顾复制对象的语句:

```
Box box2(box1);
```

这实际上也是建立对象的语句,建立一个新对象 box2。由于在括号内给定的实参是对象,因此编译系统就调用**复制构造函数**(它的形参也是对象),而不会去调用其他构造函数。实参 box1 的地址传递给形参 b(b 就成为 box1 的引用),在执行复制构造函数的函数体时,将 box1 对象中各数据成员的值赋给 box2 中各数据成员。

如果用户自己未定义复制构造函数,则编译系统会自动提供一个默认的复制构造函数,其作用只是简单地复制类中每个数据成员。

C++还提供另一种方便用户的复制形式,用赋值号代替括号,如

```
Box box2=box1;                              //用 box1 初始化 box2
```

其一般形式为

类名 对象名1 = 对象名2;

可以在一个语句中进行多个对象的复制。如

```
Box box2=box1,box3=box2;
```

按 box1 复制 box2 和 box3。可以看出,这种形式与变量初始化语句类似,请与下面定义变量的语句作比较:

```
int a=4,b=a;
```

这种形式看起来很直观,用起来很方便,但是其作用都是调用复制构造函数。

请注意对象的复制和 3.8.1 节介绍的对象的赋值在概念上和语法上的不同。对象的赋值是对一个已经存在的对象赋值,因此必须先定义被赋值的对象,才能进行赋值。而对象的复制则是从无到有地建立一个新对象,并使它与一个已有的对象完全相同(包括对象的结构和成员的值)。

可以对例 3.9 程序中的主函数做一些修改:

```
int main()
```

```
  {Box box1(15,30,25);                //定义 box1
   cout<<"The volume of box1 is "<<box1.volume()<<endl;
   Box box2=box1,box3=box2;           //按 box1 复制 box2,box3
   cout<<"The volume of box2 is "<<box2.volume()<<endl;
   cout<<"The volume of box3 is "<<box3.volume()<<endl;
  }
```

执行完第 4 行后,3 个对象的状态完全相同。请读者自己运行程序,观察并分析结果。

请读者区别普通构造函数和复制构造函数的区别。

(1) 在形式上

类名(形参表列);　　　//普通构造函数的声明,如 Box(int h,int w,int len);
类名(类名 & 对象名);　//复制构造函数的声明,如 Box(Box &b);

(2) 在建立对象时,实参类型不同。系统会根据实参的类型决定调用普通构造函数或复制构造函数。如

```
Box box1(12,15,16);    //实参为整数,调用普通构造函数
Box box2(box1);        //实参是对象名,调用复制构造函数
```

(3) 在什么情况下被调用

普通构造函数在程序中建立对象时被调用。

复制构造函数在用已有对象复制一个新对象时被调用,在以下 3 种情况下需要复制对象:

① 程序中需要新建立一个对象,并用另一个同类的对象对它初始化,如前面介绍的那样。

② 当函数的参数为类的对象时。在调用函数时需要将实参对象完整地传递给形参,也就是需要建立一个实参的拷贝,这就是按实参复制一个形参,系统是通过调用复制构造函数来实现的,这样能保证形参具有和实参完全相同的值。如

```
void fun(Box b)        //形参是类的对象
  {  }

int main()
  {Box box1(12,15,18);
   fun(box1);          //实参是类的对象,调用函数时将复制一个新对象 b
   return 0;
  }
```

③ 函数的返回值是类的对象。在函数调用完毕将返回值带回函数调用处时。此时需要将函数中的对象复制一个临时对象并传给该函数的调用处。如

```
Box f()                //函数 f 的类型为 Box 类类型
  {Box box1(12,15,18);
   return box1;        //返回值是 Box 类的对象
  }
```

```
int main()
  {Box box2;                  //定义 Box 类的对象 box2
   box2=f();                  //调用 f 函数,返回 Box 类的临时对象,并将它赋值给 box2
   return 0;
  }
```

由于box1是在函数f中定义的,在调用f函数结束时,box1的生命周期就结束了,因此并不是将box1带回main函数,而是在函数f结束前执行return语句时,调用Box类中的复制构造函数,按box1复制一个新的对象,然后将它赋值给box2。

以上几种调用复制构造函数,都是由编译系统自动实现的,不必由用户自己去调用,只要知道在这些情况下需要调用复制构造函数就可以了。

3.7 不同对象间实现数据共享

前面提到过:如果有n个同类的对象,那么每一个对象都分别有自己的数据成员,不同对象的数据成员各自有值,互不相干。但是有时人们希望有某一个或几个数据成员为所有对象所共有。这样可以实现数据共享。打个比方,有几个相邻的学校,各校分别有自己的教学楼、实验室、办公楼、宿舍、食堂、图书馆等,为了节约开支,共用资源,这几个学校共建礼堂和运动场。每个学校都可以认为本校既有教学楼、实验室、办公楼、宿舍、食堂、图书馆,又有礼堂和运动场。如果改变礼堂和运动场的大小和功能,不仅影响一个学校的办学条件,而且影响到每一个学校。

学习C语言时已了解全局变量,它能够实现数据共享。如果在一个程序文件中有多个函数,在每一个函数中都可以改变全局变量的值,全局变量的值为各函数共享。但是用全局变量的安全性得不到保证,由于在各处都可以自由地修改全局变量的值,很有可能偶发一个失误,全局变量的值就被修改,导致程序的失败。因此在实际工作中很少使用全局变量。

如果想在同类的多个对象之间实现数据共享,也不要用全局对象,可以用静态的数据成员。

3.7.1 把数据成员定义为静态

静态数据成员是一种特殊的数据成员。它以关键字static开头。例如

```
class Box
  {public:
     int volume();
   private:
     static int height;          //把 height 定义为静态的数据成员
     int width;
     int length;
  };
```

如果希望同类的各对象中的数据成员的值是一样的,就可以把它定义为静态数据成

员,这样它就为各对象所共有,而不只属于某个对象的成员,所有对象都可以引用它。静态的数据成员在内存中只占一份空间(而不是每个对象都分别为它保留一份空间)。每个对象都可以引用这个静态数据成员。静态数据成员的值对所有对象都是一样的。如果改变它的值,则在各对象中这个数据成员的值都同时改变了。这样可以节约空间,提高效率。

说明:

(1) 在第2章中曾强调:如果只声明了类而未定义对象,则类的一般数据成员是不占用内存空间的,只有在定义对象时,才为对象的数据成员分配空间。但是静态数据成员不属于某一个对象,在为对象所分配的空间中不包括静态数据成员所占的空间。静态数据成员是在所有对象之外单独开辟空间。只要在类中指定了静态数据成员,即使不定义对象,也为静态数据成员分配空间,它可以被引用。

在一个类中可以有一个或多个静态数据成员,所有的对象都共享这些静态数据成员,都可以引用它。

(2) 在C语言中已了解静态变量的概念:如果在一个函数中定义了静态变量,在函数结束时该静态变量并不释放,仍然存在并保留其值。现在讨论的静态数据成员也是类似的,它不随对象的建立而分配空间,也不随对象的撤销而释放(一般数据成员是在对象建立时分配空间,在对象撤销时释放)。静态数据成员是在程序编译时被分配并预备空间的,开始运行程序时就占用分配的内存,到程序结束时才释放空间。

(3) 公用的静态数据成员可以初始化,但只能在类体外进行初始化。如

```
int Box::height=10;                        //表示对Box类中的数据成员初始化
```

其一般形式为

数据类型 类名::静态数据成员名=初值;

只在类体中声明静态数据成员时加static,不必在初始化语句中加static。

注意:不能用构造函数的参数初始化表对静态数据成员初始化。如在定义Box类中这样定义构造函数是错误的:

```
Box(int h,int w,int len):height(h){ }      //错误,height是静态数据成员
```

如果未对静态数据成员赋初值,则编译系统会自动赋予初值0。

(4) 静态数据成员既可以通过对象名引用,也可以通过类名来引用。

请分析下面的程序。

例3.10 输出立方体的体积,使用静态数据成员。

编写程序:

```
#include<iostream>
using namespace std;
class Box
  {public:
    Box(int,int);
    int volume();
```

```
    static int height;                  //把 height 定义为公用的静态的数据成员
    int width;
    int length;
  };
Box::Box(int w,int len)                 //通过构造函数对 width 和 length 赋初值
  {width=w;
   length=len;
  }
int Box::volume()                       //定义成员函数 volume
  {return(height * width * length);
  }
int Box::height=10;                     //对公用静态数据成员 height 初始化

int main()
  {
   Box a(15,20),b(20,30);               //建立两个对象
   cout<<a.height<<endl;                //通过对象名 a 引用静态数据成员
   cout<<b.height<<endl;                //通过对象名 b 引用静态数据成员
   cout<<Box::height<<endl;             //通过类名引用静态数据成员
   cout<<a.volume()<<endl;              //调用 volume 函数,计算体积,输出结果
   return 0;
  }
```

上面3个输出语句的输出结果相同(都是10)。这就验证了所有对象的静态数据成员实际上是同一个数据成员。

这只是一个供初学者分析静态数据成员用法的教学示例,比较简单。

注意:在上面的程序中将height定义为**公用**的静态数据成员,所以在类外可以直接引用。可以看到**在类外可以通过对象名引用公用的静态数据成员,也可以通过类名引用静态数据成员**。即使没有定义类对象,也可以通过类名引用静态数据成员。这说明静态数据成员并不是属于对象的,而是属于类的,但类的对象可以引用它。

如果静态数据成员被定义为私有的,则不能在类外直接引用,而必须通过公用的成员函数引用,如例3.9程序中的volume函数。

(5) 有了静态数据成员,同类的各对象之间的数据有了沟通的渠道,实现类的数据共享,不需要全局变量。全局变量破坏了封装的原则,不符合面向对象程序的要求。

但是也要注意公用静态数据成员与全局变量的不同,静态数据成员的作用域只限于定义该类的作用域内(如果是在一个函数中定义类,那么其中静态数据成员的作用域就是此函数内)。在此作用域内,可以通过类名和域运算符"::"引用静态数据成员,而不论类对象是否存在。

3.7.2 用静态成员函数访问静态数据成员

成员函数也可以定义为静态的,在类中声明函数的前面加static就成了静态成员函数。如

```
static int volume();
```

和静态数据成员一样，**静态成员函数是类的一部分而不是对象的一部分。如果要在类外调用公用的静态成员函数，要用类名和域运算符"::"**。如

```
Box::volume();
```

实际上也允许通过对象名调用静态成员函数，如

```
a.volume();
```

但这并不意味着此函数是属于对象a的，而只是用a的类型而已。

与静态数据成员不同，静态成员函数的作用不是为了对象之间的沟通，而是为了能处理静态数据成员。

前面曾指出：当调用一个对象的成员函数（非静态成员函数）时，系统会把该对象的起始地址赋给成员函数的this指针。而静态成员函数并不属于某一对象，它与任何对象都无关，因此静态成员函数没有this指针。既然它没有指向某一对象，就无法对一个对象中的非静态成员进行默认访问（即在引用数据成员时不指定对象名）。

可以说，静态成员函数与非静态成员函数的根本区别是：非静态成员函数有this指针，而**静态成员函数没有this指针。由此决定了静态成员函数不能访问本类中的非静态成员**。

静态成员函数可以直接引用本类中的**静态成员**，因为静态成员同样是属于类的，可以直接引用。在C++程序中，**静态成员函数主要用来访问静态数据成员，而不访问非静态成员**。假如在一个静态成员函数中有以下语句：

```
cout<<height<<endl;      //若height已声明为static，则引用本类中的静态成员，合法
cout<<width<<endl;       //若width是非静态数据成员，不合法
```

但是，并不是绝对不能引用本类中的非静态成员，只是不能进行默认访问，因为无法知道应该去找哪个对象。如果一定要引用本类的非静态成员，应该加对象名和成员运算符"."。如

```
cout<<a.width<<endl;     //引用本类对象a中的非静态成员
```

假设a已定义为Box类对象，且在当前作用域内有效，则此语句合法。

通过例3.11可以具体了解有关引用非静态成员的具体方法。

例3.11　给定若干学生的数据（包括学号、年龄和成绩），要求统计学生平均成绩。使用静态成员函数。

编写程序：

```
#include<iostream>
using namespace std;
class Student                                    //定义Student类
  {public:
    Student(int n,int a,float s):num(n),age(a),score(s){ }    //定义构造函数
    void total();                                //声明成员函数
    static float average();                      //声明静态成员函数
   private:
```

```
        int num;
        int age;
        float score;
        static float sum;                         //静态数据成员 sum(总分)
        static int count;                         //静态数据成员 count(计数)
    };

void Student::total()                             //定义非静态成员函数
    {sum+=score;                                  //累加总分
     count++;                                     //累计已统计的人数
    }

float Student::average()                          //定义静态成员函数
    {return(sum/count);
    }

float Student::sum=0;                             //对静态数据成员初始化
int Student::count=0;                             //对静态数据成员初始化

int main()
  {Student stud[3]={                              //定义对象数组并初始化
      Student(1001,18,70),
      Student(1002,19,78),
      Student(1005,20,98)
   };
  int n;
  cout<<"please input the number of students:";
  cin>>n;                                         //输入需要求前面多少名学生的平均成绩
  for(int i=0;i<n;i++)                            //调用 3 次 total 函数
    stud[i].total();
  cout<<"the average score of "<<n<<" students is "<<Student::average()
  <<endl;                                         //调用静态成员函数
  return 0;
}
```

运行结果:

```
please input the number of students: 3↙
the average score of 3 students is 82.3333
```

程序分析:

(1) 在主函数中定义了 stud 对象数组,为了使程序简练,定义此数组只含 3 个元素,分别存放 3 个学生的数据(每个学生的数据包括学号、年龄,成绩)。程序的作用是先求用户指定的 n 名学生的总分(n 由用户输入),然后求平均成绩。

(2) 在 Student 类中定义了两个静态数据成员 sum(总分)和 count(累计需要统计的学生人数),这是由于这两个数据成员的值是需要进行累加的,它们并不是只属于某一个对象元素,而是属于各对象元素共享的,可以看出:它们的值是在不断变化的,而且无论对哪个对象元素而言,都是相同的,而且始终不释放内存空间。

(3) total 是公用的成员函数,其作用是将一个学生的成绩累加到 sum 中。**公用的成员函数可以引用本对象中的一般数据成员(非静态数据成员),也可以引用类中的静态数据成员**。score 是非静态数据成员,sum 和 count 是静态数据成员。

(4) average 是静态成员函数,它可以直接引用私有的静态数据成员(不必加类名或对象名),函数返回成绩的平均值。

(5) 在 main 函数中,引用 total 函数要加对象名(今用对象数组元素名),引用静态成员函数 average 函数要用类名或对象名。

(6) 请思考:如果不将 average 函数定义为静态成员函数行不行?程序能否通过编译?需要做什么修改?为什么要用静态成员函数?请分析其理由。

编写C++程序最好养成这样的习惯:**只用静态成员函数引用静态数据成员,而不引用非静态数据成员**。这样思路清晰,逻辑清楚,不易出错。

3.8　允许访问私有数据的"朋友"

在第 2 章已介绍,在一个类中可以有公用的(public)成员和私有的(private)成员,我们曾用客厅比喻公用部分,用卧室比喻私有部分。在类外可以访问公用成员,只有本类中的函数可以访问本类的私有成员。现在,我们来补充介绍一个例外——**友元**(friend)。

friend 的中文意思是**朋友**,或者说是好友,与好友的关系显然要比一般人亲密一些。有的家庭可能会这样处理:客厅对所有来客开放,而卧室除了本家庭的成员可以进入以外,还允许好朋友进入。在C++中,这种关系以关键字 friend 声明,中文多译为**友元**。友元可以访问与其有好友关系的类中的私有成员,友元包括友元函数和友元类。有的初学者可能对友元这个名词不习惯,其实,就按原文 friend 理解为朋友即可。

3.8.1　可以访问私有数据的友元函数

如果在本类以外的其他地方定义了一个函数(这个函数可以是不属于任何类的非成员函数,也可以是其他类的成员函数),在类体中用 friend 对其进行声明,此函数就称为本类的友元函数。友元函数可以访问这个类中的私有成员。正如把本家庭以外的某人确认为好友,允许他进入家里的各房间。

1. 将普通函数声明为友元函数

通过下面的例子可以了解友元函数的性质和作用。

例 3.12　用友元函数访问私有数据。

编写程序:

```
#include<iostream>
using namespace std;
class Time
```

```
  {public:
     Time(int,int,int);                    //声明构造函数
     friend void display(Time &);          //声明 display 函数为 Time 类的友元函数
   private:                                //以下数据是私有数据成员
     int hour;
     int minute;
     int sec;
  };

Time::Time(int h,int m,int s)              //定义构造函数,给 hour,minute,sec 赋初值
  {hour=h;
   minute=m;
   sec=s;
  }

void display(Time& t)                      //这是普通函数,形参 t 是 Time 类对象的引用
  {cout<<t.hour<<":"<<t.minute<<":"<<t.sec<<endl;}

int main()
  { Time t1(10,13,56);
    display(t1);                           //调用 display 函数,实参 t1 是 Time 类对象
    return 0;
  }
```

运行结果:

```
10:13:56
```

程序分析:

display 是一个在类外定义的且未用类 Time 作限定的函数,它是非成员函数,不属于任何类。它的作用是输出时间(时、分、秒)。如果在 Time 类的定义体中未声明 display 函数为 friend 函数,它是不能引用 Time 中的私有成员 hour,minute,sec 的(读者可以上机试验一下:将上面程序中的第 6 行删掉,观察编译时的信息)。

现在,由于声明了 display 是 Time 类的 friend 函数,所以 display 函数可以引用 Time 中的私有成员 hour,minute,sec。但注意在引用这些私有数据成员时,必须加上对象名,不能写成

```
cout<<hour<<":"<<minute<<":"<<sec<<endl;
```

因为 display 函数不是 Time 类的成员函数,没有 this 指针,不能默认引用 Time 类的数据成员,必须指定要访问的对象。例如,有一个人是两家人的邻居,被两家人都确认为好友,可以访问两家的各房间,但他在访问时理所当然地要指出他要访问的是哪家。

2. 用友元成员函数访问私有数据

friend 函数不仅可以是一般函数(非成员函数),而且可以是另一个类中的成员函数,见例 3.13。

例 3.13　有一个日期(Date)类的对象和一个时间(Time)类的对象,均已指定了内容,要求一次输出其中的日期和时间。

编程思路:可以使用友元成员函数。在本例中除了介绍有关友元成员函数的简单应用外,还将用到类的**提前引用声明**,请读者注意。

编写程序:

```
#include<iostream>
using namespace std;
class Date;                        //对 Date 类的提前引用声明
class Time                         //声明 Time 类
 {public:
   Time(int,int,int);              //声明构造函数
   void display(Date &);           //display 是成员函数,形参是 Date 类对象的引用
  private:
   int hour;
   int minute;
   int sec;
 };

class Date                         //声明 Date 类
 {public:
   Date(int,int,int);              //声明构造函数
   friend void Time::display(Date &);   //声明 Time 中的 display 函数为本类
                                        //的友元成员函数
  private:
   int month;
   int day;
   int year;
 };

Time::Time(int h,int m,int s)  //定义类 Time 的构造函数
 {hour=h;
  minute=m;
  sec=s;
 }

void Time::display(Date &d)    //display 的作用是输出年、月、日和时、分、秒
 {cout<<d.month<<"/"<<d.day<<"/"<<d.year<<endl;      //引用 Date 类对象中的私有数据
  cout<<hour<<":"<<minute<<":"<<sec<<endl;           //引用本类对象中的私有数据
 }

Date::Date(int m,int d,int y)                        //类 Date 的构造函数
 {month=m;
  day=d;
  year=y;
 }
```

```
int main()
  {Time t1(10,13,56);                                    //定义 Time 类对象 t1
   Date d1(12,25,2004);                                  //定义 Date 类对象 d1
   t1.display(d1);                    //调用 t1 中的 display 函数,实参是 Date 类对象 d1
   return 0;
  }
```

运行结果:

```
12/25/2004          (输出 Date 类对象 d1 中的私有数据)
10:13:56            (输出 Time 类对象 t1 中的私有数据)
```

程序分析:

在一般情况下,两个不同的类是互不相干的。display 函数是 Time 类中的成员函数,它本来只可以用来输出 Time 类对象中的数据成员 hour, minute, sec。现在 Date 类中把它声明为"朋友",因此也可以访问 Date 类对象中的数据成员 month, day, year。所以在 display 函数中既可以输出 Time 类的时、分、秒,又可以输出其"朋友"类的对象中的年、月、日。可以看到用友元的好处,原来在一个类中定义的成员函数只能访问本类中的数据成员,如果想访问另一类中的数据成员,必须在另一类中再设一个成员函数,先后用这两个成员函数访问两个类的数据成员。如果把一个类中定义的成员函数定义为另一类的友元函数后,它就可以访问两个类中的数据成员。显然效率更高了,使用更方便了。

注意: 在输出本类对象的时、分、秒时,不必使用对象名,而在输出 Date 类的对象中的年、月、日时,就必须加上对象名(如 d.month)。如果不用友元函数,为了实现题目要求,就要在两个类中分别包括两个输出函数(如 display1, display2),在主函数中分别调用这两个函数,先后输出日期和时间。显然用友元函数方便。

请注意在本程序中调用友元函数访问有关类的私有数据方法:

(1) 在函数名 display 的前面要加 display 所在的对象名(如 t1)。

(2) display 成员函数的实参是 Date 类对象 d1,否则就不能访问对象 d1 中的私有数据。

(3) 在 Time::display 函数中引用 Date 类私有数据时必须加上对象名,如 d.month。

说明: 在本例中声明了两个类 Time 和 Date。程序第 3 行是对 Date 类的声明,因为在第 7 行中对 display 函数的声明中要用到类名 Date,而对 Date 类的定义却在其后面。能否将 Date 类的声明提到前面来呢? 也不行,因为在 Date 类中第 4 行又用到了 Time 类,也要求先声明 Time 类才能使用它。这就形成了"连环套",类似"鸡生蛋,蛋生鸡"的问题。为了解决这个问题,C++允许对类作"提前引用"的声明,即在正式声明一个类之前,先声明一个类名,表示此类将在稍后声明。程序第 3 行就是提前引用声明,它只包含类名,不包括类体。如果没有第 3 行,程序编译时就会出错。有了第 3 行,在编译时,编译系统会从中得知 Date 是一个类名,此类将在稍后定义。

有关对象提前引用的知识: 在一般情况下,对象必须先声明,然后才能使用它。但是在特殊情况下(如上面例子所示的那样),在正式声明类之前,需要使用该类名。但是应当注意: 类的提前声明的使用范围是有限的。只有在正式声明一个类以后才能用它去定义类对象。如果在上面程序第 3 行后面增加一行:

```
Date d1;                    //试图定义一个对象
```

会在编译时出错。因为在定义对象时是要为这些对象分配存储空间的,在正式声明类之前,编译系统无法确定应为对象分配多大的空间。编译系统只有在“见到”类体后,才能确定应该为对象预留多大的空间。在对一个类作了提前引用声明后,可以用该类的名字去定义指向该类型对象的指针变量或对象的引用(如在本例中,display 的形参是 Date 类对象的引用)。这是因为指针变量和引用与它所指向的类对象的大小无关。

注意:程序是在定义 Time::display 函数之前正式声明 Date 类的。如果将对 Date 类的声明的位置(程序第 13~21 行)改到定义 Time::display 函数之后,编译就会出错,因为在 Time::display 函数体中要用到 Date 类的成员 month,day,year。如果不事先声明 Date 类,编译系统无法识别成员 month,day,year 等成员。读者可以上机试一下。

一个函数(包据普通函数和成员函数)可以被多个类声明为“朋友”,这样就可以引用多个类中的私有数据。

3.8.2 可以访问私有数据的友元类

不仅可以将一个函数声明为一个类的“朋友”,而且可以将一个类(例如类 B)声明为另一个类(例如类 A)的“朋友”。这时类 B 就是类 A 的友元类。友元类 B 中的所有函数都是类 A 的友元函数,可以访问类 A 中的所有成员。正像一个家庭不仅允许一个好朋友可以进入他家的卧室,还允许该朋友全家的人都可以进入他家的卧室。

在类 A 的定义体中用以下的语句声明类 B 为其友元类:

```
friend B;
```

声明友元类的一般形式为

friend 类名;

例如,可以在例 3.13 中的 Date 类中把 Time 类声明为友元类,即“friend Time;”,这样 Time 中的所有函数都可以访问类 Date 中的所有成员。读者可以自己修改并上机试验。

关于友元类,有两点要说明:

(1) 友元的关系是单向的而不是双向的。如果声明了类 B 是类 A 的友元类,不等于类 A 是类 B 的友元类,类 A 中的成员函数不能访问类 B 中的私有数据。

(2) 友元的关系不能传递,如果类 B 是类 A 的友元类,类 C 是类 B 的友元类,不等于类 C 是类 A 的友元类。如同张三的好友是李四,而李四有好友王五,显然,王五不一定是张三的好友。如果想让类 C 是类 A 的友元类,应在类 A 中另外声明。

在实际工作中,除非确有必要,一般并不把整个类声明为友元类,而只将确实有需要的成员函数声明为友元函数,这样更安全一些。

关于友元利弊的分析:面向对象程序设计的一个基本原则是封装性和信息隐蔽,而友元却可以访问其他类中的私有成员,不能不说这是对封装原则的一个小的破坏。但是它能有助于数据共享,能提高程序的效率,在使用友元时,要注意到它的副作用,不要过多地使用友元,只有在使用它能使程序精练,较大地提高程序效率时才用友元。也就是说,要在数据共享与信息隐蔽之间选择一个恰当的平衡点。

3.9 类模板

在1.3.5节中曾介绍了函数模板,对于功能相同而数据类型不同的一些函数,不必一一定义各个函数,可以定义一个可对任何类型变量进行操作的函数模板,在调用函数时,系统会根据实参的类型,取代函数模板中的类型参数,得到具体的函数。这样可以简化程序设计。

对于类的声明来说,也有同样的问题,有时,有两个或多个类,其功能是相同的,仅仅是数据类型不同,如下面声明了一个类:

```
class Compare_int
 {public:
    Compare_int(int a,int b)          //定义构造函数
      {x=a;y=b;}
    int max()
      {return(x>y)?x:y;}
    int min()
      {return(x<y)?x:y;}
  private:
    int x,y;
  };
```

其作用是对两个整数作比较,可以通过调用成员函数max和min得到两个整数中的大者和小者。

如果想对两个浮点数(float型)作比较,需要另外声明一个类:

```
class Compare_float
 {public:
    Compare_float(float a,float b)
      {x=a;y=b;}
    float max()
      {return(x>y)?x:y;}
    float min()
      {return(x<y)?x:y;}
  private:
    float x,y;
  }
```

显然这基本上是重复性的工作,应该有办法减少重复的工作。C++在发展的过程中增加了模板(template)的功能,提供了解决这类问题的途径。

可以声明一个通用的类模板,它可以有一个或多个虚拟的类型参数,如对以上两个类可以综合写出以下的类模板:

```
template<class numtype>                  //声明一个模板,虚拟类型名为numtype
class Compare                            //类模板名为Compare
```

```
{public:
   Compare(numtype a,numtype b)                //定义构造函数
     {x=a;y=b;}
   numtype max()
     {return(x>y)? x:y;}
   numtype min()
     {return(x<y)? x:y;}
 private:
   numtype x,y;
};
```

请将此类模板和前面第一个 Compare_int 类作比较,可以看到有两处不同:

(1) 声明类模板时要增加一行:

```
template <class 类型参数名>
```

template 意思是"**模板**",是声明类模板时必须写的关键字。在 template 后面的尖括号内的内容为模板的参数表,关键字 class 表示其后面的是类型参数。在本例中 numtype 就是一个类型参数名。这个名字是可以任意取的,只要是合法的标识符即可。这里取 numtype 只是表示"数据类型"的意思而已。此时,numtype 并不是一个已存在的实际类型名,它只是一个虚拟类型参数名。在以后将被一个实际的类型名取代。

(2) 原有的类型名 int 换成虚拟类型参数名 numtype(为醒目起见,上面的 numtype 用黑体字印出)。在建立类对象时,如果将实际类型指定为 int 型,编译系统就会用 int 取代所有的 numtype,如果指定为 float 型,就用 float 取代所有的 numtype。这样就能实现"**一类多用**"。

由于类模板包含类型参数,因此又称为**参数化的类**。如果说类是对象的抽象,对象是类的实例。则**类模板是类的抽象,类是类模板的实例**。利用类模板可以建立含各种数据类型的类。

读者最关心的一个问题是:在声明了一个类模板后,怎样使用它?怎样使它变成一个实际的类?

先回顾一下用类来定义对象的方法:

```
Compare_int cmp1(4,7);                     //Compare_int 是已声明的类
```

其作用是建立一个 Compare_int 类的对象,并将实参 4 和 7 分别赋给形参 a 和 b,作为进行比较的两个整数。

用类模板定义对象的方法与此相似,但是不能直接写成

```
Compare cmp(4,7);                          //Compare 是类模板名
```

Compare 是类模板名,而不是一个具体的类,类模板体中的类型 numtype 并不是一个实际的类型,只是一个虚拟的类型,无法用它去定义对象。必须用实际类型名去取代虚拟的类型,具体的做法是:

```
Compare <int> cmp(4,7);
```

即在类模板名之后在尖括号内指定实际的类型名,在进行编译时,编译系统就用 int 取代类模板中的类型参数 numtype,这样就把类模板具体化,或者说实例化了。它相当于最早介绍的 Compare_int 类了。

其一般形式为

类模板名 <实际类型名> 对象名(参数表);

例 3.14 是一个完整的例子。

例 3.14 声明一个类模板,利用它分别实现两个整数、浮点数和字符的比较,求出大数和小数。

编写程序:

```
#include<iostream>
using namespace std;
template<class numtype>                  //声明类模板,虚拟类型名为 numtype
class Compare                            //类模板名为 Compare
  {public:
     Compare(numtype a,numtype b)        //定义构造函数
       {x=a;y=b;}
     numtype max()                       //函数类型暂定为 numtype
       {return(x>y)?x:y;}
     numtype min()
       {return(x<y)?x:y;}
   private:
     numtype x,y;                        //数据类型暂定为 numtype
  };

int main()
  {Compare<int> cmp1(3,7);               //定义对象 cmp1,用于两个整数的比较
   cout<<cmp1.max()<<" is the Maximum of two integer numbers."<<endl;
   cout<<cmp1.min()<<" is the Minimum of two integer numbers."<<endl<<endl;
   Compare<float> cmp2(45.78,93.6); //定义对象 cmp2,用于两个浮点数的比较
   cout<<cmp2.max()<<" is the Maximum of two float numbers."<<endl;
   cout<<cmp2.min()<<" is the Minimum of two float numbers."<<endl<<endl;
   Compare<char> cmp3('a','A');          //定义对象 cmp3,用于两个字符的比较
   cout<<cmp3.max()<<" is the Maximum of two characters."<<endl;
   cout<<cmp3.min()<<" is the Minimum of two characters."<<endl;
   return 0;
  }
```

运行结果:

```
7 is the Maximum of two integers.
3 is the Minimum of two integers.

93.6 is the Maximum of two float numbers.
```

```
45.78 is the Minimum of two float numbers.

a is the Maximum of two characters.
A is the Minimum of two characters.
```

有了前面的基础,读者是不难看懂这个程序的。

注意:上面列出的类模板中的成员函数是在类模板内定义的。如果改为在类模板外定义,不能用一般定义类成员函数的形式:

```
numtype Compare::max() {…}                //不能这样定义类模板中的成员函数
```

而应当写成类模板的形式:

```
template<class numtype>
numtype Compare<numtype>::max()
  {return (x>y)?x:y;}
```

上面第1行表示是类模板,第2行左端的 numtype 是虚拟类型名,后面的 Compare <numtype>是一个整体,是带参的类,表示所定义的 max 函数是在类 Compare <numtype>的作用域内的。在定义对象时,用户当然要指定实际的类型(如 int),进行编译时就会将类模板中的虚拟类型名 numtype 全部用实际的类型代替。这样 Compare <numtype>就相当于一个实际的类。请读者将例3.14改写为在类模板外定义各成员函数。

归纳以上的介绍,可以这样声明和使用类模板:

(1) 先写出一个实际的类(如本节开头的 Compare_int)。由于其语义明确,含义清楚,一般不会出错。

(2) 将此类中准备改变的类型名(如 int 要改变为 float 或 char)改用一个自己指定的虚拟类型名(如上例中的 numtype)。

(3) 在类声明前面加入一行,格式为

template<class 虚拟类型参数>

如

```
template<class numtype>                //注意本行末尾无分号
class Compare
{…};                                   //类体
```

(4) 用类模板定义对象时用以下形式:

类模板名<实际类型名> 对象名;
类模板名<实际类型名> 对象名(实参表);

如

```
Compare<int> cmp;
Compare<int> cmp(3,7);
```

(5) 如果在类模板外定义成员函数,应写成类模板形式:

template<class 虚拟类型参数>
函数类型 类模板名<虚拟类型参数>::成员函数名(函数形参表) {…}

说明:

(1) 类模板的类型参数可以有一个或多个,每个类型前面都必须加 class,如

```
template<class T1,class T2>
class someclass
  {…};
```

在定义对象时分别代入实际的类型名,如

```
someclass<int,double>obj;
```

(2) 和使用类一样,使用类模板时要注意其作用域,只能在其有效作用域内用它定义对象。如果类模板是在 A 文件开头定义的,则 A 文件范围内为有效作用域,可以在其中的任何地方使用类模板,但不能在 B 文件中用类模板定义对象。

(3) 模板可以有层次,一个类模板可以作为基类,派生出派生模板类。关于这方面的内容不在本书中阐述,以后用到时可参阅专门的书籍或手册。

说明: 在本章中介绍了一些初步的面向对象的程序。为了使读者容易理解,本章的例题相对比较简单,估计绝大多数的读者是能够看懂这些程序的。我们的目的是先使读者尽快地了解什么是面向对象的程序以及怎样编写面向对象的程序,学完本章后读者应该能有一个初步的基础。

学习程序设计,不仅要能看懂别人写的程序,最重要的是自己会编写程序。读者最好能尽快地开始自己动手编写一些简单的程序,以巩固收获。希望读者能完成本章的习题(最好是全部习题,至少完成一部分),如果本人独立完成确有困难,可以查阅学习参考书《C++面向对象程序设计题解与上机指导(第3版)》中的习题参考解答,仔细阅读,真正弄懂,认真分析,确有领悟,为顺利进行以后的学习打下基础。

习　　题

1. 构造函数和析构函数的作用是什么?什么时候需要自己定义构造函数和析构函数?

2. 分析下面的程序,写出其运行时的输出结果。

```
#include<iostream.h>
class Date
  {public:
     Date(int,int,int);
     Date(int,int);
     Date(int);
     Date();
     void display();
```

```
  private:
    int month;
    int day;
    int year;
  };

Date::Date(int m,int d,int y):month(m),day(d),year(y)
  { }

Date::Date(int m,int d):month(m),day(d)
  {year=2005;}

Date::Date(int m):month(m)
  {day=1;
   year=2005;
  }

Date::Date()
  {month=1;
   day=1;
   year=2005;
  }

void Date::display()
  {cout<<month<<"/"<<day<<"/"<<year<<endl;}

int main()
  {Date d1(10,13,2005);
   Date d2(12,30);
   Date d3(10);
   Date d4;
   d1.display();
   d2.display();
   d3.display();
   d4.display();
   return 0;
  }
```

3. 如果将第2题中程序的第4行改为用默认参数,即

```
Date(int=1,int=1,int=2005);
```

分析程序有无问题。上机编译,分析出错信息,修改程序使之能通过编译。要求保留上面一行给出的构造函数,同时能输出与第2题程序相同的输出结果。

4. 建立一个对象数组,内放5个学生的数据(学号、成绩),用指针指向数组首元素,

输出第1,3,5个学生的数据。

5. 建立一个对象数组,内放5个学生的数据(学号、成绩),设立一个函数max,用指向对象的指针作函数参数,在max函数中找出5个学生中成绩最高者,并输出其学号。

6. 阅读下面程序,分析其执行过程,写出输出结果。

```
#include<iostream.h>
class Student
  {public:
     Student(int n,float s):num(n),score(s){ }
     void change(int n,float s){num=n;score=s;}
     void display(){cout<<num<<" "<<score<<endl;}

   private:
     int num;
     float score;
   };

int main()
  {Student stud(101,78.5);
   stud.display();
   stud.change(101,80.5);
   stud.display();
   return 0;
  }
```

7. 将第6题的程序分别作以下修改,分析所修改部分的含义以及编译和运行的情况。

(1) 将main函数第2行改为

```
const Student stud(101,78.5);
```

(2) 在(1)的基础上修改程序,使之能正常运行,用change函数修改数据成员num和score的值。

(3) 将main函数改为

```
int main()
  {Student stud(101,78.5);
   Student *p=&stud;
   p->display();
   p->change(101,80.5);
   p->display();
   return 0;
  }
```

其他部分仍同第6题的程序。

(4) 在(2)的基础上将 main 函数第 3 行改为

```
const Student *p=&stud;
```

(5) 再把 main 函数第 3 行改为

```
Student *const p=&stud;
```

8. 修改第 6 题的程序,增加一个 fun 函数,改写 main 函数。改为在 fun 函数中调用 change 和 display 函数。在 fun 函数中使用**对象的引用**(Student &)作为形参。

9. 商店销售某一商品,商店每天公布统一的折扣(discount)。同时允许销售人员在销售时灵活掌握售价(price),在此基础上,对一次购 10 件以上者,还可以享受 98 折优待。现已知当天 3 个销货员销售情况为

销货员号(num)	销货件数(quantity)	销货单价(price)
101	5	23.5
102	12	24.56
103	100	21.5

请编程序,计算出当日此商品的总销售款 sum 以及每件商品的平均售价。要求用静态数据成员和静态成员函数。

提示:将折扣 discount,总销售款 sum 和商品销售总件数 n,声明为静态数据成员,再定义静态成员函数 average(求平均售价)和 display(输出结果)。

10. 将例 3.13 程序中的 display 函数不放在 Time 类中,而作为类外的普通函数,然后分别在 Time 和 Date 类中将 display 声明为友元函数。在主函数中调用 display 函数,display 函数分别引用 Time 和 Date 两个类的对象的私有数据,输出年、月、日和时、分、秒。请读者自己完成并上机调试。

11. 将例 3.13 中的 Time 类声明为 Date 类的友元类,通过 Time 类中的 display 函数引用 Date 类对象的私有数据,输出年、月、日和时、分、秒。

12. 将例 3.14 改写为在类模板外定义各成员函数。

第4章 对运算符进行重载

4.1 为什么要对运算符重载

在 1.3.4 节中介绍过函数重载，已经接触到**重载**（overloading）这个名词。所谓重载，就是重新赋予新的含义。函数重载就是对一个已有的函数赋予新的含义，使之实现新的功能。因此，同一个函数名就可以用来代表不同功能的函数，也就是**一名多用**。

运算符也可以重载。实际上，我们已经在不知不觉之中使用了运算符重载。例如，大家都已习惯于用加法运算符"+"对整数、单精度数和双精度数进行加法运算，如 5+8，5.8+3.67 等，其实计算机处理整数、单精度数和双精度数加法的操作方法是很不相同的，但由于C++已经对运算符"+"进行了重载，所以"+"就能适用于 int，float，double 类型的不同的运算。

又如，"<<"是C++的位运算中的**位移运算符**（左移），但在输出操作中又是与流对象 cout 配合使用的**流插入运算符**，">>"也是位移运算符（右移），但在输入操作中又是与流对象 cin 配合使用的**流提取运算符**。这就是利用了**运算符重载**（operator overloading）。C++系统对"<<"和">>"进行了重载，用户在不同的场合下使用它们时，作用是不同的。对"<<"和">>"的重载处理是放在头文件 stream 中的。因此，如果要在程序中用"<<"和">>"作流插入运算符和流提取运算符，必须在本文件模块中包含头文件 stream（当然还应当包括"using namespace std;"）。

现在要讨论的问题是：用户能否根据自己的需要对C++已提供的运算符进行重载，赋予它们新的含义，使之一名多用。譬如，能否用"+"号进行两个复数的相加，若有 c1=(3+4i)，c2=(5-10i)，在数学中可以直接用"+"号实现 c3=c1+c2，即将 c1 和 c2 的实部和虚部分别相加，c3=(3+5，(4-10)i)=(8，-6i)。但在C++中不能在程序中直接用运算符"+"对复数进行相加运算。用户必须自己设法实现复数相加。

最容易想到的方法是：用户可以自己定义一个专门的函数来实现复数相加，见例 4.1。

例 4.1 通过函数来用"+"号实现复数相加（没有用运算符重载）。

编写程序：

```
#include<iostream>
using namespace std;
```

```
class Complex                                          //定义 Complex 类
  {public:
     Complex(){real=0;imag=0;}                         //定义构造函数
     Complex(double r,double i){real=r;imag=i;}        //构造函数重载
     Complex complex_add(Complex &c2);                 //声明复数相加函数
     void display();                                   //声明输出函数
   private:
     double real;                                      //实部
     double imag;                                      //虚部
  };

Complex Complex::complex_add(Complex &c2)              //定义复数相加函数
  {Complex c;
   c.real=real+c2.real;
   c.imag=imag+c2.imag;
   return c;}

void Complex::display()                                //定义输出函数
  {cout<<"("<<real<<","<<imag<<"i)"<<endl;}

int main()
  {Complex c1(3,4),c2(5,-10),c3;                       //定义 3 个复数对象
   c3=c1.complex_add(c2);                              //调用复数相加函数
   cout<<"c1="; c1.display();                          //输出 c1 的值
   cout<<"c2="; c2.display();                          //输出 c2 的值
   cout<<"c1+c2="; c3.display();                       //输出 c3 的值
   return 0;
  }
```

运行结果：

```
c1=(3,4i)
c2=(5,10i)
c1+c2=(8,-6i)
```

程序分析：

在 Complex 类中声明了一个函数名为 complex_add 的函数。此函数在类外定义，函数的作用是将两个复数相加。在函数定义的第一行中，第一个 Complex 是函数的类型，表示 complex_add 函数是 Complex 类型的，第二个 Complex 和限定符"::"一起表示函数是在 Complex 类中声明、现在在类外定义。注意函数的参数是 Complex 类的对象（今用对象的引用 &c 表示）。在 complex_add 函数体中定义一个 Complex 类对象 c 作为临时对象。其后的两个赋值语句相当于

```
c.real=this->real+c2.real;
c.imag=this->imag+c2.imag;
```

this 是当前对象的指针。this->real 也可以写成（＊this）.real。现在，在 main 函数中是通

过对象 c1 调用 complex_add 函数的,因此,以上两个语句相当于

```
c.real=c1.real+c2.real;
c.imag=c1.imag+c2.imag;
```

注意函数的返回值是 Complex 类对象 c 的值。现在 c 的值是一个复数,它的值是 c1 和 c2 的实部之和以及虚部之和,即(8,-6i)。主函数第 3 行的作用是:把对象 c1+c2 的值赋给对象 c3,它们都是 Complex 类的对象,可以进行对象的赋值。

结果无疑是正确的,但调用方式不直观、太烦琐,使人感到很不方便。人们自然会想:能否也和整数的加法运算一样,直接用加号"+"来实现复数运算,如

```
c3=c1+c2;
```

编译系统就会自动完成 c1 和 c2 两个复数相加的运算。如果能做到,就会为对象的运算提供很大的方便。这就需要对运算符"+"进行重载。

4.2 对运算符重载的方法

运算符重载的方法是**定义一个重载运算符的函数**,使指定的运算符不仅能实现原有的功能,而且能实现在函数中指定的新的功能。在使用被重载的运算符时,系统就自动调用该函数,以实现相应的功能。也就是说,运算符重载是通过定义函数实现的。**运算符重载实质上是函数的重载**。

重载运算符的函数一般格式如下:

函数类型 operator 运算符名称(形参表)
{ 对运算符的重载处理 }

例如,想将"+"用于 Complex 类(复数)的加法运算,函数的原型可以是这样的:

```
Complex operator+(Complex& c1,Complex& c2);
```

在上面的一般格式中,**operator** 是关键字,是专门用于定义重载运算符的函数的,**运算符名称就是C++已有的运算符**。注意:**函数名是由 operator 和运算符组成的**。上面的"**operator+**"就是函数名,意思是"对运算符'+'重载的函数"。只要掌握这点,就可以发现,这类函数和其他函数在形式上没有什么区别。两个形参是 Complex 类对象的引用,要求实参为 Complex 类对象。

在定义了重载运算符的函数后,可以说:**函数"operator+"重载了运算符"+"**。在执行复数相加的表达式 c1+c2 时(假设 c1 和 c2 都已被定义为 Complex 类对象),系统就会调用 operator+函数,把 c1 和 c2 作为实参,与形参进行虚实结合。

为了说明在运算符重载后,执行表达式就是调用函数的过程,可以把两个整数相加也想象为调用下面的函数:

```
int operator+(int a,int b)
 {return(a+b);}
```

如果有表达式 5+8，就调用此函数，将 5 和 8 作为调用函数时的实参，函数的返回值为 13。这就是用函数的方法理解运算符。

可以在例 4.1 程序的基础上重载运算符"+"，使之用于复数相加。

例 4.2　改写例 4.1，对运算符"+"实行重载，使之能用于两个复数相加。

编写程序：

```
#include<iostream>
using namespace std;
class Complex
  {public:
    Complex(){real=0;imag=0;}
    Complex(double r,double i){real=r;imag=i;}
    Complex operator+(Complex &c2);                 //声明重载运算符"+"的函数
    void display();
   private:
    double real;
    double imag;
  };
Complex Complex::operator+(Complex &c2)             //定义重载运算符"+"的函数
  { Complex c;
    c.real=real+c2.real;                            //实现两个复数的实部相加
    c.imag=imag+c2.imag;                            //实现两个复数的虚部相加
    return c;}

void Complex::display()
  { cout<<"("<<real<<","<<imag<<"i)"<<endl;}        //输出复数形式

int main()
  { Complex c1(3,4),c2(5,-10),c3;
    c3=c1+c2;                                       //运算符"+"用于复数运算
    cout<<"c1=";c1.display();                       //输出 c1
    cout<<"c2=";c2.display();                       //输出 c2
    cout<<"c1+c2=";c3.display();                    //输出 c1+c2
    return 0;
  }
```

运行结果：

```
c1=(3,4i)
c2=(5,-10i)
c1+c2=(8,-6i)
```

与例 4.1 相同。

请比较例 4.1 和例 4.2，只有两处不同：

(1) 在例 4.2 中以 operator+函数取代了例 4.1 中的 complex_add 函数，而且只是函数名不同，函数体和函数返回值的类型都是相同的。

(2) 在 main 函数中,以"c3=c1+c2;"取代了例 4.1 中的"c3=c1.complex_add(c2);"。在将运算符"+"重载为类的成员函数后,C++编译系统将程序中的表达式c1+c2 解释为

```
c1.operator+(c2)                    //其中 c1 和 c2 是 Complex 类的对象
```

上面的表达式中有下画线的"operator+"是一个函数名,c1.operator+(c2) 表示以 c2 为实参调用 c1 的运算符重载函数 operator+,进行两个复数相和。

关于运算符重载函数用作类成员函数,在 4.4 节还要作进一步的讨论。

可以看到:两个程序的结构和执行过程基本上是相同的,作用相同,运行结果也相同。重载运算符是由相应的函数实现的。有人可能说,既然这样,何必对运算符重载呢?我们要从用户的角度来看问题,虽然重载运算符所实现的功能完全可以用函数实现,但是使用运算符重载能使用户程序易于编写、阅读和维护。在实际工作中,类的声明和类的使用往往是分离的。假如在声明 Complex 类时,对运算符+,-,*,/都进行了重载,那么使用这个类的用户在编程时可以完全不考虑函数是怎么实现的,放心大胆地直接使用+,-,*,/进行复数的运算即可,显然十分方便。

对上面的运算符重载函数 operator+还可以改写得更简练一些:

```
Complex Complex::operator+(Complex &c2)
  {return Complex(real+c2.real,imag+c2.imag);}
```

return 语句中的 Complex(real+c2.real, imag+c2.imag)是建立一个临时对象,它没有对象名,是一个无名对象。在建立临时对象过程中调用构造函数。return 语句将此临时对象作为函数返回值。

请思考:在例 4.2 中能否将一个常量和一个复数对象相加? 如

```
c3=3+c2;                                         //错误,与形参类型不匹配
```

应写成对象形式,如

```
c3=Complex(3,0)+c2;                              //正确,类型均为对象
```

需要说明的是:运算符被重载后,其原有的功能仍然保留,没有丧失或改变。例如,运算符"+"仍然可以用于 int,float,double,char 类型数据的运算,又增加了用于复数的功能。那么,同一个运算符可以代表不同的功能,编译系统是怎样判别该执行哪一个功能呢? 是根据表达式的上下文决定的,即根据运算符两侧(如果是单目运算符则为一侧)的数据类型决定的,如对 3+5,则执行整数加法,对 2.6+4.5,则执行双精度数加法,对两个复数对象,则执行复数加法。

通过以上的例子,可以看到重载运算符的明显好处。本来,C++提供的运算符只能用于C++的标准类型数据的运算,但C++程序设计的重要基础是类和对象,如果C++的运算符都无法用于类对象(对于类对象不能直接进行赋值运算、数值运算、关系运算、逻辑运算和输入输出操作),则类和对象的应用将会受到很大限制,影响了类和对象的使用。

为了解决这个问题,使类和对象有更强的生命力,C++采取的方法不是为类对象另外定义一批新的运算符,而是允许重载现有的运算符,使这些简单易用、众所周知的运算符能直接应用于自己定义的类对象。通过运算符重载,扩大了C++已有运算符的作用范围,

使之能用于类对象。

说明：不要把运算符重载仅看作C++的一个具体方法，是可有可无和可用可不用的。由于常用的运算符只能用于标准类型（如整型、实型等），而在面向对象程序中，程序设计者自己建立了一些类，往往需要将这些类对象中的数据进行运算和输出，但已有的运算符又不支持对象的运算，这就需要在建立一个类的同时要进行运算符的重载，以方便对象的操作。因此，每一个C++的学习者都应当掌握运算符重载的方法，在需要时自己能对建立的对象进行运算符重载。希望读者能认真学习本章稍后介绍的内容并能举一反三，灵活应用。

在学习本章过程中，读者不仅要了解运算符重载的含义和实现方法，也要从例题中进一步理解C++编程的方法，即遇到一个问题后应当怎样分析和处理。本章的例题都是面向对象编程的典型实例，读者不要满足于简单地浏览一下程序，而应当仔细理解和消化，并且要完成习题，学会怎样进行面向对象编程和运算符重载。

运算符重载对C++有重要的意义，把运算符重载和类结合起来，可以在C++程序中定义出很有实用意义而使用方便的新的数据类型。运算符重载使C++具有更好的扩充性和适应性。这是C++功能强大和最吸引人的一个特点。

4.3　重载运算符的规则

（1）**C++不允许用户自己定义新的运算符，只能对已有的C++运算符进行重载。**例如，有的人觉得 BASIC 中用“ **”作为幂运算符很方便，也想在C++中将“ **”定义为幂运算符，用 3 **5 表示 3 的 5 次方，这是不行的。

（2）**C++允许重载的运算符**

C++中绝大部分的运算符允许重载。具体规定见表 4.1。

表 4.1　C++允许重载的运算符

双目算术运算符	+（加），-（减），*（乘），/（除），%（取模）
关系运算符	==（等于），!=（不等于），<（小于），>（大于），<=（小于等于），>=（大于等于）
逻辑运算符	‖（逻辑或），&&（逻辑与），!（逻辑非）
单目运算符	+（正），-（负），*（指针），&（取地址）
自增自减运算符	++（自增），--（自减）
位运算符	|（按位或），&（按位与），~（按位取反），^（按位异或），<<（左移），>>（右移）
赋值运算符	=，+=，-=，*=，/=，%=，&=，|=，^=，<<=，>>=
空间申请与释放	new，delete，new[ ]，delete[ ]
其他运算符	()（函数调用），->（成员访问），->*（成员指针访问），，（逗号），[ ]（下标）

不能重载的运算符只有 5 个：

.　　（成员访问运算符）

*　　　　(成员指针访问运算符)

::　　　　(域运算符)

sizeof　　(长度运算符)

?:　　　　(条件运算符)

前两个运算符不能重载是为了保证访问成员的功能不能被改变,域运算符和 sizeof 运算符的运算对象是类型而不是变量或一般表达式,不具备重载的特征。

(3) **重载不能改变运算符运算对象(即操作数)的个数**。如关系运算符“>”和“<”等是双目运算符,重载后仍为双目运算符,需要两个参数。运算符“+”“-”“ * ”“&”等既可以作为单目运算符,也可以作为双目运算符,可以分别将它们重载为单目运算或双目运算符。

(4) **重载不能改变运算符的优先级别**。例如,“ * ”和“/”优先于“+”和“-”,不论怎样进行重载,各运算符之间的优先级别不会改变。有时在程序中希望改变某运算符的优先级,也只能使用加圆括号的办法强制改变重载运算符的运算顺序。

(5) **重载不能改变运算符的结合性**。如赋值运算符“=”是右结合性(自右至左),重载后仍为右结合性。

(6) **重载运算符的函数不能有默认的参数**,否则就改变了运算符参数的个数,与前面第(3)点矛盾。

(7) **重载的运算符必须和用户定义的自定义类型的对象一起使用,其参数至少应有一个是类对象(或类对象的引用)**。也就是说,参数不能全部是C++的标准类型,以防止用户修改用于标准类型数据的运算符的性质,如下面这样是不对的:

```
int operator+(int a,int b)
  {return(a-b);}
```

原来运算符“+”的作用是对两个数相加,现在企图通过重载使它的作用改为两个数相减。如果允许这样重载的话,如果有表达式 4+3,它的结果是 7 还是 1? 显然,这是绝对禁止的。

如果有两个参数,这两个参数可以都是类对象,也可以一个是类对象,一个是C++标准类型的数据,如

```
Complex operator+(int a,Complex& c)
  {return Complex(a+c.real,c.imag);}
```

它的作用是使一个整数和一个复数相加。

(8) **用于类对象的运算符一般必须重载,但有两个例外,运算符“=”和“&”不必用户重载**。

① 赋值运算符“=”可以用于每一个类对象,可以利用它在同类对象之间相互赋值。在第 2 章已经介绍了可以用赋值运算符“=”对类的对象赋值,这是因为系统已为每一个新声明的类重载了一个赋值运算符,它的作用是逐个复制类的数据成员。用户可以认为它是系统提供的默认的对象赋值运算符,可以直接用于对象间的赋值,不必自己进行重载。但是有时系统提供的默认的对象赋值运算符不能满足程序的要求,例如,数据成员中包含指向动态分配内存的指针成员时,在复制此成员时就可能出现危险。在这种情况下,

就需要自己重载赋值运算符。

② 地址运算符“&”也不必重载，它能返回类对象在内存中的起始地址。

(9) **从理论上说，可以将一个运算符重载为执行任意的操作**，如可以将加法运算符重载为输出对象中的信息，将“>”运算符重载为“小于”运算。但这样违背了运算符重载的初衷，非但没有提高可读性，反而使人莫名其妙，无法理解程序。**应当使重载运算符的功能类似于该运算符作用于标准类型数据时所实现的功能**（如用“+”实现加法，用“>”实现“大于”的关系运算）。

以上这些规则是很容易理解的，读者不必死记。把它们集中在一起介绍，只是为了使读者有一个整体的概念，也便于查阅。

4.4　运算符重载函数作为类成员函数和友元函数

对运算符重载的函数有两种处理方式：①把运算符重载的函数作为类的成员函数；②运算符重载的函数不是类的成员函数（可以是一个普通函数），在类中把它声明为友元函数。

在本章例 4.2 程序中的运算符重载函数 operator+属于第①种方式，它是 Complex 类中的**成员函数**。下面对这种方式的特点进行分析。

有的读者可能对例 4.2 程序中的运算符重载的函数提出这样的问题：“+”是双目运算符，为什么重载函数中只有一个参数呢？实际上，运算符重载函数应当有两个参数，但是，由于重载函数是 Complex 类中的成员函数，因此有一个参数是隐含的，运算符函数是用 this 指针隐式地访问类对象的成员。可以看到，重载函数 operator+访问了两个对象中的成员，一个是 this 指针指向的对象中的成员，一个是形参对象中的成员。例如，this->real+c2.real，this->real 就是 c1.real。

在 4.2 节中已说明，在将运算符函数重载为成员函数后，如果出现含该运算符的表达式，如 c1+c2，编译系统把它解释为

```
c1.operator+(c2)
```

即通过对象 c1 调用运算符重载函数“operator+”，并以表达式中第 2 个参数（运算符右侧的类对象 c2）作为函数实参。运算符重载函数的返回值是 Complex 类型，返回值是复数 c1 和 c2 之和（Complex（c1.real + c2.real，c1.imag+c2.imag））。

运算符重载函数除了可以作为类的成员函数外，还可以是非成员函数。在有关的类中把它声明为友元函数。这就是本节开头提到的第②种方式，即**友元运算符重载函数**。请分析例 4.3。

例 4.3　将运算符“+”重载为适用于复数加法，重载函数不作为成员函数，而放在类外，作为 Complex 类的友元函数。

编写程序：

```
#include<iostream>
using namespace std;
class Complex
```

```
{public:
   Complex(){real=0;imag=0;}
   Complex(double r,double i){real=r;imag=i;}
   friend Complex operator+(Complex &c1,Complex &c2);   //重载函数作为友元函数
   void display();
 private:
   double real;
   double imag;
 };

Complex operator+(Complex &c1,Complex &c2)                    //定义运算符"+"重载函数
 {return Complex(c1.real+c2.real,c1.imag+c2.imag);}

void Complex::display()
 {cout<<"("<<real<<","<<imag<<"i)"<<endl;}

int main()
 {Complex c1(3,4),c2(5,-10),c3;
  c3=c1+c2;
  cout<<"c1="; c1.display();
  cout<<"c2="; c2.display();
  cout<<"c1+c2="; c3.display();
 }
```

此程序是正确的,但如果在 Visual C++ 6.0 环境下运行要进行修改①。

与例 4.2 相比较,只作了一处改动,将运算符函数不作为成员函数,而是类外的普通函数,在 Complex 类中声明它为友元函数。可以看到运算符重载函数有两个参数。在将运算符+重载为非成员函数后,C++编译系统将程序中的表达式 c1+c2 解释为

operator+(c1,c2)

即执行 c1+c2 相当于调用以下函数:

```
Complex operator+(Complex &c1,Complex &c2)
  {return Complex(c1.real+c2.real, c1.imag+c2.imag);}
```

求出两个复数之和。运行结果同例 4.2。

有的读者会提这样的问题:为什么把运算符函数作为友元函数呢?理由很简单,因为运算符函数要访问 Complex 类对象中的成员。如果运算符函数不是 Complex 类的友元函数,而是一个普通的函数,它是没有权力访问 Complex 类的私有成员的。

既然运算符重载函数可以作为类的成员函数,也可以作为类的友元函数,那么什么情

① 有的C++编译系统(如 Visual C++ 6.0)没有完全实现C++标准,它所提供的不带后缀.h 的头文件不支持把运算符重载函数作为友元函数。上面例 4.3 程序在 GCC 中能正常运行,而在 Visual C++ 6.0 中编译出错。但是 Visual C++所提供的老版本的带后缀.h 的头文件可以支持此项功能,因此可以将程序头两行改为以下一行,即可顺利运行:

```
#include<iostream.h>
```

以后如遇到类似情况,亦可照此办理。

况下用成员函数方式？什么情况下用友元函数函数方式？二者有什区别呢？

如果将运算符重载函数作为成员函数，它可以通过 this 指针自由地访问本类的数据成员，因此可以少写一个函数的参数。但必须要求运算表达式（如 c1+c2）中第一个参数（即运算符左侧的操作数）是一个类对象，而且与运算符函数的类型相同。因为必须通过类的对象去调用该类的成员函数，而且只有运算符重载函数返回值与该对象同类型，运算结果才有意义。在例 4.2 中，表达式 c1+c2 中第一个参数 c1 是 Complex 类对象，运算符函数返回值的类型也是 Complex，这是正确的。如果 c1 不是 Complex 类，它就无法通过隐式 this 指针访问 Complex 类的成员了。如果函数返回值不是 Complex 类复数，显然这种运算是没有实际意义的。

如想将一个复数和一个整数相加，如 c1+i，可以将运算符“+”作为成员函数，如下面的形式：

```
Complex Complex::operator+(int &i)      //运算符重载函数作为 Complex 类的成员函数
  {return Complex(real+i,imag);}
```

注意在表达式中重载的运算符“+”左侧应为 Complex 类的对象，如

```
c3=c2+i;
```

不能写成

```
c3=i+c2;                                //运算符"+"的左侧不是类对象,编译出错
```

如果出于某种考虑，要求在使用重载运算符时运算符左侧的操作数是整型量，如表达式 i+c2，运算符左侧的操作数 i 是整数，这时是无法利用前面定义的重载运算符的，因为无法调用 i.operator+函数。可想而知，如果运算符左侧的操作数属于C++标准类型（如 int）或是一个其他类（在本例中是非 Complex 类）的对象，则运算符重载函数不能作为成员函数，只能作为非成员函数。如果函数需要访问类的私有成员，则必须声明为**友元函数**。可以在 Complex 类中声明：

```
friend Complex operator+(int &i,Complex &c);  //第一个参数可以不是类对象
```

在类外定义友元函数：

```
Complex operator+(int &i,Complex &c)          //运算符重载函数不是成员函数
  {return Complex(i+c.real,c.imag);}
```

将双目运算符重载为友元函数时，由于友元函数不是该类的成员函数，因此在函数的形参表列中必须有两个参数，不能省略，形参的顺序任意，不要求第一个参数必须为类对象。但在使用运算符的表达式中，要求运算符左侧的操作数与函数第一个参数对应，运算符右侧的操作数与函数的第二个参数对应。如

```
c3=i+c2;                                      //正确,类型匹配
c3=c2+i;                                      //错误,类型不匹配
```

请注意，数学上的交换律在此不适用。如果希望适用交换律，则应再重载一次运算符“+”。如

```
Complex operator+(Complex &c,int &i)          //此时第一个参数为类对象
 {return Complex(i+c.real,c.imag);}
```

这样,使用表达式 i+c2 和 c2+i 都合法,编译系统会根据表达式的形式选择调用与之匹配的运算符重载函数。可以将以上两个运算符重载函数都作为友元函数,也可以将一个运算符重载函数(运算符左侧为对象名的) 作为成员函数,另一个(运算符左侧不是对象名的)作为友元函数。但不可能将两个都作为成员函数,原因是显然的。

究竟把运算符重载函数作为类的成员函数好,还是友元函数好? 由于友元的使用会破坏类的封装,因此从原则上说,要尽量将运算符函数作为成员函数。但还应考虑到各方面的因素和程序员的习惯,以下可供参考:

(1) C++规定,赋值运算符=、下标运算符[ ]、函数调用运算符( )、成员运算符->必须作为成员函数。

(2) 流插入<<和流提取运算符>>、类型转换运算符不能定义为类的成员函数,只能作为友元函数。

(3) 一般将单目运算符和复合运算符(+=,-=,/=,*=,&=,!=,`=,%=,>>=,<<=)重载为成员函数。

(4) 一般将双目运算符重载为友元函数。

在学习了 4.7 节例 4.9 的讨论后,读者对此会有更深入的认识。

4.5 重载双目运算符

双目运算符(或称二元运算符)是C++中最常用的运算符。双目运算符有两个操作数(参加运算的数据),通常在运算符的左右两侧,如 3+5,a=b,i<10 等。在重载双目运算符时,不言而喻在函数中应该有两个参数。前面举的都是双目运算符的例子。下面再举一个例子说明重载双目运算符的应用。

例 4.4 声明一个字符串类 String,用来存放不定长的字符串,重载运算符"==","<"和">",使它们能用于两个字符串的等于、小于和大于的比较运算。

编写程序:

为了使读者便于理解程序,同时也使读者了解建立程序的步骤,下面分几步来介绍编程过程。

(1) 先建立一个 String 类:

```
#include<iostream>
using namespace std;
class String
 {public:
    String(){p=NULL;}                    //定义默认构造函数
    String(char *str);                   //声明构造函数
    void display();
  private:
```

```
     char *p;                                          //字符型指针,用于指向字符串
  };
String::String(char *str)                              //定义构造函数
  {p=str;}                                             //使 p 指向实参字符串

void String::display()                                 //输出 p 所指向的字符串
  {cout<<p;}

int main()
  {String string1("Hello"),string2("Book");            //定义对象
   string1.display();                                  //调用公用成员函数
   cout<<endl;                                         //换行
   string2.display();                                  //调用公用成员函数
   return 0;
  }
```

先写出最简单的程序框架,这是一个可供运行的程序。编写和调试都比较容易。

运行结果:

```
Hello
Book
```

程序分析:

在定义对象 string1 时以字符串"Hello"作为实参,它的起始地址传递给构造函数的形参指针 str。在构造函数中,使 p 指向"Hello"。执行 main 函数中的 string1.display()时,就输出 p 指向的字符串"Hello"。在定义对象 string2 时给出字符串"Book"作为实参,同样,执行 main 函数中的 string2.display()时,就输出 p 指向的字符串"Book"。

(2) 有了这个基础后,再增加其他必要的内容。现在增加对运算符重载的部分。为便于编写和调试,先重载运算符">",使之能用于字符串的比较。程序如下:

```
#include<iostream>
#include<string>
using namespace std;
class String
  {public:
     String(){p=NULL;}
     String(char *str);
     friend bool operator>(String &string1,String &string2);
                                                       //声明运算符函数为友元函数
     void display();
   private:
     char *p;                                          //字符型指针,用于指向字符串
  };
String::String(char *str)
  {p=str;}

void String::display()                                 //输出 p 所指向的字符串
```

```
  {cout<<p;}

bool operator>(String &string1,String &string2)    //定义运算符重载函数
  {if(strcmp(string1.p,string2.p)>0)
     return true;
   else return false;
  }

int main()
  {String string1("Hello"),string2("Book");
   cout<<(string1>string2)<<endl;
  }
```

运行结果:

```
1
```

程序分析:

程序所增加的部分是很容易看懂的。将运算符重载函数声明为 String 类的友元函数。运算符重载函数为 bool 型(逻辑型),它的返回值是一个逻辑值(true 或 false)。在函数中调用库函数中的 strcmp 函数,string1.p 指向"Hello",string2.p 指向"Book",如果"Hello">"Book",则返回 true(以1表示),否则返回 false(以0表示)。在 main 函数中输出比较的结果。

这只是一个并不很完善的程序,但是,已经完成了实质性的工作了,运算符重载成功了。既然对运算符">"的重载成功了,其他两个运算符的重载如法炮制即可。

(3) 扩展到对3个运算符重载。

在 String 类体中声明3个友元成员函数:

```
friend bool operator>(String &string1,String &string2);
friend bool operator<(String &string1,String &string2);
friend bool operator==(String &string1,String& string2);
```

在类外分别定义3个运算符重载函数:

```
bool operator>(String &string1,String &string2)      //对运算符">"重载
  {if(strcmp(string1.p,string2.p)>0)
     return true;
   else
     return false;
  }

bool operator<(String &string1,String &string2)      //对运算符"<"重载
  {if(strcmp(string1.p,string2.p)<0)
     return true;
   else
     return false;
  }
```

```
bool operator==(String &string1,String &string2)    //对运算符"=="重载
  {if(strcmp(string1.p,string2.p)==0)
     return true;
   else
     return false;
  }
```

再修改主函数:

```
int main()
  {String string1("Hello"),string2("Book"),string3("Computer");
   cout<<(string1>string2)<<endl;                    //比较结果应该为 true(即 1)
   cout<<(string1<string3)<<endl;                    //比较结果应该为 false(即 0)
   cout<<(string1==string2)<<endl;                   //比较结果应该为 false(即 0)
   return 0;
  }
```

运行结果:

```
1
0
0
```

结果显然是对的。到此为止,主要任务基本完成。

(4) 再进一步修饰完善,使输出结果更直观。下面给出最后的程序。

```
#include<iostream>
using namespace std;
class String
  {public:
     String(){p=NULL;}
     String(char *str);
     friend bool operator>(String &string1,String &string2);
     friend bool operator<(String &string1,String &string2);
     friend bool operator==(String &string1,String &string2);
     void display();
   private:
     char *p;
  };

String::String(char *str)
  {p=str;}

void String::display()                               //输出 p 所指向的字符串
  {cout<<p;}

bool operator>(String &string1,String &string2)
  {if(strcmp(string1.p,string2.p)>0)
```

```
        return true;
      else
        return false;
    }

bool operator<(String &string1,String &string2)
    {if(strcmp(string1.p,string2.p)<0)
      return true;
    else
      return false;
    }

bool operator==(String &string1,String &string2)
    {if(strcmp(string1.p,string2.p)==0)
      return true;
     else
      return false;
}

void compare(String &string1,String &string2)
    {if(operator>(string1,string2)==1)
      {string1.display();cout<<">";string2.display();}
    else
      if(operator<(string1,string2)==1)
        {string1.display();cout<<"<";string2.display();}
      else
        if(operator==(string1,string2)==1)
          {string1.display();cout<<"=";string2.display();}
    cout<<endl;
}

int main()
    {String string1("Hello"),string2("Book"),string3("Computer"),
     string4("Hello");
     compare(string1,string2);
     compare(string2,string3);
     compare(string1,string4);
     return 0;
    }
```

运行结果:

```
Hello>Book
Book<Computer
Hello==Hello
```

程序分析:

增加了一个 compare 函数,用来对两个字符串进行比较,并输出相应的信息。这样可以减轻主函数的负担,使主函数简明易读。

通过这个例子,不仅可以学习到怎样对一个双目运算符进行重载,而且还可以学习怎样编写C++程序。由于C++程序包含类,一般都比较长,有的初学C++的读者见到比较长的程序就发怵,不知该怎样着手阅读和分析。轮到自己编程序,更不知道从何入手。往往未经深思熟虑,想到什么就写什么,一口气把程序写了出来,结果一上机调试,错误百出,找错误就花费了大量的时间。根据许多初学者的经验,上面介绍的方法是很适合没有编程经验的初学者的,能使人以清晰的思路进行程序设计,减少出错机会,提高调试效率。

这种方法的指导思想是:**先搭框架,逐步扩充,由简到繁,最后完善**。**边编程,边调试,边扩充**。千万不要企图在一开始时就解决所有的细节。类是可扩充的,一步一步地扩充它的功能。最好直接在计算机上写程序,每一步都要上机调试,调试通过了前面一步再做下一步,步步为营。这样的编程和调试的效率是比较高的,读者可以试验一下。

4.6　重载单目运算符

单目运算符只有一个操作数(参加运算的数据),如!a,-b,&c,*p,还有最常用的++i 和--i 等。重载单目运算符的方法与重载双目运算符的方法是类似的。但由于单目运算符只有一个操作数,因此运算符重载函数只有一个参数,如果运算符重载函数作为成员函数,则还可省略此参数。

下面以自增运算符"++"为例,介绍单目运算符的重载。

例 4.5　有一个 Time 类,包含数据成员 minute(分钟)和 sec(秒),模拟秒表,每次走一秒,满 60 秒进一分钟,此时秒又从 0 起算。要求输出分钟和秒的值。

注意:本题的要求是对 Time 类使用的运算符"++",时钟的特点是 60 秒为一分钟,当秒数自加到 60 时,就应使秒数为 0,分钟数加 1。

编写程序:

```
#include<iostream>
using namespace std;
class Time
  {public:
     Time(){minute=0;sec=0;}                        //默认构造函数
     Time(int m,int s):minute(m),sec(s){ }  //构造函数重载
     Time operator++();                               //声明运算符重载成员函数
     void display(){cout<<minute<<":"<<sec<<endl;}          //定义输出时间函数
   private:
     int minute;
     int sec;
  };
Time Time::operator++()                              //定义运算符重载成员函数
  {if(++sec>=60)
    {sec-=60;                                        //满 60 秒进 1 分钟
```

```
    ++minute;}
   return *this;                                          //返回当前对象值
  }
int main()
  {Time time1(34,0);
   for(int i=0;i<61;i++)
    {++time1;
     time1.display();}
   return 0;
  }
```

运行结果:

```
34:1
34:2
⋮
34:59
35:0
35:1          (共输出61行)
```

程序分析:

可以看到,在程序中对运算符"++"进行了重载,使它能用于Time类对象。细心的读者可能会提出一个问题:"++"和"--"运算符有两种使用方式,**前置**自增运算符和**后置**自增运算符,它们的作用是不一样的,在重载时怎样区别这二者呢?

针对"++"和"--"这一特点,C++约定:在自增(自减)运算符重载函数中,增加一个int型形参,就是后置自增(自减)运算符函数。

例4.6 在例4.5程序的基础上增加对后置自增运算符的重载。

编写程序:

```
#include<iostream>
using namespace std;
class Time
  {public:
     Time(){minute=0;sec=0;}
     Time(int m,int s):minute(m),sec(s){}
     Time operator++();                        //声明前置自增运算符"++"重载函数
     Time operator++(int);                     //声明后置自增运算符"++"重载函数
     void display(){cout<<minute<<":"<<sec<<endl;}
   private:
     int minute;
     int sec;
  };

Time Time::operator++()                        //定义前置自增运算符"++"重载函数
  {if(++sec>=60)
     {sec-=60;
```

```
      ++minute;}
   return *this;                          //返回自加后的当前对象
  }

Time Time::operator++(int)                //定义后置自增运算符"++"重载函数
  {Time temp(*this);                      //建立临时对象 temp
   sec++;
   if(sec>=60)
     {sec-=60;
      ++minute;}
   return temp;                           //返回的是自加前的对象
   }

int main()
  {Time time1(34,59),time2;
   cout<<" time1 : ";
   time1.display();
   ++time1;
   cout<<"++time1: ";
   time1.display();
   time2=time1++;                         //将自加前的对象的值赋给 time2
   cout<<"time1++: ";
   time1.display();
   cout<<" time2: ";
   time2.display();                       //输出 time2 对象的值
  }
```

运行结果：

```
time1 : 34:59              (time1 原值)
++time1: 35:0              (执行++time1 后 time1 的值)
time1++: 35:1              (再执行 time1++后 time1 的值)
time2 : 35:0               (time2 保存的是执行 time1++前 time1 的值)
```

程序分析：

可以看到，重载后置自增运算符时，多了一个 int 型的参数，增加这个参数只是为了与前置自增运算符重载函数有所区别，此外没有任何作用，在定义函数时也不必使用此参数，因此可省写参数名，只须在括号中写 int 即可。编译系统在遇到重载后置自增运算符时，会自动调用此函数。

请注意前置自增运算符“++”和后置自增运算符“++”作用的区别。前者是先自加，返回的是修改后的对象本身。后者返回的是自加前的对象，然后对象自加。请仔细分析后置自增运算符重载函数。

4.7　重载流插入运算符和流提取运算符

C++的流插入运算符“<<”和流提取运算符“>>”是C++编译系统在类库中提供的。所有C++编译系统都在其类库中提供输入流类 istream 和输出流类 ostream。cin 和 cout 分别是 istream 类和 ostream 类的对象。C++编译系统已经对"<<"和">>"进行了重载,使之作为流插入运算符和流提取运算符,能用来输出和输入C++标准类型的数据。因此,在本书前面几章中,凡是用"cout<<"和"cin>>"对标准类型数据进行输入输出的,都要用#include<iostream>把头文件包含到本程序文件中。

用户自己定义的类型的数据(如类对象),是不能直接用"<<"和">>"输出和输入的。如果想用它们输出和输入自己声明的类型的数据,必须对它们**重载**。

对"<<"和">>"重载的函数形式如下:

```
istream & operator>>(istream &,自定义类 &);
ostream & operator<<(ostream &,自定义类 &);
```

重载运算符">>"的函数的第一个参数和函数的类型都必须是 istream& 类型(即 istream 类对象的引用),第二个参数是要进行输入操作的类。重载"<<"的函数的第一个参数和函数的类型都必须是 ostream& 类型,函数第二个参数是要进行输入操作的类。重载"<<"的函数的第一个参数和函数的类型都必须是 ostream& 类型(即 ostream 类对象的引用),第二个参数是要进行输入操作的类。因此,**只能将重载">>"和"<<"的函数作为友元函数,而不能将它们定义为成员函数**(请读者思考这是为什么)。

4.7.1 重载流插入运算符"<<"

在程序中,人们希望能用插入运算符"<<"来输出用户自己声明的类的对象的信息,这就需要重载流插入运算符"<<"。

例 4.7 在例 4.2 的基础上,用重载的运算符"<<"输出复数。

编写程序:

```
#include<iostream>①
using namespace std;
class Complex
  {public:
     Complex(){real=0;imag=0;}
     Complex(double r,double i){real=r;imag=i;}
     Complex operator+(Complex &c2);                      //运算符"+"重载为成员函数
     friend ostream& operator <<(ostream&,Complex&);    //运算符"<<"重载为友元函数
   private:
     double real;
     double imag;
  };

Complex Complex::operator+(Complex &c2)                   //定义运算符"+"重载函数
  {return Complex(real+c2.real,imag+c2.imag);}
```

---

① 在 Visual C++ 6.0 环境下运行时,需将第 1 行改为#include<iostream.h>,并删去第 2 行。

```
ostream & operator <<(ostream & output,Complex& c)  //定义运算符"<<"重载函数
  {output<<"("<<c.real<<"+"<<c.imag<<"i)"<<endl;
   return output;
  }

int main()
  {Complex c1(2,4),c2(6,10),c3;
   c3=c1+c2;
   cout<<c3;
   return 0;
  }
```

运行结果：

```
(8+14i)
```

程序分析：

可以看到，在对运算符“<<”重载后，在程序中用“<<”不仅能输出标准类型数据，而且可以输出用户自己定义的类对象。本题是用“<<”输出复数类对象，用“cout<<c3”即能以复数形式输出复数对象 c3 的值。形式直观，可读性好，易于使用。

下面对怎样实现运算符重载作一些说明。程序中重载了运算符“<<”，运算符重载函数“operator <<”中的形参 output 是 ostream 类对象的引用，形参名 output 是用户任意起的。分析 main 函数最后第二行：

```
cout<<c3;
```

运算符“<<”的左面是 cout，前面已提到 cout 是在头文件 iostream 中声明的 ostream 类对象。“<<”的右面是 c3，它是 Complex 类对象。由于已将运算符<<的重载函数声明为 Complex 类的友元函数，编译系统把 cout<<c3 解释为

operator<<(cout,c3)

即以 cout 和 c3 作为实参，调用下面的“operator<<”函数：

```
ostream& operator<<(ostream& output,Complex& c)
 {output<<"("<<c.real<<"+"<<c.imag<<"i)"<<endl;
  return output;}
```

调用函数时，形参 output 成为实参 cout 的引用，形参 c 成为 c3 的引用。因此调用函数的过程相当于执行：

```
cout<<"("<<c3.real<<"+"<<c3.imag<<"i)"<<endl; return cout;
```

注意：上一行中的“<<”是C++预定义的流插入符，因为它右侧的操作数是字符串常量和 double 类型数据。执行上面的 cout 语句就会输出复数形式的信息，然后执行 return 语句。

思考：上面的 return output 的作用是什么？回答是能连续向输出流插入信息。output

是 ostream 类的对象的引用(它是实参 cout 的引用,或者说 output 是 cout 的别名),cout 通过传送地址给 output,使它们二者共享同一段存储单元,因此,return output 就是 return cout,将输出流 cout 的现状返回,即保留输出流的现状。

请问返回到哪里?刚才是在执行

```
cout<<c3;
```

现在已知 cout<<c3 的返回值是 cout 的当前值。如果有以下输出:

```
cout<<c3<<c2;
```

先处理 cout<<c3,即

```
(cout<<c3)<<c2;
```

而执行(cout<<c3)得到的结果就是具有新内容的流对象 cout,因此,(cout<<c3)<<c2 相当于 cout(新值)<<c2。运算符"<<"左侧是 ostream 类对象 cout,右侧是 Complex 类对象 c2,则再次调用运算符"<<"重载函数,接着向输出流插入 c2 的数据。现在可以理解了为什么C++规定运算符"<<"重载函数的第一个参数和函数的类型都必须是 ostream 类型的**引用**,就是为了返回 cout 的当前值以便连续输出。

请读者注意区分什么情况下的"<<"是标准类型数据的流插入符,什么情况下的"<<"是重载的流插入符。如

```
cout<<c3<<5<<endl;
```

有下画线的是调用重载的流插入符,后面两个"<<"不是重载的流插入符,因为它的右侧不是 Complex 类对象而是标准类型的数据,是用预定义的流插入符处理的。

还有一点要说明:在本程序中,在 Complex 类中定义了运算符"<<"重载函数为友元函数,因此只有在输出 Complex 类对象时才能使用重载的运算符,对其他类型的对象是无效的。如

```
cout<<time1;                //time1 是 Time 类对象,不能使用用于 Complex 类的重载运算符
```

4.7.2 重载流提取运算符">>"

学习了重载流插入运算符以后,再理解重载流提取运算符">>"就不难了。C++预定义的运算符">>"的作用是从一个输入流中提取数据,如"cin>>i;"表示从输入流中提取一个整数赋给变量 i(假设已定义 i 为 int 型)。重载流提取运算符的目的是希望将">>"用于输入自定义类型的对象的信息。

通过下面的程序可以了解怎样重载流提取运算符。

例 4.8 在例 4.7 的基础上,增加重载流提取运算符">>",用"cin>>"输入复数,用"cout<<"输出复数。

编写程序:

```
#include<iostream>
using namespace std;
```

```
class Complex
  {public:
    friend ostream& operator <<(ostream&,Complex&);     //声明友元重载运算符"<<"函数
    friend istream& operator >>(istream&,Complex&);     //声明友元重载运算符">>"函数
   private:
    double real;
    double imag;
  };
ostream& operator <<(ostream& output,Complex& c)      //定义重载运算符"<<"函数
  {output<<"("<<c.real<<"+"<<c.imag<<"i)";
   return output;
  }
istream& operator >>(istream& input,Complex& c)       //定义重载运算符">>"函数
  {cout<<"input real part and imaginary part of complex number:";
   input>>c.real>>c.imag;
   return input;
  }
int main()
  {Complex c1,c2;
   cin>>c1>>c2;
   cout<<"c1="<<c1<<endl;
   cout<<"c2="<<c2<<endl;
   return 0;
  }
```

运行结果：

```
input real part and imaginary part of complex number: 3 6↙
input real part and imaginary part of complex number: 4 10↙
c1=(3+6i)
c2=(4+10i)
```

程序分析：

与 4.7.1 节的介绍相仿，运算符“>>”重载函数中的形参 input 是 istream 类的对象的引用，在执行 cin>>c1 时，调用“operator>>”函数，将 cin 地址传递给 input，input 是 cin 的引用，同样 c 是 c1 的引用。因此，“input>>c.real>>c.imag;”相当于“cin>>c1.real >>c1.imag;”。函数返回 cin 的新值。用 cin 和“>>”可以连续从输入流提取数据给程序中的 Complex 类对象，或者说，用 cin 和“>>”可以连续向程序输入 Complex 类对象的值。在 main 函数中用了“cin>>c1>>c2;”连续输入 c1 和 c2 的值。

请注意：cin 语句中有两个“>>”，每遇到一次“>>”就调用一次重载运算符“>>”的函数，因此，两次输出提示输入的信息，然后要求用户输入对象的值。

以上运行结果无疑是正确的，但并不完善。在输入复数的虚部为正值时，输出的结果是没有问题的，但是虚部如果是负数，就不理想，请观察输出结果。

```
input real part and imaginary part of complex number: 3 6↙
```

```
input real part and imaginary part of complex number: 4 -10↙
c1=(3+6i)
c2=(4+-10i)
```

最后一行在-10前面又加了一个"+"号,这显然是不理想的。这是编程时只考虑虚部为正数而不考虑负数而引起的。在初学者编程时往往会出现这种疏忽。一个好的程序应当考虑到可能出现的各种情况。根据前面提到过的先调试通过,最后完善的原则,可对程序作必要的修改。将重载运算符">>"函数修改如下:

```
ostream& operator <<(ostream& output,Complex& c)
{output<<"("<<c.real;
 if(c.imag>=0) output<<"+";          //虚部为正数时,在虚部前加"+"号
 output<<c.imag<<"i)"<<endl;         //虚部为负数时,在虚部前不加"+"号
 return output;
}
```

这样,运行时输出的最后一行为

```
c2=(4-10i)
```

这就对了。请读者按此修改本程序和例4.7程序,分析运行情况。

4.8 有关运算符重载的归纳

(1) 通过本章前面几节的讨论,可以看到:在C++中,运算符重载是很重要的,也非常有实用意义。它使类的设计更加丰富多彩,扩大了类的功能和使用范围,使程序易于理解,易于对对象进行操作,它体现了为用户着想、方便用户使用的思想。有了运算符重载,在声明了类之后,人们就可把用于标准类型的运算符用于自己声明的类。类的声明往往是一劳永逸的,有了好的类,用户在程序中就不必定义许多成员函数去完成某些运算和输入输出的功能,使主函数更加简单易读。好的运算符重载能体现面向对象程序设计思想。

(2) 使用运算符重载的具体做法是:

① 先确定要重载的是哪一个运算符,想把它用于哪一个类,重载运算符只能把一个运算符用于一个指定的类。不要误以为用一个运算符重载函数就可以适用于所有的类。若想对复数类数据使用加、减、乘、除运算,就应当分别对运算符"+""-""*""/"进行重载。

② 设计运算符重载函数和有关的类(在该类中包含运算符重载成员函数或友元重载函数)。函数的功能完全由设计者指定,目的是实现用户对使用运算符的要求。

③ 在实际工作中,一般并不要求最终用户自己编写每一个运算符重载函数,往往是有人事先把本领域或本单位工作中需要用重载的运算符统一编写好一批运算符重载函数(如本章中的例题),把它们集中放在一个头文件(头文件的名字自定),放在指定的文件目录中,提供给有关的人使用。

④ 使用者需要了解在该头文件包含了哪些运算符的重载,适用于哪些类,有哪些参数。也就是需要了解运算符的重载函数的原型(如 bool operator>(String & string1, String

& string2)),就可以方便地使用该运算符了。例如,上一行给出的运算符的重载函数原型表示:可以用">"运算符对两个字符串进行">"的运算,返回的结果是布尔型数据(是或非)。

⑤ 如果有特殊的需要,并无现成的重载运算符可用,就需要自己设计运算符重载函数。应当注意把每次设计的运算符重载函数保留下来,以免下次用到时重新设计。

(3) 在本章的例子中读者应当注意到,在运算符重载中使用**引用**(reference)的重要性。利用引用作函数的形参可以在调用函数的过程中不是用传递值的方式进行虚实结合,而是通过传址方式使形参成为实参的别名,因此不生成临时变量(实参的副本),减少了时间和空间的开销。此外,如果重载函数的返回值是对象的引用时,返回的不是常量,而是引用所代表的对象,它可以出现在赋值号的左侧而成为左值(left value),可以被赋值或参与其他操作(如保留 cout 流的当前值以便能连续使用<<输出)。但使用引用时要特别小心,因为修改了引用就等于修改了它所代表的对象。

(4) C++中大多数的运算符都可以重载(见 4.3 节表 4.1),在本章中只介绍了几种常用的运算符的重载,不可能涉及全部运算符的重载。希望读者能通过这几个例子了解运算符重载的思路和方法,能够举一反三,在需要时很快地掌握其他运算符的重载,例如,可以重载赋值运算符"=",使之能实现不同类的对象间的赋值;将逻辑运算符用于类对象。关于运算符重载,还有许多细节,不可能在本书中详细介绍,留待今后实际应用时深入学习,在长期的实践中积累经验,不断提高。

4.9　不同类型数据间的转换

4.9.1　标准类型数据间的转换

在C++中,某些不同类型数据之间可以自动转换,例如

```
int i=6;                    //i 为整型
i=7.5+i;
```

编译系统对 7.5 是作为 double 型数处理的,在求解表达式时,先将 i 的值 6 转换成 double 型,然后与 7.5 相加,得到和为 13.5,在向整型变量 i 赋值时,将 13.5 转换为整数 13,然后赋给 i。这种转换是由C++编译系统自动完成的,用户无须干预。这种转换称为**隐式类型转换**。

C++还提供**显式类型转换**,程序人员在程序中指定将一种指定的数据转换成另一指定的类型,其形式为

类型名(数据)

如 int(89.5),其作用是将 89.5 转换为整型数 89。在 C 语言中采用的形式为

(类型名)数据

如(int)89.5。C++保留了 C 语言的这种用法,但提倡采用C++提供的方法(括号加在数据

的两侧)。

以前我们接触的是标准类型之间的转换,比较简单,用户可以直接使用系统已提供的功能。现在用户自己定义了类,就提出了一个问题:一个自定义类的对象能否转换成标准类型?一个类的对象能否转换成另外一个类的对象?例如,能否将一个复数类数据转换成整数或双精度数?能否将 Date 类的对象转换成 Time 类的对象?

对于标准类型的转换,编译系统有章可循,知道怎样进行转换。而对于用户自己声明的类型,编译系统并不知道怎样进行转换。解决这个问题的关键是让编译系统知道怎样进行这些转换,需要定义专门的函数来处理。下面就讨论这个问题。

4.9.2 把其他类型数据转换为类对象——用转换构造函数

转换构造函数(conversion constructor function)的作用是**将一个其他类型的数据转换成一个类的对象**。

先回顾一下以前学习过的几种构造函数:

- **默认构造函数**。以 Complex 类为例,函数原型的形式为

```
Complex();                        //没有参数
```

- **用于初始化的构造函数**。函数原型的形式为

```
Complex(double r,double i);       //形参表列中一般有两个以上参数
```

- **用于复制对象的复制构造函数**。函数原型的形式为

```
Complex(Complex &c);              //形参是本类对象的引用
```

- 现在又要介绍一种新的构造函数——**转换构造函数**。

转换构造函数只有一个形参,如

```
Complex(double r){real=r;imag=0;}
```

其作用是将 double 型的参数 r 转换成 Complex 类的对象,将 r 作为复数的实部,虚部为 0。用户可以根据需要定义转换构造函数,在函数体中告诉编译系统怎样去进行转换。

在类体中,可以有转换构造函数,也可以没有转换构造函数,视需要而定。以上几种构造函数可以同时出现在同一个类中,它们是构造函数的重载。这些构造函数的名字是相同的,但参数的类型和个数不同,编译系统会根据建立对象时给出的实参的个数与类型选择形参与之匹配的构造函数。

假如在 Complex 类中定义了上面的转换构造函数,在 Complex 类的作用域中有以下定义:

```
Complex c1(3.5);                  //建立对象 c1,由于只有一个参数,调用转换构造函数
```

建立 Complex 类对象 c1,其 real(实部)的值为 3.5,imag(虚部)的值为 0。它的作用就是将 double 型常数转换成一个名为 c1 的 Complex 类对象。也可以建立一个无名的 Complex 类对象。如

```
Complex(3.6);                     //建立一个无名的对象,合法,但无法使用它
```

可以在一个表达式中使用无名对象,如

```
c1=Complex(3.6);                    //假设 c1 已被定义为 Complex 类对象
```

其作用是建立一个无名的 Complex 类对象,其值为(3.6+0i),然后将此无名对象的值赋给 c1,c1 在赋值后的值是(3.6+0i)。

如果已对运算符"+"进行了重载,使之能进行两个 Complex 类对象的相加,若在程序中有以下表达式:

```
c=c1+2.5;
```

编译出错,因为不能用运算符"+"将一个 Complex 类对象和一个浮点数相加。可以先将 2.5 转换为 Complex 类无名对象,然后相加,即

```
c=c1+Complex(2.5);                  //合法
```

请对比 Complex(2.5)和 int(2.5)。二者形式类似,int(2.5)是强制类型转换,将 2.5 转换为整数,int()是强制类型转换运算符。可以认为 Complex(2.5)的作用也是强制类型转换,将 2.5 转换为 Complex 类对象,前提是已经定义了转换构造函数。

转换构造函数也是一种构造函数,它遵循构造函数的一般规则。通常把有一个参数的构造函数用作类型转换,所以称为转换构造函数。

注意:转换构造函数只能有一个参数。如果有多个参数,就不是转换构造函数。原因是显然的:如果有多个参数的话,究竟是把哪个参数转换成 Complex 类的对象呢?

归纳起来,使用转换构造函数将一个指定的数据转换为类对象的方法如下:

(1) 先声明一个类(如上面的 Complex)。

(2) 在这个类中定义一个只有一个参数的构造函数,参数的类型是需要转换的类型,在函数体中指定转换的方法。

(3) 在该类的作用域内可以用以下形式进行类型转换:

类名(指定类型的数据)

就可以将指定类型的数据转换为此类的对象。例如,Complex(double r)的含义是将双精度数据转换成 Complex 型数据。

不仅可以将一个标准类型数据转换成类对象,也可以将另一个类的对象转换成转换构造函数所在的类对象。例如,可以将一个学生类对象转换为教师类对象(学生毕业后当了老师),要求把某学生的编号、姓名、性别复制到一个教师类对象中,可以在 Teacher 类中写出下面的转换构造函数:

```
Teacher(Student& s){num=s.num;strcpy(name,s.name);sex=s.sex;}
```

但应注意:对象 s 中的 num,name,sex 必须是公用成员,否则不能被类外引用。

4.9.3　将类对象转换为其他类型数据——用类型转换函数

用前面介绍的转换构造函数可以将一个指定类型的数据转换为类的对象。但是不能反过来将一个类的对象转换为一个其他类型的数据(例如将一个 Complex 类对象转换成

double类型数据)。请读者思考为什么? 用什么办法可以解决这个问题?

C++提供**类型转换函数**(type conversion function)来解决这个问题。**类型转换函数的作用是将一个类的对象转换成另一类型的数据**。如果已声明了一个Complex类,可以在Complex类中这样定义类型转换函数:

```
operator double()
  {return real;}
```

函数返回double型变量real的值。它的作用是将一个Complex类对象转换为一个double型数据,其值是Complex类中的数据成员real的值。请注意:函数名是operator double。这点是和运算符重载时的规律一致的(在定义运算符"+"的重载函数时,函数名是operator+)。类型转换函数的一般形式为

```
operator 类型名()
  {实现转换的语句}
```

在函数名前面不能指定函数类型,函数没有参数。其返回值的类型是由函数名中指定的类型名来确定的(例如前面定义的类型转换函数operator double,其返回值的类型是double)。**类型转换函数只能作为成员函数,因为转换的主体是本类的对象。不能作为友元函数或普通函数**。

从函数形式可以看到,它与运算符重载函数相似,都是用关键字operator开头,只是被重载的是类型名。double类型经过重载后,除了原有的含义外,还获得新的含义(将一个Complex类对象转换为double类型数据,并指定了转换方法)。这样,编译系统不仅能识别原有的double型数据,而且还会把Complex类对象作为double型数据处理。正如不仅把具有中国血统的人认为是中国人,还把原来是外国血统而加入了中国国籍的人认为是中国人一样。

那么,程序中的Complex类对象是不是一律都转换为double类型数据呢? 不是的,它们具有双重身份,既是Complex类对象,又可作为double类型数据。相当于一个人具有双重国籍,在不同的场合下以不同的面貌出现。Complex类对象只有在需要时才进行转换,要根据表达式的上下文来决定。

转换构造函数和类型转换运算符有一个共同的功能:当需要的时候,编译系统会自动调用这些函数,建立一个无名的临时对象(或临时变量)。例如,若已定义d1,d2为double型变量,c1,c2为Complex类对象,如类中已定义了类型转换函数,若在程序中有以下表达式:

```
d1=d2+c1
```

编译系统发现"+"的左侧d2是double型,而右侧的c1是Complex类对象,如果没有对运算符"+"进行重载,就会检查有无类型转换函数,结果发现有对double的重载函数,就调用该函数,把Complex类对象c1转换为double型数据,建立了一个临时的double数据,并与d2相加,最后将一个double的值赋给d1。

如果类中已定义了转换构造函数并且又重载了运算符"+"(作为Complex类的友元函数),但未对double定义类型转换函数(或者说未对double重载),若有以下表达式

```
c2=c1+d2
```

编译系统怎样处理呢？它发现运算符“+”左侧 c1 是 Complex 类对象，右侧 d2 是 double 型。编译系统寻找有无对“+”的重载，发现有 operator+函数，但它是 Complex 类的友元函数，要求两个 Complex 类的形参，即只能实现两个 Complex 类对象相加，而现在 d2 是 double 型，不合要求。在类中又没有对 double 进行重载，因此不可能把 c1 转换为 double 型数据然后相加。编译系统就去找有无转换构造函数，发现有，就调用转换构造函数 Complex(d2)，建立一个临时的 Complex 类对象，再调用 operator+函数，将两个复数相加，然后赋给 c2。相当于执行表达式：

```
c2=c1+Complex(d2)
```

例 4.9　将一个 double 数据与 Complex 类数据相加。

这是一个简单的问题，可以使用类型转换函数处理。

编写程序：

```
#include<iostream>
using namespace std;
class Complex
  {public:
     Complex(){real=0;imag=0;}
     Complex(double r,double i){real=r;imag=i;}
     operator double() {return real;}                //定义类型转换函数
   private:
     double real;
     double imag;
  };

int main()
  {Complex c1(3,4),c2(5,-10),c3;                    //建立 3 个 Complex 类对象
   double d;
   d=2.5+c1;                    //要求将一个 double 数据与 Complex 类数据相加
   cout<<d<<endl;
   return 0;
  }
```

程序分析：

(1) 如果在 Complex 类中没有定义类型转换函数 operator double，程序编译将出错。因为不能实现 double 型数据与 Complex 类对象的相加。现在，已定义了成员函数 operator double，就可以利用它将 Complex 类对象转换为 double 型数据。请注意，程序中不必显式地调用类型转换函数，它是自动被调用的，即隐式调用。在什么情况下调用类型转换函数呢？编译系统在处理表达式 2.5+c1 时，发现运算符“+”的左侧是 double 型数据，而右侧是 Complex 类对象，又无运算符“+”重载函数，不能直接相加，编译系统发现有类型转换函数，因此调用这个函数，返回一个 double 型数据，然后与 2.5 相加。

(2) 如果在 main 函数中加一个语句：

```
c3=c2;
```

请问此时编译系统是把 c2 按 Complex 类对象处理,还是按 double 型数据处理呢？由于赋值号两侧都是同一类的数据,是可以合法进行赋值的,没有必要把 c2 转换为 double 型数据。

(3) 如果在 Complex 类中声明了重载运算符"+"函数作为友元函数：

```
Complex operator+(Complex c1,Complex c2)          //定义运算符"+"重载函数
  {return Complex(c1.real+c2.real,c1.imag+c2.imag);}
```

若在 main 函数中有语句：

```
c3=c1+c2;
```

由于已对运算符"+"重载,使之能用于两个 Complex 类对象的相加,因此将 c1 和 c2 按 Complex 类对象处理,相加后赋值给同类对象 c3。

如果改为

```
d=c1+c2;                                          //d 为 double 型变量
```

将 c1 与 c2 两个类对象相加,得到一个临时的 Complex 类对象,由于它不能赋值给 double 型变量,而又有对 double 的重载函数(即类型转换函数),于是调用此函数,把临时类对象转换为 double 数据,然后赋给 d。

从前面的介绍可知：对类型的重载和本章开头所介绍的对运算符的重载的概念和方法都是相似的。重载函数都使用关键字 operator,它的意思是"运算符"。因此,通常把类型转换函数也称为**类型转换运算符函数**,由于它也是重载函数,因此也称为**类型转换运算符重载函数**(或称强制类型转换运算符重载函数)。

用类型转换函数有什么好处呢？假如程序中需要对一个 Complex 类对象和一个 double 型变量进行"+""-""*""/"等算术运算以及关系运算和逻辑运算,如果不用类型转换函数,就要对多种运算符进行重载,以便能进行各种运算。这样是十分麻烦的,工作量较大,程序显得冗长。如果用类型转换函数对 double 进行重载(使 Complex 类对象转换为 double 型数据),就不必对各种运算符进行重载,因为 Complex 类对象可以被自动地转换为 double 型数据,而标准类型的数据的运算,是可以使用系统提供的各种运算符的。

例 4.10 包含转换构造函数、运算符重载函数和类型转换函数的程序。

编写程序：在本程序中只包含转换构造函数和运算符重载函数。

```
#include<iostream>
using namespace std;
class Complex
  {public:
    Complex(){real=0;imag=0;}                       //默认构造函数,无形参
    Complex(double r){real=r;imag=0;}               //转换构造函数,一个形参
    Complex(double r,double i){real=r;imag=i;}      //实现初始化的构造函数,两个形参
    friend Complex operator+(Complex c1,Complex c2);  //重载运算符"+"的友元函数
    void display();
  private:
```

```
      double real;
      double imag;
    };

  Complex operator+(Complex c1,Complex c2)          //定义运算符"+"重载函数
    {return Complex(c1.real+c2.real,c1.imag+c2.imag);}

  void Complex::display()                            //定义输出函数
    {cout<<"("<<real<<","<<imag<<"i)"<<endl;}

  int main()
    {Complex c1(3,4),c2(5,-10),c3;                   //建立 3 个对象
     c3=c1+2.5;                                      //复数与 double 数据相加
     c3.display();
     return 0;
    }
```

程序分析：

（1）如果没有定义转换构造函数，则此程序编译出错，因为没有重载运算符使之能将 Complex 类对象与 double 数据相加。由于 c3 是 Complex 类对象，必须设法先将 2.5 转换为 Complex 类对象，然后与 c1 相加，再赋值给 c3。

（2）现在，在类 Complex 中定义了转换构造函数，并具体规定了怎样构成一个复数。由于已重载了运算符“+”，在处理表达式 c1+2.5 时，编译系统把它解释为

```
operator+(c1,2.5)
```

由于 2.5 不是 Complex 类对象，系统先调用转换构造函数 Complex(2.5)，建立一个临时的 Complex 类对象，其值为(2.5+0i)。上面的函数调用相当于

```
operator+(c1,Complex(2.5))
```

将 c1 与(2.5+0i) 相加，赋给 c3。运行结果为

```
(5.5+4i)
```

（3）如果把“c3=c1+2.5;”改为

```
c3=2.5+c1;
```

请分析程序能否通过编译和正常运行。读者可先上机试验一下。结论是可以的。过程与前相同。这个结果对用户很重要，加法应该能适用交换律。如果只能用“c1+2.5”形式而不能用“2.5+c1”形式，就会使用户感到很不方便，很不适应。

从中得到一个重要结论：**在已定义了相应的转换构造函数情况下，将运算符“+”函数重载为友元函数，在进行两个复数相加时，可以用交换律。**

如果运算符“+”重载函数不作为 Complex 类的友元函数，而作为 Complex 类的成员函数，能否得到同样的结果呢？请先思考一下。

结论是不行的。请看成员函数的原型：

```
operator+(Complex c2);                              //Complex类的成员函数对象
```

函数第一个参数省略了,它隐含指 this 所指的对象。因此函数只有一个参数。如果表达式是

```
c1+2.5                                         //运算符"+"的左侧是Complex类对象
```

C++编译系统把它解释为

```
c1.operator+(2.5)
```

通过调用转换构造函数 Complex(2.5),建立一个临时的 Complex 类对象。这样,上面的函数调用相当于

```
c1.operator+(Complex(2.5))
```

执行 c1.operator+的函数体中的语句,能正确实现两个复数相加。

但是,对表达式

```
2.5+c1                                         //运算符"+"的左侧是double数据
```

C++编译系统把它解释为

```
(2.5).operator+(c1)
```

显然这是错误的、无法实现的。

结论:如果运算符函数重载为成员函数,它的第一个参数必须是本类的对象。当第一个操作数不是类对象时,不能将运算符函数重载为成员函数。如果将运算符"+"函数重载为类的成员函数,交换律不适用。

由于这个原因,一般情况下**将双目运算符函数重载为友元函数。单目运算符则多重载为成员函数。**

(4) 如果一定要将运算符函数重载为成员函数,而第一个操作数又不是类对象时,只有一个办法能够解决,再重载一个运算符"+"函数,其第一个参数为 double 型。当然此函数只能是**友元**函数,函数原型为

```
friend operator+(double,Complex &);
```

显然这样做不太方便,还是将双目运算符函数重载为**友元**函数方便些。

(5) 在上面程序基础上**增加类型转换函数**:

```
operator double(){return real;}
```

此时 Complex 类的公用部分为

```
public:
  Complex(){real=0;imag=0;}                          //默认构造函数,无形参
  Complex(double r){real=r;imag=0;}                  //转换构造函数,一个形参
  Complex(double r,double i){real=r;imag=i;}         //实现初始化的构造函数,两个形参
  operator double(){return real;}                    //类型转换函数,无形参
  friend Complex operator+(Complex c1,Complex c2);   //重载运算符"+"的友元函数
```

```
void display();
```

增加了一个类型转换函数 operator double,其余部分不变。这时,类中包含转换构造函数、运算符“+”重载函数和类型转换函数,请分析它们之间的关系,如何执行,有无矛盾?

程序在编译时出错,原因是出现二义性。在处理 c1+2.5 时出现二义性。一种理解是:调用转换构造函数,把 2.5 变成 Complex 类对象,然后调用运算符“+”重载函数,与 c1 进行复数相加。另一种理解是:调用类型转换函数,把 c1 转换为 double 型数,然后与 2.5 进行相加。系统无法判定,这二者是矛盾的。如果要使用类型转换函数,就应当删掉运算符+重载函数。请读者自己完成并上机调试。

习　　题

1. 定义一个复数类 Complex,重载运算符“+”,使之能用于复数的加法运算。将运算符函数重载为非成员、非友元的普通函数。编程序,求两个复数之和。

2. 定义一个复数类 Complex,重载运算符“+”“-”“*”“/”,使之能用于复数的加、减、乘、除。运算符重载函数作为 Complex 类的成员函数。编程序,分别求两个复数之和、差、积和商。

3. 定义一个复数类 Complex,重载运算符“+”,使之能用于复数的加法运算。参加运算的两个运算量可以都是类对象,也可以其中有一个是整数,顺序任意。如 c1+c2,i+c1,c1+i 均合法(设 i 为整数,c1,c2 为复数)。编程序,分别求两个复数之和、整数和复数之和。

4. 有两个矩阵 a 和 b,均为 2 行 3 列。求两个矩阵之和。重载运算符“+”,使之能用于矩阵相加。如 c=a+b。

5. 在第 4 题的基础上,重载流插入运算符“<<”和流提取运算符“>>”,使之能用于该矩阵的输入和输出。

6. 请编写程序,处理一个复数与一个 double 数相加的运算,结果存放在一个 double 型的变量 d1 中,输出 d1 的值,再以复数形式输出此值。定义 Complex(复数)类,在成员函数中包含重载类型转换运算符:

```
operator double(){return real;}
```

7. 定义一个 Teacher(教师)类和一个 Student(学生)类,二者有一部分数据成员是相同的,例如 num(号码),name(姓名),sex(性别)。编写程序,将一个 Student 对象(学生)转换为 Teacher(教师)类,只将以上 3 个相同的数据成员移植过去。可以设想为:一位学生大学毕业了,留校担任教师,他原有的部分数据对一位教师来说仍然是有用的,应当保留并成为其教师的数据的一部分。

第5章 类的继承

面向对象程序设计有 4 个主要特点：**抽象**、**封装**、**继承**和**多态性**。通过前几章的学习，初步了解了抽象和封装。要更好地掌握面向对象程序设计，还必须了解面向对象程序设计另外两个重要特征——继承性和多态性。本章介绍有关继承的知识，在第 6 章将介绍多态性。

继承性是面向对象程序技术重要的特征。在传统的程序设计中，人们往往要为每一种应用项目单独地进行一次程序的开发，因为每一种应用有不同的目的和要求，程序的结构和具体的编码是不同的，人们无法使用已有的软件资源。即使两种应用具有许多相同或相似的特点，程序设计者可以吸取已有程序的思路，作为自己开发新程序的参考，但是人们仍然不得不重起炉灶，重写程序或者对已有的程序进行较大的改写。显然，这种方法的重复工作量是很大的，这是因为过去的程序设计方法和计算机语言缺乏**软件重用**的机制。人们无法利用现有的丰富的软件资源，这就造成软件开发中人力、物力和时间的巨大浪费，效率较低。

面向对象技术强调**软件的可重用性**(software reusability)。C++语言提供了类的继承机制，解决了软件重用问题。

5.1 继承与派生

在C++中可重用性是通过"继承(inheritance)"这一机制来实现的。因此，继承是C++功能的一个重要组成部分。

前面介绍了类，一个类中包含了若干数据成员和成员函数。在不同的类中，数据成员和成员函数是不相同的。但有时两个类的内容基本相同或有一部分相同。例如声明了学生基本数据的类 Student：

```
class Student
  { public:
    void display()                                    //对成员函数 display 的定义
      {cout<<"num: "<<num<<endl;
```

```
        cout<<"name: "<<name<<endl;
        cout<<"sex: "<<sex<<endl; }
    private:
      int num;
      string name;
      char sex;
  };
```

如果学校的某一部门除了需要用到学号、姓名、性别以外，还需要用到年龄、地址等信息。当然可以重新声明另一个类 class Student1：

```
class Student1
  { public:
      void display();                          //此行原来已有
        {cout<<"num: "<<num<<endl;             //此行原来已有
         cout<<"name: "<<name<<endl;           //此行原来已有
         cout<<"sex: "<<sex<<endl;             //此行原来已有
         cout<<"age: "<<age<<endl;
         cout<<"address: "<<addr<<endl;}
    private:
        int num;                               //此行原来已有
        string name;                           //此行原来已有
        char sex;                              //此行原来已有
        int age;
        char addr[20];
  };
```

可以看到有相当一部分是原来已有的。很多人自然会想到能否利用原来声明的类 Student 作为基础，再加上新的内容即可，以减少重复的工作量。C++提供的**继承**机制就是为了解决这个问题。

在第 2 章已举了马的例子来说明继承的概念。“公马”继承了“马”的全部特征，再加上“雄性”的新特征。“白公马”又继承了“公马”的全部特征，再增加“白色”的特征。“公马”是“马”派生出来的一个分支，“白公马”是“公马”派生出来的一个分支，见图 5.1。

在C++中所谓“继承”就是在一个已存在的类的基础上建立一个新的类。已存在的类(例如“马”)称为“基类(base class)”或“父类(father class)”。新建立的类(例如“公马”)称为“派生类(derived class)”或“子类(son class)”，见图 5.2 示意。

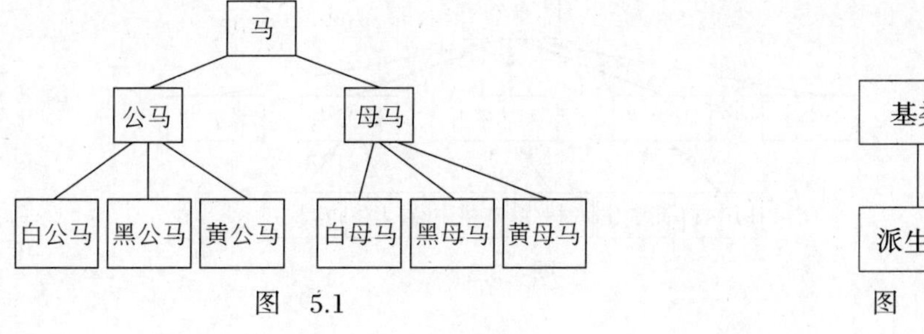

图　5.1　　　　图　5.2

一个新类从已有的类那里获得其已有特性，这种现象称为**类的继承**。通过继承，一个新建子类从已有的父类那里获得父类的特性。从另一角度说，从已有的类（父类）产生一个新的子类，称为类的派生。类的继承是用已有的类来建立专用类的编程技术。

派生类继承了基类的所有数据成员和成员函数，并可以对成员作必要的增加或调整。一个基类可以派生出多个派生类，每一个派生类又可以作为基类再派生出新的派生类，因此基类和派生类是相对而言的。一代一代地派生下去，就形成类的**继承层次结构**。相当于一个大的家族，有许多分支，所有的子孙后代都继承了祖辈的基本特征，同时又有区别和发展。与之相仿，类的每一次派生，都继承了其基类的基本特征，同时又根据需要调整和扩充原有特征。

以上介绍的是最简单的情况：一个派生类只从一个基类派生，这称为**单继承**（single inheritance），这种继承关系所形成的层次是一个树形结构，可以用图5.3表示。

请注意图中箭头的方向，一般约定：箭头表示继承的方向，从派生类指向基类。

一个派生类不仅可以从一个基类派生，也可以从多个基类派生，也就是说，一个派生类可以有两个或多个基类（或者说，一个子类可以有两个或多个父类）。例如马与驴杂交所生下的骡子，就有两个基类——马和驴。骡子既继承了马的一些特征，也继承了驴的一些特征。又如“计算机专科”，是从“计算机专业”和“大专层次”派生出来的子类，它具备两个基类的特征。一个派生类有两个或多个基类的称为**多重继承**（multiple inheritance），这种继承关系所形成的结构如图5.4所示。

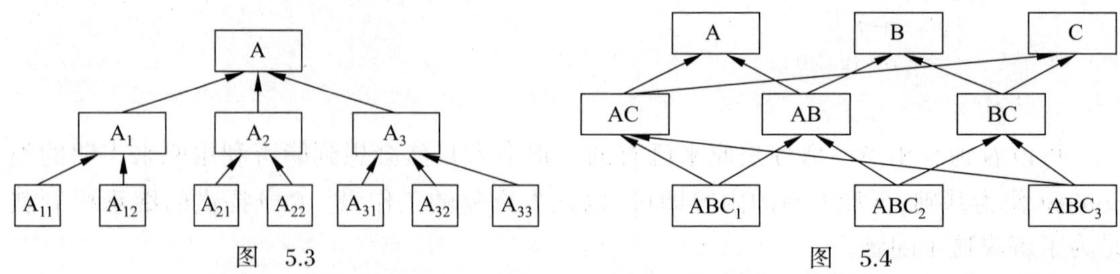

图 5.3　　　　图 5.4

关于基类和派生类的关系，可以表述为：**派生类是基类的具体化，而基类则是派生类的抽象**。从图5.5中可以看到：小学生、中学生、大学生、研究生、留学生是学生的具体化，他们是在学生的共性基础上加上某些特点形成的子类。而**学生**则是对各类学生共性的综合，是对各类具体学生特点的抽象。基类综合了派生类的公共特征，派生类则在基类的基础上增加某些特性，把抽象类变成具体的、实用的类型。

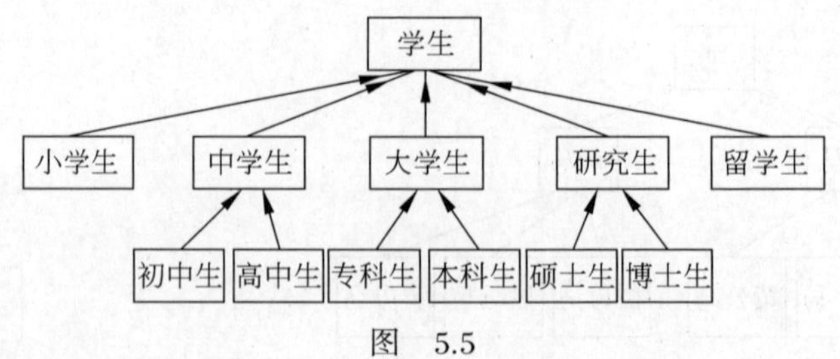

图 5.5

5.2 派生类的声明方式

先通过一个例子说明怎样通过继承来建立派生类,从最简单的单继承开始。

假设已经声明了一个基类 Student(见第 5.1 节),在此基础上通过单继承建立一个派生类 Student1:

```
class Student1: public Student                    //声明基类是 Student
  { public:
      void display_1()                            //新增加的成员函数
      {cout<<"age: "<<age<<endl;
       cout<<"address: "<<addr<<endl;}
    private:
      int age;                                    //新增加的数据成员
      string addr;                                //新增加的数据成员
  };
```

仔细观察第一行:

```
class Student1: public Student
```

在 class 后面的 Student1 是新建的类名。冒号后面的 Student 表示是已声明的基类。在 Student 之前有一关键字 public,用来表示基类 Student 中的成员在派生类 Student1 中的**继承方式**。基类名前面有 public 的称为“**公用继承**(public inheritance)”。

请读者仔细阅读以上声明的派生类 Student1 和 5.1 节中给出的基类 Student,并将它们放在一起进行分析。

声明派生类的一般形式为

```
class 派生类名: [继承方式] 基类名
  {
    派生类新增加的成员
  };
```

继承方式包括: **public**(**公用的**),**private**(**私有的**)**和 protected**(**受保护的**),继承方式是可选的,如果不写此项,则默认为 private(私有的)。

5.3 派生类的构成

派生类中的成员包括从基类继承过来的成员和自己增加的成员两大部分。从基类继承的成员体现了派生类从基类继承而获得的共性,而新增加的成员体现了派生类的个性。正是这些新增加的成员体现了派生类与基类的不同,体现了不同派生类之间的区别。为了形象地表示继承关系,本书采用图 5.6 来示意。在基类中包括数据成员和成员函数(或称数据与方法)两部分,派生类分为两大部分:一部分是从基类继承来的成员,另一部分是在声明派生类时增加的部分。每一部分均分别包括数据成员和成员函数。

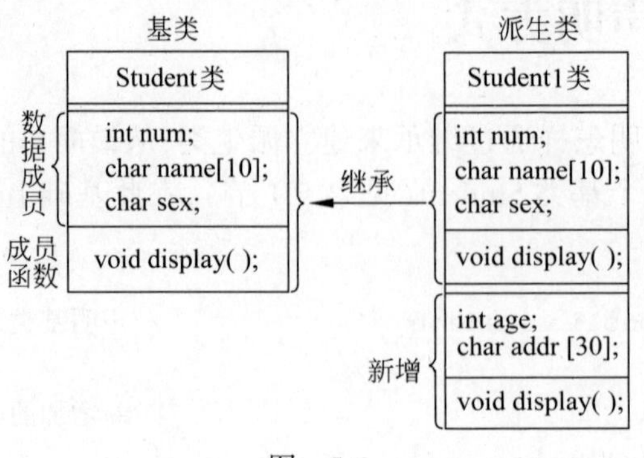

图 5.6

实际上,并不是把基类的成员和派生类自己增加的成员简单地加在一起就成为派生类。构造一个派生类包括以下3部分工作。

(1) **从基类接收成员**。派生类把基类**全部**的成员(不包括构造函数和析构函数)接收过来,也就是说是没有选择的,不能选择接收其中一部分成员,而舍弃另一部分成员。从定义派生类的一般形式中可以看出是不可选择的。

这样就可能出现一种情况:有些基类的成员,在派生类中是用不到的,但是也必须继承过来。这就会造成数据的冗余,尤其是在多次派生之后,会在许多派生类对象中存在大量无用的数据,不仅浪费了大量的空间,而且在对象的建立、赋值、复制和参数的传递中,花费了许多无谓的时间,从而降低了效率。这在目前的C++标准中是无法解决的,要求我们根据派生类的需要慎重选择基类,使冗余量最小。不要随意地从已有的类中找一个作为基类去构造派生类,应当考虑怎样能使派生类有更合理的结构。实际上,有些类是专门作为基类而设计的,在设计时充分考虑到派生类的要求。

(2) **调整从基类接收的成员**。接收基类成员是程序人员不能选择的,但是程序人员可以对这些成员的属性作某些调整。例如可以改变基类成员在派生类中的访问属性,这是通过指定继承方式来实现的。如可以通过继承把基类的公用成员指定为在派生类中的访问属性为私有(派生类外不能访问)。此外,可以在派生类中声明一个与基类成员同名的成员,则派生类中的新成员会覆盖基类的同名成员,但应注意:如果是成员函数,不仅应使函数名相同,而且函数的参数表(参数的个数和类型)也应相同,如果不相同,就成为函数的重载而不是覆盖了。用这样的方法可以用新成员取代基类的成员。

(3) **在声明派生类时增加的成员**。这部分内容是很重要的,它体现了派生类对基类功能的扩展。要根据需要仔细考虑应当增加哪些成员,精心设计。例如在5.2节的例子中,基类的display函数的作用是输出学号、姓名和性别,而在派生类中要求输出学号、姓名、性别、年龄和地址。在建立派生类时不必另外写一个输出这5个数据的函数,可以利用基类的display函数输出学号、姓名和性别,另外再定义一个display_1函数输出年龄和地址,先后执行这两个函数。也可以在display_1函数中调用基类的display函数,再输出另外两个数据,在主函数中只须调用一个display_1函数即可,这样可能更清晰一些,易读性更好。

此外,在声明派生类时,一般还应当自己定义派生类的构造函数和析构函数,因为构造函数和析构函数是不能从基类继承的。

通过以上的介绍，可以看到，派生类是基类定义的延续。在实际的工作中往往先声明一个基类，在此基类中只提供某些最基本的功能，而另外有些功能并未实现，然后在声明派生类时加入某些具体的功能，形成适用于某一特定应用的派生类。通过对基类声明的延续，将一个抽象的基类转化成具体的派生类。因此，**派生类是抽象基类的具体实现**。

5.4　派生类成员的访问属性

既然派生类中包含基类成员和派生类自己增加的成员，就产生了这两部分成员的关系和访问属性的问题。在建立派生类的时候，并不是简单地把基类的私有成员直接作为派生类的私有成员，把基类的公用成员直接作为派生类的公用成员。实际上，对基类成员和派生类自己增加的成员是按不同的原则处理的。

具体说，在讨论访问属性时，需要考虑以下几种情况：

(1) 基类的成员函数访问基类成员。

(2) 派生类的成员函数访问派生类自己增加的成员。

(3) 基类的成员函数访问派生类的成员。

(4) 派生类的成员函数访问基类的成员。

(5) 在派生类外访问派生类的成员。

(6) 在派生类外访问基类的成员。

对于第(1)和(2)种情况，比较简单，按第 2 章介绍过的规则处理，即，基类的成员函数可以访问基类成员，派生类的成员函数可以访问派生类成员。私有数据成员只能被同一类中的成员函数访问，公用成员可以被外界访问。第(3)种情况也比较明确，基类的成员函数只能访问基类的成员，而不能访问派生类的成员。第(5)种情况也比较明确，在派生类外可以访问派生类的公用成员，而不能访问派生类的私有成员。

对于第(4)和第(6)种情况，就稍微复杂一些，也容易混淆。例如，有人提出这样的问题：

① 基类中的成员函数是可以访问基类中的任一成员的，那么派生类中新增加的成员(如 display1 函数)是否可以同样地访问基类中的私有成员。

② 在派生类外，能否通过派生类的对象名访问从基类继承的公用成员(例如，已定义 stud1 是 Student1 类的对象，能否用 stud1.display( )调用基类的 display 函数)。

这些涉及如何确定基类的成员在派生类中的访问属性的问题，不仅要考虑对基类成员所声明的访问属性，还要考虑派生类所声明的对基类的继承方式，根据这两个因素共同决定基类成员在派生类中的访问属性。

前面已提到，在派生类中，对基类的继承方式可以有 public(公用的)，private(私有的)和 protected(保护的)3 种。不同的继承方式决定了基类成员在派生类中的访问属性。

简单地说：

(1) **公用继承(public inheritance)**

基类的公有成员和保护成员在派生类中保持原有访问属性，其私有成员仍为基类私有。

(2) **私有继承(private inheritance)**

基类的公有成员和保护成员在派生类中成了私有成员。其私有成员仍为基类私有。

(3) **受保护的继承(protected inheritance)**

基类的公有成员和保护成员在派生类中成了保护成员,其私有成员仍为基类私有。

保护成员的意思是:不能被外界引用,但可以被派生类的成员引用,具体的用法将在稍后介绍。

下面分别介绍这3种访问属性。

5.4.1 公用继承

在建立一个派生类时将基类的继承方式指定为public的,称为**公用继承**,用公用继承方式建立的派生类称为**公用派生类**(public derived class),其基类称为**公用基类**(public base class)。

采用公用继承方式时,基类的公用成员和保护成员在派生类中仍然保持其公用成员和保护成员的属性,而基类的私有成员在派生类中并没有成为派生类的私有成员,它仍然是基类的私有成员,只有基类的成员函数可以引用它,而不能被派生类的成员函数引用,因此就成为派生类中的**不可访问的成员**。

公用基类的成员在派生类中的访问属性见表5.1。

表5.1 公用基类在派生类中的访问属性

在基类的访问属性	继承方式	在派生类中的访问属性
private(私有)	public(公用)	不可访问
public(公用)	public(公用)	public(公用)
protected(保护)	public(公用)	protected(保护)

例如,派生类Student1中的display_1函数不能访问公用基类的私有成员num,name,sex。在派生类外,可以访问公用基类中的公用成员函数(如stud1.display())。

有人问:既然是公用继承,为什么不能访问基类的私有成员呢?要知道,这是C++中一个重要的软件工程观点。因为私有成员体现了数据的封装性,隐藏私有成员有利于测试、调试和修改系统。如果把基类所有成员的访问权限都原封不动地继承到派生类,使基类的私有成员在派生类中仍保持其私有性质,派生类成员能访问基类的私有成员,那么岂非基类和派生类没有界限了?这就破坏了基类的封装性。如果派生类再继续派生一个新的派生类,也能访问基类的私有成员,那么在这个基类的所有派生类的层次上都能访问基类的私有成员,这就完全丢弃了封装性带来的好处。保护私有成员是一条重要的原则。

例5.1 访问公有基类的成员。

编写程序:

先写类的声明部分。

```
Class Student                          //声明基类
```

```
  {public:                                            //基类公用成员
    void get_value()                                  //输入基类数据的成员函数
      {cin>>num>>name>>sex;}
    void display()                                    //输出基类数据的成员函数
      {cout<<" num: "<<num<<endl;
       cout<<" name: "<<name<<endl;
       cout<<" sex: "<<sex<<endl;}
   private:                                           //基类私有成员
    int num;
    string name;
    char sex;
  };

class Student1: public Student                       //以 public 方式声明派生类 Student1
  {public:
   void get_value_1()                                 //输入派生类数据
     {cin>>age>>addr;}
   void display_1()
     { cout<<" num: "<<num<<endl;                     //企图引用基类的私有成员,错误
       cout<<" name: "<<name<<endl;                   //企图引用基类的私有成员,错误
       cout<<" sex: "<<sex<<endl;                     //企图引用基类的私有成员,错误
       cout<<" age: "<<age<<endl;                     //引用派生类的私有成员,正确
       cout<<" address: "<<addr<<endl;}               //引用派生类的私有成员,正确
   Private:
       int age;
       string addr;
  };
```

由于基类的私有成员对派生类来说是不可访问的,因此在派生类中的 display_1 函数中直接引用基类的私有数据成员 num,name 和 sex 是不允许的。只能通过基类的公用成员函数来引用基类的私有数据成员。

可以将派生类 Student1 的声明改为

```
class Student1: public Student                       //以 public 方式声明派生类 Student1
  {public:
    void get_value_1()
     {cin>>age>>addr;}
    void display_1()
     {cout<<" age: "<<age<<endl;                      //引用派生类的私有成员,正确
      cout<<" address: "<<addr<<endl;                 //引用派生类的私有成员,正确
     }
   private:
    int age;
    string addr;
  };
```

然后在 main 函数中分别调用基类的 display 函数和派生类中的 display_1 函数,先后输出 5 个数据。

可以这样写 main 函数(假设对象 stud 中已有数据):

```
int main()
 { Student1 stud;          //定义派生类 Student1 的对象 stud
   stud.get_value();       //调用基类的公用成员函数,输入基类中 3 个数据成员的值
   stud.get_value-1();     //调用派生类的公用成员函数,输入派生类两个数据成员的值
   stud.display();         //调用基类的公用成员函数,输出基类中 3 个数据成员的值
   stud.display_1();       //调用派生类的公用成员函数,输出派生类中两个数据成员的值
   return 0;
 }
```

请读者根据上面的分析,写出完整的程序。

运行结果:

```
1001 Zhang m 21 Shanghai↙              (输入 5 个数据)
name: Zhang                            (输出 5 个数据)
num: 1001
sex: m
age: 21
address: Shanghai
```

程序分析:

请分析在主函数中能否出现以下语句:

```
stud.age=18;                     //错误。在类外不能引用派生类的私有成员
stud.num=10020;                  //错误。在类外不能引用基类的私有成员
```

实际上,程序还可以改进,在派生类的 display_1 函数中调用基类的 display 函数,这样,在主函数中只要写一行:

```
stud.display_1();
```

即可输出 5 个数据。以上只是为了说明派生类成员的引用方法,在学习了 5.4.2 节中的例 5.2 后就清楚了。

*5.4.2 私有继承

私有继承和 5.4.3 节的保护继承,在初步编程中用得不多,但为了使读者对它有一定的了解,本书作了简单的介绍。初学时可以跳过这两节不学,以后有需要时可查阅参考。

在声明一个派生类时将基类的继承方式指定为 private 的,称为**私有继承**,用私有继承方式建立的派生类称为**私有派生类**(private derived class),其基类称为**私有基类**(private base class)。

私有基类的公用成员和保护成员在派生类中的访问属性相当于派生类中的**私有成员**,即派生类的成员函数能访问它们,而在派生类外不能访问它们。**私有基类的私有成员在派生类中成为不可访问的成员**,只有基类的成员函数可以引用它们。一个基类成员在

基类中的访问属性和在派生类中的访问属性可能是不同的。私有基类的成员可以被基类的成员函数访问,但不能被派生类的成员函数访问。私有基类的成员在私有派生类中的访问属性见表 5.2。

表 5.2 私有基类在派生类中的访问属性

在基类的访问属性	继 承 方 式	在派生类中的访问属性
private(私有)	private(私有)	不可访问
public(公用)	private(私有)	private(私有)
protected(保护)	private(私有)	private(私有)

图 5.7 表示了各成员在派生类中的访问属性。若基类 A 有公用数据成员 i 和 j,私有数据成员 k(见图 5.7(a)),采用私有继承方式声明了派生类 B,新增加了公用数据成员 m 和 n,私有数据成员 p(见图 5.7(b))。在派生类 B 作用域内,基类 A 的公用数据成员 i 和 j 呈现私有成员的特征,在派生类 B 内可以访问它们,而在派生类 B 外不可访问它们。在派生类内不可访问基类 A 的私有数据成员 k。此时,从派生类的角度看,相当于有公用数据成员 m 和 n,私有成员 i,j,p(见图 5.7(c))。基类 A 的私有数据成员 k 在派生类 B 中成为"不可见"的。

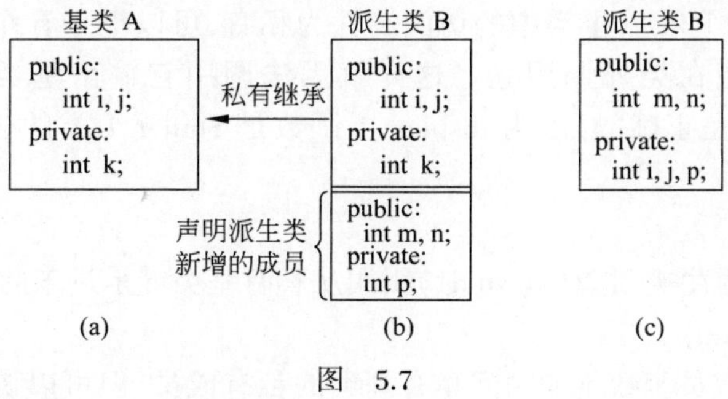

图 5.7

对表 5.2 的规定不必死记,只须理解:既然声明为私有继承,就表示将原来能被外界引用的成员隐藏起来,不让外界引用,因此私有基类的公用成员和保护成员理所当然地成为派生类中的私有成员。私有基类的私有成员按规定只能被基类的成员函数引用,在基类外当然不能访问他们,因此它们在派生类中是隐蔽的,不可访问的。

对于不需要再往下继承的类的功能可以用私有继承方式把它隐蔽起来,这样,下一层的派生类无法访问它的任何成员。

可以知道:一个成员在不同的派生层次中的访问属性可能是不同的。它与继承方式有关。

例 5.2 将例 5.1 中的公用继承方式改为用私有继承方式(基类 Student 不改)。

可以写出私有派生类如下:

```
class Student1: private Student              //用私有继承方式声明派生类 Student1
  {public:
    void get_value_1()                       //输入派生类数据
```

```
        {cin>>num>>name>>sex;}
    void display_1()                         //输出两个数据成员的值
      { cout<<"age: "<<age<<endl;             //引用派生类的私有成员
        cout<<"address: "<<addr<<endl;}      //引用派生类的私有成员
  private:
    int age;
    string addr;
  };
```

请分析下面的主函数:

```
int main()
  {Student1 stud1;               //定义一个 Student1 类的对象 stud1
   stud1.display();              //错误,私有基类的公用成员函数在派生类中是私有函数
   stud1.display_1();            //正确,display_1 函数是 Stutent1 类的公用函数
   stud1.age=18;                 //错误,外界不能引用派生类的私有成员
   return 0;
  }
```

main 函数的第3行企图在类外调用派生类 Student1 中私有基类的 display 函数,该函数虽然在 Student 类中是公用函数,但由于在声明派生类 Student1 时对基类 Student 采用私有继承方式,因此它在派生类中的访问属性为私有,可以把它看作派生类 Student1 的私有成员函数,不能在类外调用它。这样就无法调用它输出基类的私有数据成员。main 函数的第4行是正确的,因为 display_1 函数是 Student1 类的公用函数,可以在类外调用。

结论:

(1) 不能通过派生类对象(如 stud1)引用从私有基类继承过来的任何成员(如 stud1.display()或 stud1.num)。

(2) 派生类的成员函数不能访问私有基类的私有成员,但可以访问私有基类的公用成员(如 stud1.display_1 函数可以调用基类的公用成员函数 display,但不能引用基类的私有成员 num)。

不少读者提出这样一个问题:私有基类的私有成员 num 等数据成员只能被基类的成员函数引用,而私有基类的公用成员函数又不能被派生类外调用,那么,有没有办法调用私有基类的公用成员函数,从而引用私有基类的私有成员呢?有。应当注意到:虽然在派生类外不能通过派生类对象调用私有基类的公用成员函数(如 stud1.display()形式),但可以通过派生类的成员函数调用私有基类的公用成员函数(此时它是派生类中的私有成员函数,可以被派生类的任何成员函数调用)。

可将上面的私有派生类的两个成员函数定义改写为

```
void get_value_1()                 //输入 5 个数据的函数
  {get_value();                    //调用基类的公用函数输入基类 3 个数据
   cin>>age>>addr;}                //输入派生类两个数据
void display_1()                   //输出 5 个数据成员的值
  {display():                      //调用基类的公用成员函数,输出 3 个数据成员的值
```

```
cout<<"age: "<<age<<endl;                  //输出派生类的私有数据成员 age
cout<<"address: "<<addr<<endl;}            //输出派生类的私有数据成员 addr
```

main 函数可改写为

```
int main()
  {Student1 stud1;
   stud1.get_value_1();              //get_value_1 是派生类 Student1 类的公用函数
   stud1.display_1();                //display_1 是派生类 Student1 类的公用函数
   return 0;
  }
```

这样就能正确地引用私有基类的私有成员。

可以看到,本例采用的方法是:

① 在 main 函数中调用派生类中的公用成员函数 stud1.display_1。

② 通过该公用成员函数调用基类的公用成员函数 display(它在派生类中是私有函数,可以被派生类中的任何成员函数调用)。

③ 通过基类的公用成员函数 display 引用基类中的数据成员。

请读者根据上面的要求,写出完整、正确的程序。程序运行结果与例 5.1 相同。

由于私有派生类限制太多,使用不方便,一般不常使用。

5.4.3　保护成员和保护继承

前面已接触过"受保护"(protected)这一名词,它与 private 和 public 一样是用来声明成员的访问权限的。由 protected 声明的成员称为**"受保护的成员"**,或简称**"保护成员"**。受保护成员不能被类外访问,这点和私有成员类似,可以认为保护成员对类的用户来说是私有的。从类的用户角度来看,保护成员等价于私有成员。但有一点与私有成员不同,**保护成员可以被派生类的成员函数引用**,见图 5.8 示意。

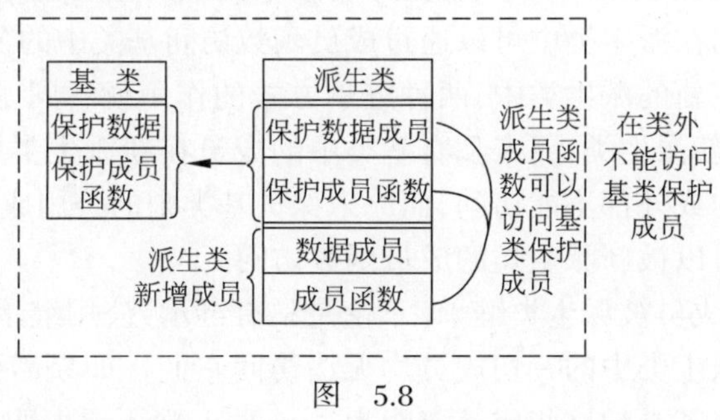

图　5.8

前面曾将友元比喻为朋友,可以允许好朋友进入自己的卧室,而保护成员相当于保险箱,任何外人均不得窥视,只有子女(即其派生类)才能打开。

如果基类声明了私有成员,那么任何派生类都是不能访问它们的,若希望在派生类中能访问它们,应当把它们声明为保护成员。如果在一个类中声明了保护成员,就意味着该类可能要用作基类,在它的派生类中会访问这些成员。

在定义一个派生类时将基类的继承方式指定为 protected 的,称为**保护继承**,用保护继承方式建立的派生类称为**保护派生类**(protected derived class),其基类称为**受保护的基类**(protected base class),简称**保护基类**。

保护继承的特点是:保护基类的公有成员和保护成员在派生类中都成了保护成员,其私有成员仍为基类私有。也就是把基类原有的公有成员也保护起来,不让类外任意访问。

将表 5.1 和表 5.2 综合表示,并增加保护继承的内容,见表 5.3。

表 5.3 基类成员在派生类中的访问属性

在基类的访问属性	继 承 方 式	在派生类中的访问属性
private(私有)	public(公用)	不可访问
private(私有)	private(私有)	不可访问
private(私有)	protected(保护)	不可访问
public(公用)	public(公用)	public(公用)
public(公用)	private(私有)	private(私有)
public(公用)	protected(保护)	protected(保护)
protected(保护)	public(公用)	protected(保护)
protected(保护)	private(私有)	private(私有)
protected(保护)	protected(保护)	protected(保护)

归纳分析:

(1) 保护基类的所有成员在派生类中都被保护起来,类外不能访问,其公用成员和保护成员可以被其派生类的成员函数访问,私有成员则不可访问。

(2) 比较一下私有继承和保护继承(也就是比较在私有派生类和保护派生类中的访问属性),可以发现,在直接派生类中,以上两种继承方式的作用实际上是相同的:在类外不能访问任何成员,而在派生类中可以通过成员函数访问基类中的公用成员和保护成员。但是如果继续派生,在新的派生类中,两种继承方式的作用就不同了。例如,如果以公用继承方式派生出一个新派生类,原来私有基类中的成员在新派生类中都成为不可访问的成员,无论在派生类内或外都不能访问,而原来保护基类中的公用成员和保护成员在新派生类中为保护成员,可以被新派生类的成员函数访问。

(3) 基类的私有成员被派生类继承(不论是私有继承、公用继承还是保护继承)后变为不可访问的成员,派生类中的一切成员均无法访问它们。如果需要在派生类中引用基类的某些成员,应当将基类的这些成员声明为 protected,而不要声明为 private。

如果善于利用保护成员,可以在类的层次结构中找到数据共享与成员隐蔽之间的结合点。既可实现某些成员的隐蔽,又可方便地继承,能实现代码重用与扩充。

(4) 在派生类中,成员有 4 种不同的访问属性:

① 公用的,派生类内类外都可以访问。

② 受保护的,派生类内可以访问,派生类外不能访问,其下一层的派生类可以访问。

③ 私有的,派生类内可以访问,派生类外不能访问。

④ 不可访问的,派生类内类外都不能访问。

可以用表 5.4 表示。

表 5.4　派生类中的成员的访问属性

派生类中访问属性	在派生类中	在派生类外部	在下层公用派生类中
公用	可以	可以	可以
保护	可以	不可以	可以
私有	可以	不可以	不可以
不可访问	不可以	不可以	不可以

对表 5.4 的说明:

① 表 5.4 中的成员的访问属性是指在派生类中所获得的访问属性,例如,某一数据成员在基类中是私有成员,在派生类中其访问属性是不可访问的,因此在派生类中它是不可访问的成员。

② 所谓在派生类外部,是指在建立派生类对象的模块中,在派生类范围之外。

③ 如果本派生类继续派生,则在不同的继承方式下,成员所获得的访问属性是不同的,在本表中只列出在下一层公用派生类中的情况,如果是私有继承或保护继承,读者可以从表 5.3 中找到答案。

(5) 类的成员在不同作用域中有不同的访问属性,对这一点要十分清楚。一个成员的访问属性是有前提的,要看它在哪一个作用域中。有的读者问:"一个基类的公用成员,在派生类中变成保护的,究竟它本身是公用的还是保护的?"应当说:这是同一个成员在不同的作用域中所表现出的不同特征。例如,学校人事部门掌握了全校师生员工的资料,学校的领导可以查阅任何人的材料,学校下属的系只能从全校的资料中得到本系师生员工的资料,而不能查阅其他部门任何人的材料。如果你要问:能否查阅张某某的材料,无法一概而论,必须查明你的身份和权限,才能决定该人的材料能否被你"访问"。

在未介绍派生类之前,类的成员只属于其所属的类,不涉及其他类,不会引起歧义。在介绍派生类后,就存在一个问题:在哪个范围内讨论成员的特征?同一个成员在不同的继承层次中有不同的特征。为了说明这个概念,可以举个例子,汽车牌照是按地区核发的,北京的牌照在北京市范围内通行无阻,到了外地,可能会受到某些限制,到了外国就无效了。又如,到医院探视病人,如果允许你进入病房近距离地看望和交谈,则可对病人状况了解比较深入;如果只允许你在玻璃门窗外探视,在一定距离外看到病人,只能对病人状况有粗略的印象;如果只允许在病区的走廊里通过电视看病人活动的片段镜头,那就更间接了。人们在不同的场合下对同一个病人,得到不同的信息,或者说,这个病人在不同的场合下的"可见性"不同。

平常,人们常习惯说某类的公有成员如何如何,这在一般不致引起误解的情况下是可以的。但是决不要误认为该成员的访问属性只能是公用的而不能改变。在讨论成员的访问属性时,一定要说明是在什么范围而言的,如基类的成员 a,在基类中的访问属性是公用的,在私有派生类中的访问属性是私有的。

下面通过一个例子说明怎样访问保护成员。

例 5.3 在派生类中引用保护成员。

编写程序:

```
#include<iostream>
#include<string>
using namespace std;
class Student                              //声明基类
  {public:                                 //基类无公用成员

   protected:
     int num;
     string name;
     char sex;
  };

class Student1: protected Student          //用 protected 方式声明派生类 Student1
  {public:
     void get_value1();                    //派生类公用成员函数
     void display1();                      //派生类公用成员函数
   private:
     int age;                              //派生类私有数据成员
     string addr;                          //派生类私有数据成员
  };
void get_value1()                          //定义派生类公用成员函数
  {cin>>num>>name>>sex;                    //输入保护基类数据成员
   cin>>age>>addr;}                        //输入派生类数据成员

void Student1::display1()                  //定义派生类公用成员函数
  {cout<<"num: "<<num<<endl;               //引用基类的保护成员
   cout<<"name: "<<name<<endl;             //引用基类的保护成员
   cout<<"sex: "<<sex<<endl;               //引用基类的保护成员
   cout<<"age: "<<age<<endl;               //引用派生类的私有成员
   cout<<"address: "<<addr<<endl;          //引用派生类的私有成员
  }

int main()
  {Student1 stud1;                         //stud1 是派生类 Student1 类的对象
   stud1.get_value1();                     //get_value1 是派生类中的公用成员函数,输入数据
   stud1.display1();                       //display1 是派生类中的公用成员函数,输出数据
   return 0;
  }
```

运行结果:

与例 5.1 相同。

程序分析:

在基类 Student 中只有被保护的数据成员,没有成员函数。Student1 是保护派生类。在主函数中调用派生类的公用成员函数 stud1.get_value1,输入基类和派生类的 5 个数据,调用派生类的公用成员函数 stud1. display1 输出基类和派生类的 5 个数据。在派生类的成员函数中引用基类的保护成员,这是合法的。基类的保护成员对派生类的外界来说是不可访问的(例如,num 是基类 Student 中的保护成员,由于派生类是保护继承,因此它在派生类中仍然是受保护的,外界不能用 stud1.num 来引用它),但在派生类内,它相当于私有成员,可以通过派生类的成员函数访问。与例 5.2 对比分析可以看到,**保护成员和私有成员的不同之处,在于把保护成员的访问范围扩展到派生类中**。

注意:在程序中通过派生类 Student1 的对象 stud1 的公用成员函数 display1 去访问基类的保护成员 num.name 和 sex,不要误认为可以通过派生类对象名去访问基类的保护成员,例如写成 stud1.num = 1001 是错误的,外界不能访问保护成员。

在本例中,在声明派生类 Student1 时采用了 protected 继承方式,请读者思考并上机验证:

(1) 如果改用 public 继承方式,程序能否通过编译和正确运行。结论是可以。请读者对这两种继承方式作比较分析,考虑在什么情况下二者不能互相代替。

(2) 对例 5.1 程序改用 protected 继承方式,其他不改。程序能否正常运行? 结论是不行的,因为基类的公有成员函数在保护派生类中的属性是"被保护"的,外界不能调用,而且派生类的成员函数不能引用基类的私有数据成员。请修改程序,使之能正常运行。

私有继承和保护继承方式使用时需要十分小心,很容易搞错,一般不常用。我们在前面只作了简单的介绍,以便在阅读别人写的程序时能正确理解。在本书后面的例子中主要介绍公用继承方式。

5.4.4　多级派生时的访问属性

以上介绍了只有一级派生的情况,实际上,常常有多级派生的情况,例如图 5.1 和图 5.5 所示那样。如果有图 5.9 所示的派生关系:类 A 为基类,类 B 是类 A 的派生类,类 C 是类 B 的派生类,则类 C 也是类 A 的派生类。类 B 称为类 A 的**直接派生类**,类 C 称为类 A 的**间接派生类**。类 A 是类 B 的**直接基类**,是类 C 的**间接基类**。在多级派生的情况下,各成员的访问属性仍按以上原则确定。

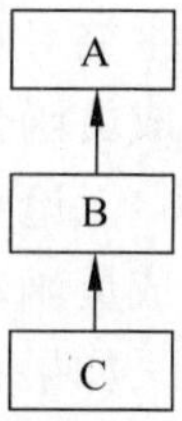

A

B

C

图　5.9

例 5.4　多级派生的访问属性。

如果声明了以下的类:

```
class A                              //基类
  {public:
    int i;
   protected:
    void f1();
    int j;
   private:
    int k;
```

```
};

class B: public A                    //public 派生类
  {public:
     void f2();
   protected:
     void f3();
   private:
     int m;
  };

class C: protected B                 //protected 派生类
  {public:
     void f4();
   private:
     int n;
  };
```

类A是类B的公用基类,类B是类C的保护基类。各成员在不同类中的访问属性见表5.5。

表5.5 各成员在不同类中的访问属性

类 别	i	f1()	j	k	f2()	f3()	m	f4()	n
基类A	公用	保护	保护	私有					
公用派生类B	公用	保护	保护	不可访问	公用	保护	私有		
保护派生类C	保护	保护	保护	不可访问	保护	保护	不可访问	公用	私有

根据以上分析,在派生类C的外面只能访问类C的成员函数f4,不能访问其他成员。派生类C的成员函数f4能访问基类A的成员i,f2,j和派生类B的成员f2,f3。派生类B的成员函数f2,f3能访问基类A的成员i,j和成员函数f1。

无论哪种继承方式,在派生类中是不能访问基类的私有成员的,私有成员只能被本类的成员函数所访问,毕竟派生类与基类不是同一个类。

如果在多级派生时都采用公有继承方式,那么直到最后一级派生类都能访问基类的公用成员和保护成员。如果采用私有继承方式,经过若干次派生之后,基类的所有的成员已经变成不可访问的了。如果采用保护继承方式,在派生类外是无法访问派生类中的任何成员的。而且经过多次派生后,人们很难清楚地记住哪些成员可以访问,哪些成员不能访问,很容易出错。因此,在实际中,常用的是公用继承。

5.5 派生类的构造函数和析构函数

在第3章中曾介绍过,用户在声明类时可以不定义构造函数,系统会自动设置一个默认的构造函数,在定义类对象时会自动调用这个默认的构造函数。这个构造函数实际上是一个空函数，不执行任何操作。如果需要对类中的数据成员初始化，应自己定义构造函数。

构造函数的主要作用是对数据成员初始化。前面已提到过，基类的构造函数是不能继承的，在声明派生类时，派生类并没有把基类的构造函数继承过来，因此，对继承过来的基类成员初始化的工作也要由派生类的构造函数承担。所以在设计派生类的构造函数时，不仅要考虑派生类所增加的数据成员的初始化，还应当考虑基类的数据成员初始化。也就是说，希望在执行派生类的构造函数时，使派生类的数据成员和基类的数据成员同时都被初始化。解决这个问题的思路是：在执行派生类的构造函数时，调用基类的构造函数。

5.5.1　简单的派生类的构造函数

任何派生类都包含基类的成员，简单的派生类只有一个基类，而且只有一级派生（只有直接派生类，没有间接派生类），在派生类的数据成员中不包含基类的对象（即子对象，有关子对象的问题，在 5.5.2 节中介绍）。下面先介绍在简单的派生类中怎样定义构造函数。

先看一个具体的例子。

例 5.5　定义简单的派生类的构造函数。

编写程序：

```
#include<iostream>
#include<string>
using namespace std;
class Student                                        //声明基类 Student
  {public:
     Student(int n,string nam,char s)                //定义基类构造函数
       {num=n;
        name=nam;
        sex=s; }
     ~Student(){ }                              //基类析构函数
   protected:                                   //保护部分
     int num;
     string name;
     char sex;
  };

class Student1: public Student             //声明公用派生类 Student1
  {public:                                  //派生类的公用部分
     Student1(int n,string nam,char s,int a,string ad):Student(n,nam,s)
                                            //定义派生类构造函数
     {age=a;                                //在函数体中只对派生类新增的数据成员初始化
      addr=ad;
     }
```

```
    void show()
    {cout<<"num: "<<num<<endl;
     cout<<"name: "<<name<<endl;
     cout<<"sex: "<<sex<<endl;
     cout<<"age: "<<age<<endl;
     cout<<"address: "<<addr<<endl<<endl;
    }
    ~Student1(){}                        //派生类析构函数
  private:                               //派生类的私有部分
    int age;
    string addr;
  };

int main()                               //主函数
 {Student1 stud1(10010,"Wang-li",'f',19,"115 Beijing Road,Shanghai");
  Student1 stud2(10011,"Zhang-fan",'m',21,"213 Shanghai Road,Beijing");
  stud1.show();                          //输出第一个学生的数据
  stud2.show();                          //输出第二个学生的数据
  return 0;
 }
```

运行结果:

```
num:10010
name:Wang-li
sex:f
address: 115 Beijing Road,Shanghai

num:10011
name:Zhang-fan
sex:m
address: 213 Shanghai Road,Beijing
```

程序分析:请注意派生类构造函数首行的写法。

```
Student1(int n,string nam,char s,int a,string ad):Student(n,nam,s)
```

派生类构造函数一般形式为

派生类构造函数名(总参数表):基类构造函数名(参数表)
{派生类中新增数据成员初始化语句}

在以上一般形式中,冒号前面的部分是派生类构造函数的主干,它和以前介绍过的构造函数的形式相同,但它的总参数表中包括基类构造函数所需的参数和对派生类新增的数据成员初始化所需的参数。冒号后面的部分是要调用的基类构造函数及其参数。

从上面列出的派生类 Student1 构造函数首行中可以看到,派生类构造函数名(Student1)后面括号内的参数表中包括参数的类型和参数名(如 int n),而基类构造函数名后面括号内的参数表列只有参数名而不包括参数类型（如 n,nam,s），因为在这里**不是定义基类构造函数，而是调用基类构造函数，因此这些参数是实参而不是形参**。它们可以是常量、全局变量和派生类构造函数总参数表中的参数。

从上面列出的派生类 Student1 构造函数中可以看到：调用基类构造函数 Student 时给出 3 个参数（n,nam,s），这是和定义基类构造函数时指定的参数相匹配的。派生类构造函数 student1 有 5 个参数，其中，前 3 个是用来传递给基类构造函数的，后面两个（a 和 ad）是用来对派生类所增加的数据成员初始化的。

在 main 函数中，定义对象 stud1 时指定了 5 个实参。它们按顺序传递给派生类构造函数 Student1 的形参（n,nam,s,a,ad）。然后，派生类构造函数将前面 3 个（n,nam,s）传递给基类构造函数的实形参，见图 5.10。

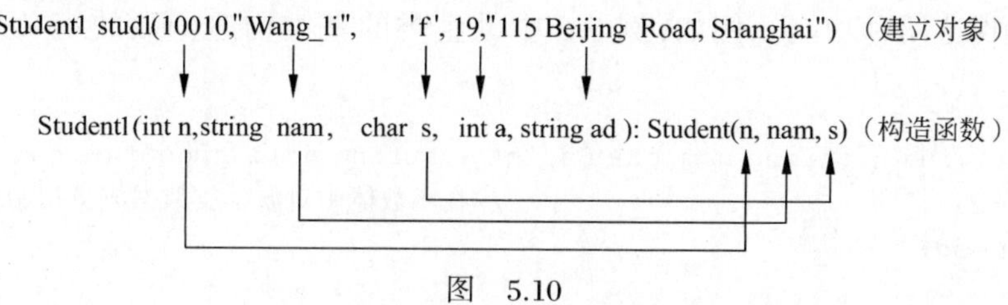

图　5.10

通过 Student（n,nam,s）把 3 个值再传给基类构造函数的形参，见图 5.11。

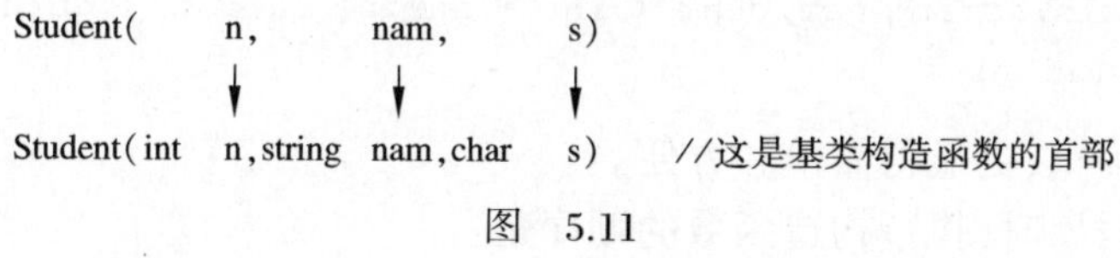

图　5.11

在上例中也可以将派生类构造函数在类外面定义，而在类体中只写该函数的声明，即：

```
Student1(int n,string nam,char s,int a,string ad);          //声明派生类构造函数
```

在类的外面定义派生类构造函数：

```
Student1::Student1(int n,string nam,char s,int a,string ad):Student(n,nam,s)
{age=a;
 addr=ad);
}
```

注意：*在类中对派生类构造函数作声明时，不包括上面给出的一般形式中的"基类构造函数名（参数表）"部分，即 Student（n,nam,s）。只在定义函数时才将它列出。*

在以上的例子中，调用基类构造函数时的实参是从派生类构造函数的总参数表中得到的，也可以不从派生类构造函数的总参数表中传递过来，而直接使用常量或全局变量。例如，派生类构造函数首行可以写成以下形式：

```
Student1(string nam,char s,int a,string ad):Student(10010,nam,s)
```

即基类构造函数 3 个实参中，有一个是常量 10010，另外两个从派生类构造函数的总参数

表传递过来。

有些读者在看到上面介绍的派生类构造函数的定义形式时,可能会感到有些眼熟,它不是和3.1.4节介绍的构造函数的初始化表的形式类似吗?请回顾一下在第3章介绍过的构造函数初始化表的例子:

```
Box::Box(int h,int w,int len):height(h),width(w),length(len)
{ }
```

它也有一个冒号,在冒号后面的是对数据成员初始化表。实际上,本章介绍的在派生类构造函数中对基类成员初始化,就是在第3章介绍的构造函数初始化表。也就是说,不仅可以利用初始化表对构造函数的数据成员初始化,而且可以利用初始化表调用派生类的基类构造函数,实现对基类数据成员的初始化。也可以在同一个构造函数的定义中同时实现这两种功能。例如,例5.5中派生类的基类构造函数的定义采用了下面的形式:

```
Student1(int n,string nam,char s,int a,string ad):Student(n,nam,s)
  {age=a;                                //在函数体中对派生类数据成员初始化
   addr=ad;
  }
```

可以将对age和addr的初始化也用初始化表处理,将构造函数改写为以下形式:

```
Student1(int n,string nam,char s,int a,string ad):Student(n,nam,s),
age(a),addr(ad){}
```

这样函数体为空,更显得简单和方便。

在建立一个对象时,执行构造函数的顺序是:

① 派生类构造函数先调用基类构造函数。

② 再执行派生类构造函数本身(即派生类构造函数的函数体)。

对上例来说,先初始化num,name,sex,然后再初始化age和addr。

在派生类对象释放时,先执行派生类析构函数~~Student1( ),再执行其基类析构函数~Student( )。

5.5.2 有子对象的派生类的构造函数

以前介绍过的类,其数据成员都是标准类型(如int,char)或系统提供的类型(如string),实际上,类中的数据成员中还可以包含类对象,如可以在声明一个类时包含这样的数据成员:

```
Student s1;                          //Student 是已声明的类名,s1 是 Student 类的对象
```

这时,s1就是类对象中的内嵌对象,称为**子对象**(subobject),即**对象中的对象**。读者可能会联想到结构体类型的成员可以是结构体变量,现在的情况与之相似。

通过例子来说明问题。在例5.5中的派生类Student1中,除了可以在派生类中要增加数据成员age和address外,还可以增加“班长”一项,即学生数据中包含他们的班长的姓名和其他基本情况,而班长本身也是学生,他也属于Student类型,有学号和姓名等基本

数据,这样班长项就是派生类 Student1 中的子对象。在下面程序的派生类的数据成员中,有一项 monitor(班长),它是基类 Student 的对象,也就是派生类 Student1 的子对象。

那么,在对数据成员初始化时怎样对子对象初始化呢?请仔细分析程序,特别注意派生类构造函数的写法。

例 5.6　包含子对象的派生类的构造函数。

编写程序:为了简化程序以易于阅读,在基类 Student 的数据成员只有两个,即 num 和 name。

```
#include<iostream>
#include<string>
using namespace std;
class Student                                          //声明基类
  {public:                                             //公用部分
     Student(int n,string nam)                         //基类构造函数,与例 5.5 相同
     {num=n;
      name=nam;
     }
     void display()                                    //成员函数,输出基类数据成员
       {cout<<"num:"<<num<<endl<<"name:"<<name<<endl;}
   protected:                                          //保护部分
     int num;
     string name;
  };

class Student1: public Student                         //声明公用派生类 student1
  {public:
     Student1(int n,string nam,int n1,string nam1,int a,string ad)
       :Student(n,nam),monitor(n1,nam1)                //派生类构造函数
     {age=a;
      addr=ad;
     }
     void show()
       {cout<<"This student is:"<<endl;
        display();                                     //输出 num 和 name
        cout<<"age: "<<age<<endl;                      //输出 age
        cout<<"address: "<<addr<<endl<<endl;           //输出 addr
       }
     void show_monitor()                               //成员函数,输出子对象
       {cout<<endl<<"Class monitor is:"<<endl;
        monitor.display();                             //调用基类成员函数
       }
     private:                                          //派生类的私有数据
     Student monitor;                                  //定义子对象(班长)
     int age;
     string addr;
  };
```

```
int main()
   {Student1 stud1(10010,"Wang_li",10001,"Li_jun",19,"115 Beijing Road,
                        Shanghai");
    stud1.show();                                    //输出学生的数据
    stud1.show_monitor();                            //输出子对象的数据
    return 0;
   }
```

运行结果:

```
This student is:
num: 10010
name: Wang_li
age: 19
address: 115 Beijing Road,Shanghai

Class monitor is:
num: 10001
name: Li_jun
```

程序分析:

请注意在派生类 Student1 中有一个私有数据成员。

```
Student monitor;                                  //定义子对象 monitor(班长)
```

"班长"的类型不是简单类型(如 int,char,float 等),它是 Student 类的对象。前已说明,应当在建立对象时对它的数据成员初始化。那么怎样对子对象初始化呢?显然不能在声明派生类时对它初始化(如 Student monitor(10001,"Li_jun");),因为类是抽象类型,只是一个模型,是不能有具体的数据的,而且每一个派生类对象的子对象一般是不相同的(例如学生 A,B,C 的班长是 A,而学生 D,E,F 的班长是 F)。因此子对象的初始化是在建立派生类时通过调用派生类构造函数来实现的。

派生类构造函数的任务应该包括 3 个部分:

(1) 对基类数据成员初始化。

(2) 对子对象数据成员初始化。

(3) 对派生类数据成员初始化。

程序中派生类构造函数首部是

```
Student1(int n,string nam,int n1,string nam1,int a,string ad):
  Student(n,nam),monitor(n1,nam1)
```

在上面的构造函数中有 6 个形参,前两个作为基类构造函数的参数,第 3~4 个作为子对象构造函数的参数,第 5~6 个是用作派生类数据成员初始化的,见图 5.12。应当说明,这只适用于本程序的特定情况,并不是每个构造函数都需要 6 个形参,也不是每一项都需要两个参数。在本例中基类 Student 的构造函数需要两个参数,子对象的初始化也需要两个参数(因为子对象也是 Student 类,在建立对象时也是调用基类构造函数),对派生类数据成员初始化也需要两个参数。

归纳起来,定义派生类构造函数的一般形式为

派生类构造函数名(总参数表):基类构造函数名(参数表),子对象名(参数表)
{派生类中新增数成员据成员初始化语句}

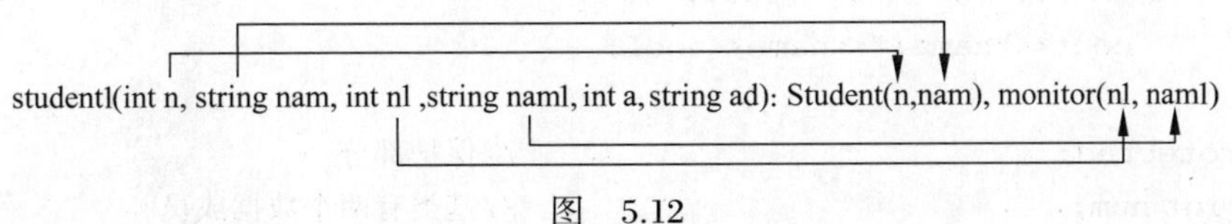

图　5.12

执行派生类构造函数的顺序是:

(1) 调用基类构造函数,对基类数据成员初始化。

(2) 调用子对象构造函数,对子对象数据成员初始化。

(3) 再执行派生类构造函数本身,对派生类数据成员初始化。

对上例来说,先初始化基类中的数据成员 num,name,然后再初始化子对象的数据成员 num,name,最后初始化派生类中的数据成员 age 和 addr。

派生类构造函数的总参数表中的参数,应当包括基类构造函数和子对象的参数表中的参数。基类构造函数和子对象的次序可以是任意的,如上面的派生类构造函数首部可以写成

```
Student1(int n,string nam,int n1,string nam1,int a,string ad):
   monitor(n1,nam1),Student(n,nam)
```

编译系统是根据相同的参数名(而不是根据参数的顺序)来确立它们的传递关系的。如总参数表中的 n 传给基类构造函数 Student 的参数 n,总参数表中的 n1 传给子对象的参数 n1。但是习惯上一般先写基类构造函数,以与调用的顺序一致,看起来清楚一些。

如果有多个子对象,派生类构造函数的写法依此类推,应列出每一个子对象名及其参数表列。

5.5.3　多层派生时的构造函数

一个类不仅可以派生出一个派生类,派生类还可以继续派生,形成派生的层次结构。在上面叙述的基础上,不难写出在多级派生情况下派生类的构造函数。

通过例 5.7 程序,读者可以了解在多级派生情况下怎样定义派生类的构造函数。相信读者完全可以自己看懂这个程序。

例 5.7　多级派生情况下派生类的构造函数。

编写程序:

```
#include<iostream>
#include<string>
using namespace std;
class Student                                   //声明基类
  {public:                                      //公用部分
```

```
    Student(int n,string nam)                //基类构造函数
      {num=n;
       name=nam;
      }
    void display()                           //输出基类数据成员
      {cout<<"num:"<<num<<endl;
         cout<<"name:"<<name<<endl;
      }
  protected:                                 //保护部分
    int num;                                 //基类有两个数据成员
    string name;
 };

class Student1: public Student               //声明公用派生类 Student1
 {public:
    Student1(int n,char nam[10],int a):Student(n,nam)     //派生类构造函数
     {age=a;}                                //在此处只对派生类新增的数据成员初始化
    void show()                              //输出 num,name 和 age
     {display();                             //输出 num 和 name
      cout<<"age: "<<age<<endl;
     }
  private:                                   //派生类的私有数据
    int age;                                 //增加一个数据成员
 };

class Student2:public Student1               //声明间接公用派生类 student2
 {public:
   //下面是间接派生类构造函数
   Student2(int n,string nam,int a,int s):Student1(n,nam,a)
   {score=s;}
   void show_all()                           //输出全部数据成员
   {show();                                  //输出 num 和 name
    cout<<"score:"<<score<<endl;             //输出 age
   }
  private:
    int score;                               //增加一个数据成员
 };

int main()
  {Student2 stud(10010,"Li",17,89);
  stud.show_all();                           //输出学生的全部数据
  return 0;
 }
```

运行结果:

```
num: 10010
name: Li
age: 17
score: 89
```

程序分析：

其派生关系如图 5.13 所示。

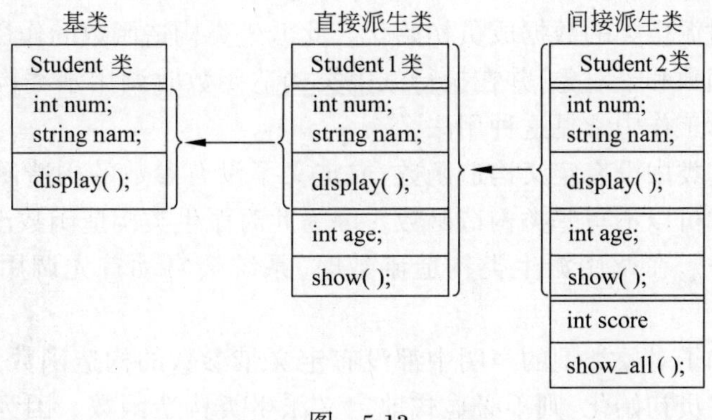

图　5.13

请注意基类和两个派生类的构造函数的写法：

基类的构造函数首部：

```
Student(int n, string nam)
```

派生类 Student1 的构造函数首部：

```
Student1(int n, string nam,int a):Student(n,nam)
```

派生类 Student2 的构造函数首部：

```
Student2(int n, string nam,int a,int s):Student1(n,nam,a)
```

注意不要写成

```
Student2(int n, string nam,int a,int s):Student(n,nam),Student1(n,nam,a)
```

不要列出每一层派生类的构造函数，只须写出其上一层派生类(即它的直接基类)的构造函数。在声明 Student2 类对象时，调用 Student2 构造函数；在执行 Student2 构造函数时，先调用 Student1 构造函数；在执行 Student1 构造函数时，先调用基类 Student 构造函数。初始化的顺序是：

① 先初始化基类的数据成员 num 和 name。

② 再初始化 Student1 的数据成员 age。

③ 最后再初始化 Student2 的数据成员 score。

5.5.4　派生类构造函数的特殊形式

在使用派生类构造函数时，可以有以下特殊的形式：

(1) 当不需要对派生类新增的成员进行任何初始操作时,派生类构造函数的函数体可以为空,即构造函数是空函数,如例5.6程序中派生类Student1构造函数可以改写为

```
Student1(int n,string nam,int n1,string nam1):Student(n,nam),monitor(n1,
        nam1) { }
```

可以看到,函数体为空。此时,派生类构造函数的参数个数等于基类构造函数和子对象的参数个数之和,派生类构造函数的全部参数都传递给基类构造函数和子对象,在调用派生类构造函数时不对派生类的数据成员初始化。此派生类构造函数的作用只是为了将参数传递给基类构造函数和子对象,并在执行派生类构造函数时调用基类构造函数和子对象构造函数。在实际工作中常见这种用法。

(2) 如果在基类中没有定义构造函数,或定义了没有参数的构造函数,那么,在定义派生类构造函数时可以不写基类构造函数。因为此时派生类构造函数没有向基类构造函数传递参数的任务。在调用派生类构造函数时,系统会自动首先调用基类的默认构造函数。

如果在基类和子对象类型的声明中都没有定义带参数的构造函数,而且也不需对派生类自己的数据成员初始化,则不必显式地定义派生类构造函数。因为此时派生类构造函数既没有向基类构造函数和子对象构造函数传递参数的任务,也没有对派生类数据成员初始化的任务。在建立派生类对象时,系统会自动调用系统提供的派生类的默认构造函数,并在执行派生类默认构造函数的过程中,调用基类的默认构造函数和子对象类型默认构造函数。

如果在基类或子对象类型的声明中定义了带参数的构造函数,那么就必须显式地定义派生类构造函数,并在派生类构造函数中写出基类或子对象类型的构造函数及其参数表。

如果在基类中既定义无参的构造函数,又定义了有参的构造函数(构造函数重载),则在定义派生类构造函数时,既可以包含基类构造函数及其参数,也可以不包含基类构造函数。在调用派生类构造函数时,根据构造函数的内容决定调用基类的有参的构造函数还是无参的构造函数。编程者可以根据派生类的需要决定采用哪一种方式。

5.5.5 派生类的析构函数

在第3章中已介绍,析构函数的作用是在对象撤销之前,进行必要的清理工作。当对象被删除时,系统会自动调用析构函数。析构函数比构造函数简单,没有类型,也没有参数。

在派生时,派生类是不能继承基类的析构函数的,也需要通过派生类的析构函数去调用基类的析构函数。在派生类中可以根据需要定义自己的析构函数,用来对派生类中所增加的成员进行清理工作。基类的清理工作仍然由基类的析构函数负责。在执行派生类的析构函数时,系统会自动调用基类的析构函数和子对象的析构函数,对基类和子对象进行清理。

调用的顺序与构造函数正好相反:先执行派生类自己的析构函数,对派生类新增加的成员进行清理,然后调用子对象的析构函数,对子对象进行清理,最后调用基类的析构

函数,对基类进行清理。

这里对此只作简单的介绍,读者可以在今后的编程实践中逐步掌握它的使用方法。

5.6　多重继承

前面讨论的是单继承,即一个类是从一个基类派生而来的。实际上,常常有这样的情况:一个派生类有两个或多个基类,派生类从两个或多个基类中继承所需的属性。例如,有的学校的领导干部是“双肩挑”干部,既是干部,又是教师,他们既有干部的属性(职务、党政部门),又有教师的属性(职称、专业、授课名称)。又如,有些学生是青年团的干部,则同时兼有学生和青年团干部的属性。C++为了适应这种情况,允许一个派生类同时继承多个基类。这种行为称为**多重继承**(multiple inheritance)。

5.6.1　声明多重继承的方法

如果已声明了类 A、类 B 和类 C,可以声明多重继承的派生类 D:

```
class D:public A,private B,protected C
  {类 D 新增加的成员}
```

D 是多重继承的派生类,它以公用继承方式继承 A 类,以私有继承方式继承 B 类,以保护继承方式继承 C 类。D 按不同的继承方式的规则继承 A,B,C 的属性,确定各基类的成员在派生类中的访问权限。

5.6.2　多重继承派生类的构造函数

多重继承派生类的构造函数形式与单继承时的构造函数形式基本相同,只是在初始表中包含多个基类构造函数。如

派生类构造函数名(总参数表):基类 1 构造函数(参数表),基类 2 构造函数(参数表),
基类 3 构造函数(参数表列)
{派生类中新增数成员据成员初始化语句}

各基类的排列顺序任意。派生类构造函数的执行顺序同样为:先调用基类的构造函数,再执行派生类构造函数的函数体。调用基类构造函数的顺序是按照声明派生类时基类出现的顺序。如在 5.6.1 节中声明派生类 D 时,基类出现的顺序为 A,B,C,则先调用基类 A 的构造函数,再调用基类 B 的构造函数,然后调用基类 C 的构造函数。

例 5.8　声明一个教师(Teacher)类和一个学生(Student)类,用多重继承的方式声明一个在职研究生(Graduate)派生类(在职教师攻读研究生)。教师类中包括数据成员 name(姓名)、age(年龄)、title(职称)。学生类中包括数据成员 name1(姓名)、age(性别)、score(成绩)。在定义派生类对象时给出初始化的数据,然后输出这些数据。

编写程序:

```
#include<iostream>
```

```
#include<string>
using namespace std;
class Teacher                                  //声明类 Teacher(教师)类
  {public:                                     //公用部分
     Teacher(string nam,int a,string t)        //构造函数
       {name=nam;
        age=a;
        title=t;}
     void display()                            //输出教师有关数据
       {cout<<"name:"<<name<<endl;
        cout<<"age"<<age<<endl;
        cout<<"title:"<<title<<endl;
       }
   protected:                                  //保护部分
     string name;
     int age;
     string title;                             //职称
  };

class Student                                  //定义类 Student(学生)
  {public:
     Student(char nam[],char s,float sco)      //构造函数
     {strcpy(name1,nam);
      sex=s;
      score=sco;}
     void display1()                           //定义输出学生有关数据的函数
     {cout<<"name:"<<name1<<endl;
      cout<<"sex:"<<sex<<endl;
      cout<<"score:"<<score<<endl;
     }
   protected:                                  //保护部分
     string name1;
     char sex;
     float score;                              //成绩
  };

class Graduate:public Teacher,public Student   //声明多重继承的派生类 Graduate
  {public:
     Graduate(string nam,int a,char s,string t,float sco,float w):
         Teacher(nam,a,t),Student(nam,s,sco),wage(w) { }
     void show()                               //输出研究生的有关数据
     {cout<<"name:"<<name<<endl;
      cout<<"age:"<<age<<endl;
      cout<<"sex:"<<sex<<endl;
      cout<<"score:"<<score<<endl;
```

```
        cout<<"title:"<<title<<endl;
        cout<<"wages:"<<wage<<endl;
      }
     private:
        float wage;                                    //津贴
    };

int main()
  {Graduate grad1("Wang_li",24,'f',"assistant",89.5,2400);
   grad1.show();
   return 0;
  }
```

运行结果：

```
name: Wang_li
age: 24
sex: f
score: 89.5
title: assistance
wages: 2400
```

程序分析：

由于程序的目的只是说明多重继承的使用方法，因此对各类的成员尽量简化（例如没有部门、专业、授课名称等项目），以减少篇幅。有了此基础，读者就可以举一反三，根据实际需要写出更复杂的程序。

由于在两个基类中把数据成员声明为 protected，因此可以通过派生类的成员函数引用基类的成员。如果在基类中把数据成员声明为 private，则派生类成员函数不能引用这些数据。

有些读者可能已注意到：在两个基类中分别用 name 和 name1 来代表姓名，其实这是同一个人的名字，从 Graduate 类的构造函数中可以看到总参数表中的参数 nam 分别传递给两个基类的构造函数，作为基类构造函数的实参。现在两个基类都需要有姓名这一项，能否用同一个名字 name 来代表？读者可以上机试一下。答案是在本程序中只作这样的修改是不行的，因为在同一个派生类中存在着两个同名的数据成员，在用派生类的成员函数 show 中引用 name 时就会出现二义性，编译系统无法判定应该选择哪一个基类中的 name。

为了解决这个矛盾，程序中分别用 name 和 name1 来代表两个基类中的姓名，这样程序能通过编译，正常运行。但是应该说这是为了通过编译而采用的并不高明的方法。虽然在本程序中这是可行的，但它没有实用意义，因为绝大多数的基类都是已经编写好的、已存在的，用户可以利用它而无法修改它。解决这个问题有一个好方法：**在两个基类中可以都使用同一个数据成员名 name，而在 show 函数中引用数据成员时指明其作用域**，如

```
cout<<"name:"<<Teacher::name<<endl;
```

这就是唯一的,不致引起二义性,能通过编译,正常运行。

通过这个程序还可以发现一个问题:在多重继承时,从不同的基类中会继承来重复的数据,例如在本例中姓名就是重复的,实际上会有更多的重复的数据(如两个基类中都有年龄、性别、住址、电话等),这是很常见的,因为一般情况下使用的是现成的基类。如果有多个基类,问题会更突出。在设计派生类时要细致考虑其数据成员,尽量减少数据冗余。事实上,基类为用户提供了不同的"菜盘子",用户应当善于选择所需的基类,并对它们作某些加工(选择继承方式),还要善于从基类中选用所需的成员,再加上自己增加的成员,组成自己的盘子。

5.6.3 多重继承引起的二义性问题

多重继承可以反映现实生活中的情况,能够有效地处理一些较复杂的问题,使编写程序具有灵活性,但是多重继承也引起了一些值得注意的问题,它增加了程序的复杂度,使程序的编写和维护变得相对困难,容易出错。其中最常见的问题就是继承的成员同名而产生的**二义性**(ambiguous)问题。

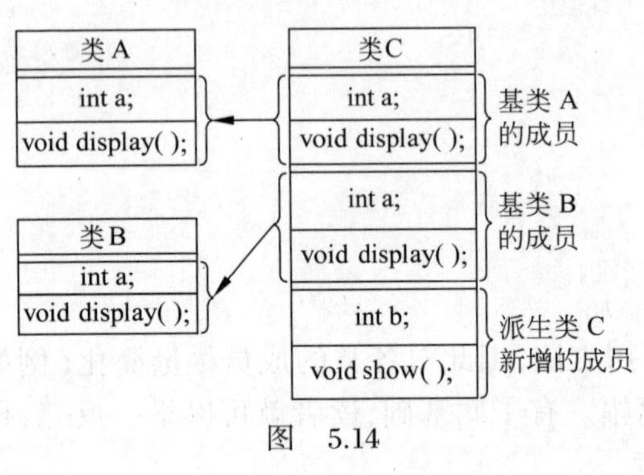

图 5.14

在 5.6.2 节中已经初步地接触到这个问题了,现在作进一步的讨论。

如果类 A 和类 B 中都有成员函数 display 和数据成员 a,类 C 是类 A 和类 B 的直接派生类。分别讨论下列 3 种情况。

(1) 两个基类有同名成员,如图 5.14 所示。

```
class A
  {public:
    int a;
    void display();
  };
class B
  {public:
    int a;
    void display();
  };
class C: public A,public B           //公用继承
  {public:
    int b;
    void show();
  };
```

以上只是一个示意的框架,为了简化,没有写出对成员函数的定义部分。

如果在 main 函数中定义 C 类对象 c1,并调用数据成员 a 和成员函数 display:

```
C c1;                                //定义 C 类对象 c1
```

```
c1.a=3;                          //引用 c1 的数据成员 a
c1.display();                    //调用 c1 的成员函数 display
```

由于基类 A 和基类 B 都有数据成员 a 和成员函数 display，编译系统无法判别要访问的是哪一个基类的成员，因此，程序编译出错。那么，应该怎样解决这个问题呢？可以用基类名来限定：

```
c1.A::a=3;                       //引用 c1 对象中的基类 A 的数据成员 a
c1.A::display();                 //调用 c1 对象中的基类 A 的成员函数 display
```

如果派生类 C 中的成员函数 show 访问基类 A 的 display 和 a，可以不必写对象名而直接写

```
A::a=3;                          //指当前对象
A::display();
```

如同 5.6.2 节最后所介绍的那样。为清楚起见，图 5.14 应改用图 5.15 的形式表示。

（2）两个基类和派生类三者都有同名成员。如将上面的 C 类声明改为

```
class C: public A,public B
  {int a;
   void display();
  };
```

见图 5.16 示意，即有 3 个 a，3 个 display 函数。

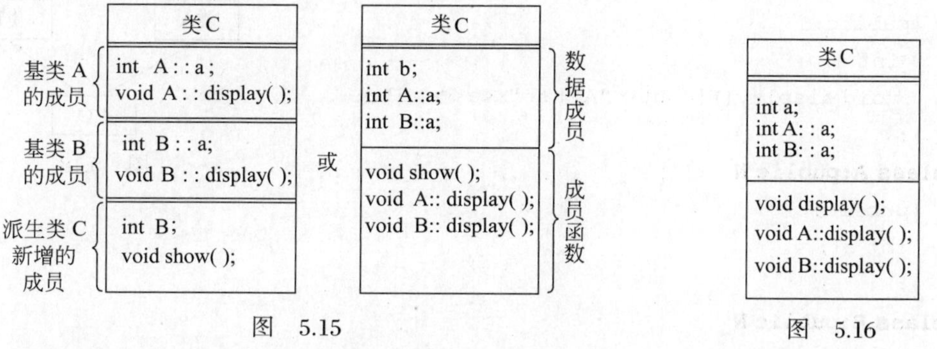

图 5.15　　图 5.16

如果在 main 函数中定义 C 类对象 c1，并调用数据成员 a 和成员函数 display：

```
C c1;
c1.a=3;
c1.display();
```

此时，程序能通过编译，也可以正常运行。请问：执行时访问的是哪一个类中的成员？答案是：访问的是派生类 C 中的成员。规则是：**基类的同名成员在派生类中被屏蔽，成为“不可见”的，或者说，派生类新增加的同名成员覆盖了基类中的同名成员。**因此如果在定义派生类对象的模块中通过对象名访问同名的成员，则访问的是派生类的成员。**不同的成员函数，只有在函数名和参数个数相同、类型相匹配的情况下才发生同名覆盖，如果只有函数名相同而参数不同，不会发生同名覆盖，而属于函数重载。**

有些读者可能觉得同名覆盖不大好理解。为了说明问题,举个例子:在图5.17中,中国是基类,四川是中国的派生类,成都是四川的派生类。基类是相对抽象的,派生类是相对具体的,基类处于外层,具有较广泛的作用域,派生类处于内层,具有局部的作用域。若"中国"类中有平均温度这一属性,四川和成都也都有平均温度这一属性,如果没有四川和成都这两个派生类,谈平均温度显然是指全国平均温度。如果在四川,谈论当地的平均温度显然是指四川的平均温度。如果在成都,谈论当地的平均温度显然是指成都的平均温度。这就是说,全国的"平均温度"在四川省被四川的"平均温度"屏蔽了,或者说,四川的"平均温度"在当地屏蔽了全国的"平均温度"。四川人最关心的是四川的温度,当然不希望用全国温度覆盖四川的平均温度。

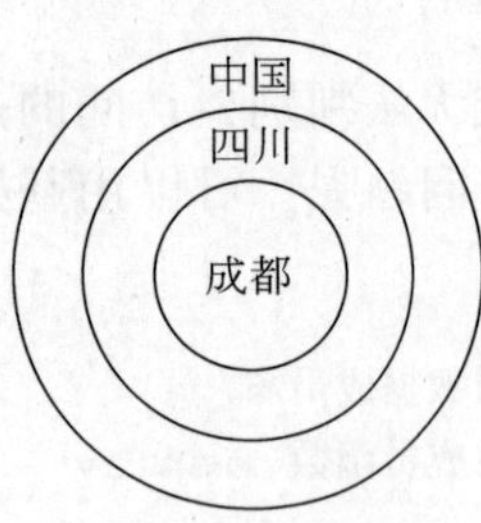

图 5.17

如果在四川要查全国平均温度,一定要声明:我要查的是全国的平均温度。同样,要在派生类外访问基类A中的成员,应指明作用域A,写成以下形式:

```
c1.A::a=3;           //表示是派生类对象c1中的基类A中的数据成员a
c1.A::display();     //表示是派生类对象c1中的基类A中的成员函数display
```

(3) 如果类A和类B是从同一个基类派生的,如图5.18所示。

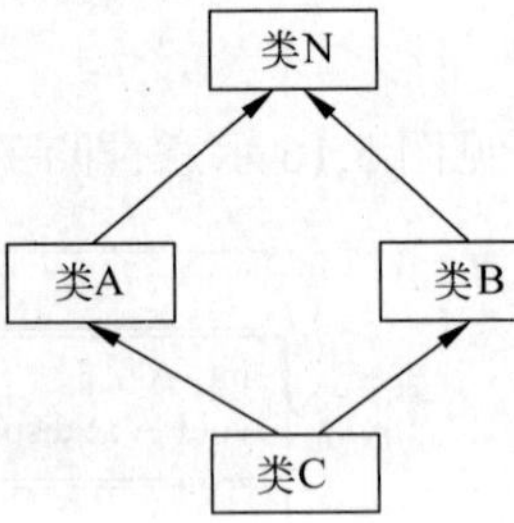

图 5.18

```
class N
  {public:
   int a;
   void display(){cout<<"A::a="<<a<<endl:}
  };
class A:public N
  {public:
   int a1;
  };
class B:public N
  {public:
   int a2;
  };
class C: public A,public B
  {public :
     int a3;
     void show(){cout<<"a3="<<a3<<endl;;
  };
int main()
  {C c1;                //定义C类对象c1
   ⋮
  }
```

在类A和类B中虽然没有定义数据成员a和成员函数display,但是它们分别从类N

继承了数据成员 a 和成员函数 display,这样在类 A 和类 B 中同时存在着两个同名的数据成员 a 和成员函数 display。它们是类 N 成员的拷贝。类 A 和类 B 中的数据成员 a 代表两个不同的存储单元,可以分别存放不同的数据。在程序中可以通过类 A 和类 B 的构造函数去调用基类 N 的构造函数,分别对类 A 和类 B 的数据成员 a 初始化。

图 5.19 和图 5.20 表示了派生类 C 中成员的情况。

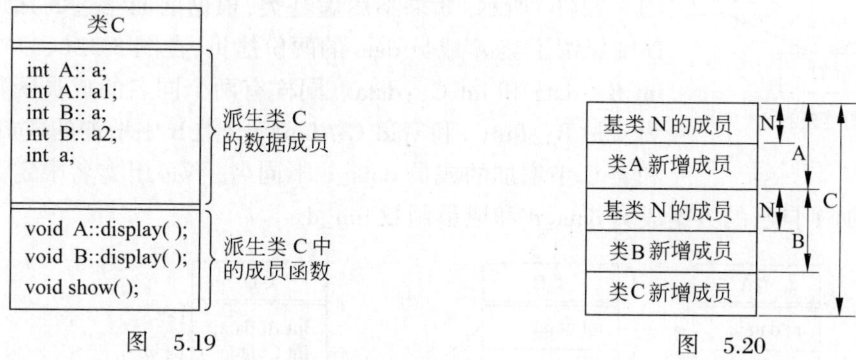

图 5.19　　图 5.20

怎样才能访问 A 类中从基类 N 继承下来的成员呢？显然不能用

```
c1.a=3;c1.display();
```

或

```
c1.N::a=3; c1.N::display();
```

因为这样依然无法区别是类 A 中从基类 N 继承下来的成员,还是类 B 中从基类 N 继承下来的成员。应当通过类 N 的**直接派生类**名来指出要访问的是类 N 的哪一个派生类中的基类成员。如

```
c1.A::a=3; c1.A::display();            //要访问的是类 N 的派生类 A 中的基类成员
```

5.6.4 在继承间接共同基类时减少数据冗余——用虚基类

1. 虚基类的作用

从上面的介绍可知：如果一个派生类有多个直接基类,而这些直接基类又有一个共同的基类,则在最终的派生类中会保留该间接共同基类数据成员的多份同名成员,如图 5.19 和图 5.20 所示。在引用这些同名的成员时,必须在派生类对象名后增加直接基类名,以避免产生二义性,使其唯一地标识一个成员,如 c1.A::display( )。

在一个类中保留间接共同基类的多份同名成员,虽然有时是有必要的,可以在不同的数据成员中分别存放不同的数据,也可以通过构造函数分别对它们进行初始化。但是在大多数情况下,这种现象是人们不希望出现的。因为保留多份数据成员的拷贝,不仅占用较多的存储空间,还增加了访问这些成员时的困难,容易出错,而且实际上并不需要多份拷贝。

C++提供**虚基类**(virtual base class)的方法,使得**在继承间接共同基类时只保留一份**

成员。

假设类D是类B和类C公用派生类,而类B和类C又是类A的派生类,如图5.21所示。设类A有数据成员data和成员函数fun,见图5.22(a)。派生类B和C分别从类A继承了data和fun,此外类B还增加了自己的数据成员data_b,类C增加了数据成员data_c,如图5.22(b)所示。如果不用虚基类,根据前面学过的知识,在类D中保留了类A成员data的两份拷贝,在图5.22(c)中表示为int B::data和int C::data。同样有两个同名的成员函数,表示为void B::fun()和void C::fun()。类B中增加的成员data_b和类C中增加的成员data_c不同名,不必用类名限定。此外,类D还增加了自己的数据成员data_d和成员函数fun_d。

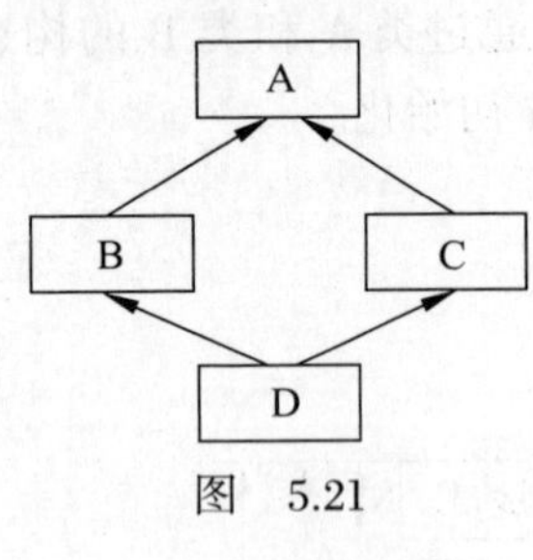

图 5.21

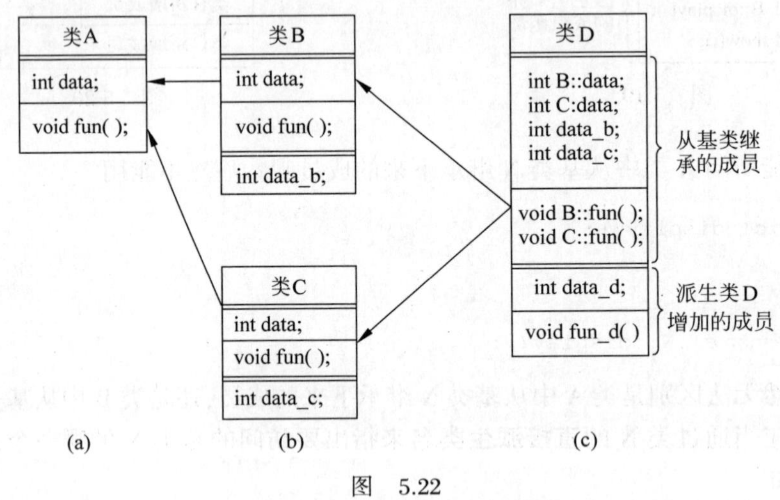

图 5.22

现在采用虚基类方法。将类A作为虚基类,方法如下:

```
class A                          //声明基类A
  {…};
class B: virtual public A        //声明类B是类A的公用派生类,A是B的虚基类
  {…};
class C: virtual public A        //声明类C是类A的公用派生类,A是C的虚基类
  {…};
```

注意:虚基类并不是在声明基类时声明的,而是在声明派生类时,指定继承方式时声明的。因为一个基类可以在生成一个派生类时作为虚基类,而在生成另一个派生类时不作为虚基类。

声明虚基类的一般形式为

class 派生类名: virtual 继承方式 基类名

即在声明派生类时,将关键字virtual加到相应的继承方式前面。经过这样的声明后,当基类通过多条派生路径被一个派生类继承时,该派生类只继承该基类一次,也就是说,基类成员只保留一次。

在派生类B和C中作了上面的虚基类声明后,派生类D中的成员如图5.23所示。

需要注意:**为了保证虚基类在派生类中只继承一次,应当在该基类的所有直接派生类中声明为虚基类,否则仍然会出现对基类的多次继承。**

如果像图5.24所示的那样,在派生类B和C中将类A声明为虚基类,而在派生类D中没有将类A声明为虚基类,则在派生类E中,从类B和C路径派生的部分只保留一份基类成员,而从类D路径派生的部分还保留一份基类成员。

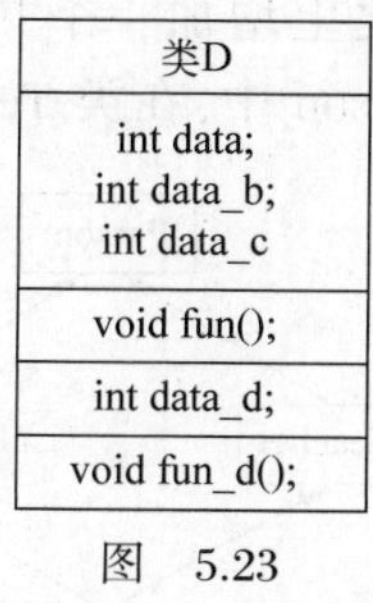

图 5.23

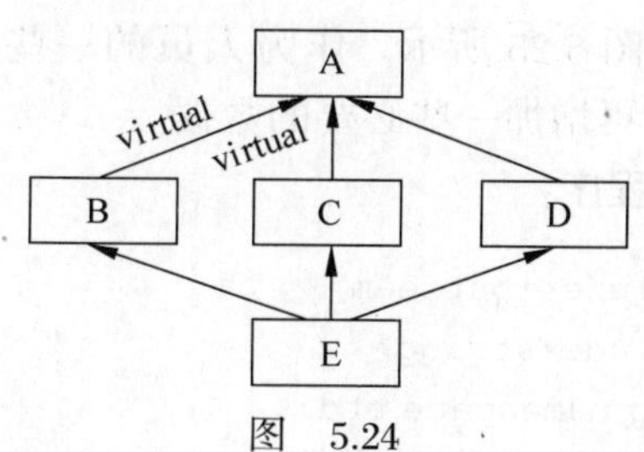

图 5.24

2. 虚基类的初始化

如果在虚基类中定义了带参数的构造函数,而且没有定义默认构造函数,则在其所有派生类(包括直接派生或间接派生的派生类)中,通过构造函数的初始化表对虚基类进行初始化。例如

```
class A                              //定义基类A
  {A(int i){}                        //基类构造函数,有一个参数
    …};
class B: virtual public A            //A作为B的虚基类
  {B(int n):A(n){}                   //类B构造函数,在初始化表中对虚基类初始化
    …};
class C: virtual public A            //A作为C的虚基类
  {C(int n):A(n){}                   //类C的构造函数,在初始化表中对虚基类初始化
    …};
class D: public B,public C           //类D的构造函数,在初始化表中对所有基类初始化
  {D(int n):A(n),B(n),C(n){}
    …};
```

注意:在定义类D的构造函数时,与以往使用的方法有所不同。在以前,在派生类的构造函数中只须负责对其直接基类初始化,再由其直接基类负责对间接基类初始化。现在,由于虚基类在派生类中只有一份数据成员,所以这份数据成员的初始化必须由派生类直接给出。如果不由最后的派生类(如图5.21的类D)直接对虚基类初始化,而由虚基类的直接派生类(如类B和类C)对虚基类初始化,就有可能由于在类B和类C的构造函数中对虚基类给出不同的初始化参数而产生矛盾。所以规定:**在最后的派生类中不仅要负责对其直接基类进行初始化,还要负责对虚基类初始化。**

有的读者会提出：类D的构造函数通过初始化表调用了虚基类的构造函数A,而类B和类C的构造函数也通过初始化表调用了虚基类的构造函数A,这样虚基类的构造函数岂非被调用了3次？实际上,C++编译系统只执行最后的派生类对虚基类的构造函数的调用,而忽略虚基类的其他派生类(如类B和类C)对虚基类的构造函数的调用,这就保证了虚基类的数据成员不会被多次初始化。

3. 虚基类的简单应用举例

例5.9 在例5.8的基础上,在类Teacher和类Student之上增加一个共同的基类Person,如图5.25所示。作为人员的一些基本数据都放在Person中,在类Teacher和类Student中再增加一些必要的数据。

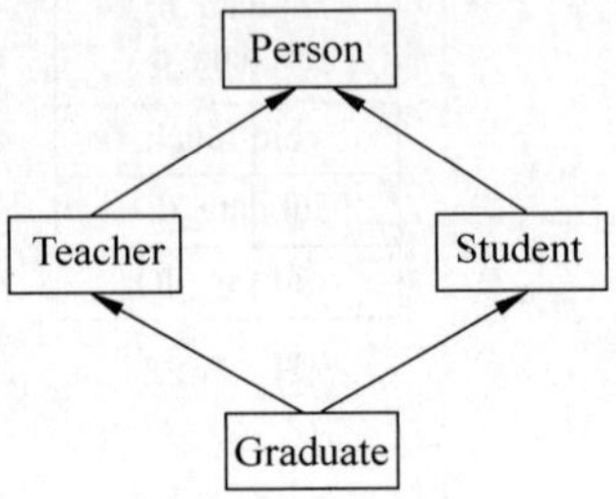

Person
Teacher Student
Graduate

图 5.25

编写程序：

```
#include<iostream>
#include<string>
using namespace std;
   //下面声明公共基类 Person
class Person
  {public:
     Person(string nam,char s,int a)   //构造函数
       {name=nam;sex=s;age=a;}
   protected:                                //保护成员
     string name;
     char sex;
     int age;
  };

   //下面声明 Person 的直接派生类 Teacher
class Teacher:virtual public Person                  //声明 Person 为公用继承的虚基类
  {public:
     Teacher(string nam,char s,int a,string t):Person(nam,s,a)   //构造函数
     {title=t;
     }
   protected:                                        //保护成员
     string title;                                   //职称
  };

   //下面声明 Person 的直接派生类 Student
class Student:virtual public Person                  //声明 Person 为公用继承的虚基类
  {public:
     Student(string nam,char s,int a,float sco)      //构造函数
       :Person(nam,s,a),score(sco){}                 //初始化表
   protected:                                        //保护成员
     float score;                                    //成绩
  };
```

```
//下面声明多重继承的派生类 Graduate
class Graduate:public Teacher,public Student   //Teacher 和 Student 为直接基类
  {public:
     Graduate(string nam,char s,int a,string t,float sco,float w) //构造函数
         :Person(nam,s,a),Teacher(nam,s,a,t),Student(nam,s,a,sco),wage(w){}
                                                                  //初始化表
     void show()                                     //输出研究生的有关数据
      {cout<<"name:"<<name<<endl;
       cout<<"age:"<<age<<endl;
       cout<<"sex:"<<sex<<endl;
       cout<<"score:"<<score<<endl;
       cout<<"title:"<<title<<endl;
       cout<<"wages:"<<wage<<endl;
      }
   private:
     float wage;                                     //津贴
  };
//主函数
int main()
  {Graduate grad1("Wang_li",'f',24,"assistant",89.5,1200);
   grad1.show();
   return 0;
  }
```

运行结果：

```
name: Wang_li
age: 24
sex: f
score: 89.5
title: assistant
wages: 1200
```

程序分析：

（1）Person 类是表示一般人员属性的公用类，其中包括人员的基本数据，现在只包含了 3 个数据成员：name（姓名）、sex（性别）、age（年龄）。类 Teacher 和类 Student 是 Person 的公用派生类，在类 Teacher 中增加 title（职称），在类 Student 中增加 score（成绩）。Graduate（研究生）是类 Teacher 和类 Student 的派生类，在类 Graduate 中增加 wage（津贴）。一个研究生应当包含以上全部数据。为简化程序，除了最后的派生类 Graduate 外，在其他类中均不包含成员函数。

（2）请注意各类的构造函数的写法。在类 Person 中定义了包含 3 个形参的构造函数，用它对数据成员 name，sex 和 age 进行初始化。在类 Teacher 和类 Student 的构造函数中，按规定要在初始化表中包含对基类的初始化，尽管对虚基类来说，编译系统不会由此调用基类的构造函数，但仍然应当按照派生类构造函数的统一格式书写。在最后派生类

Graduate 的构造函数中,既包括对虚基类构造函数的调用,也包括对其直接基类的初始化。

(3) 在类 Graduate 中,只保留了一份基类的成员,因此可以用类 Graduate 中的 show 函数引用类 Graduate 对象中的公共基类 Person 的数据成员 name,sex,age 的值,不需要加基类名和域运算符(::),不会产生二义性。

使用多重继承时要十分小心,经常会出现二义性问题。前面介绍的例子是简单的,如果派生的层次再多一些,多重继承更复杂一些,程序人员很容易陷入迷魂阵,给程序的编写、调试和维护都带来许多困难。因此,许多专业人员不提倡在程序中使用多重继承,只有在比较简单和不易出现二义性的情况或实在必要时才使用多重继承,**如果能用单一继承解决的问题不要使用多重继承**。也是这个原因,有些面向对象的程序设计语言(如 Java,Smalltalk)并不支持多重继承。

5.7 基类与派生类的转换

在前面的介绍中可以看出:3 种继承方式中,只有公有继承能较好地保留基类的特征,它保留了除了构造函数和析构函数以外的基类所有成员,基类的公用或保护成员的访问权限在派生类中全部都按原样保留下来了,在派生类外可以调用基类的公有成员函数以访问基类的私有成员。因此,公用派生类具有基类的全部功能,所有基类能够实现的功能,公用派生类都能实现。而非公用派生类(私有或保护派生类)不能实现基类的全部功能(例如在派生类外不能调用基类的公有成员函数访问基类的私有成员)。**因此,只有公有派生类才是基类真正的子类型,它完整地继承了基类的功能。**

不同类型数据之间在一定条件下可以进行类型的转换,例如整型数据可以赋给双精度型变量,在赋值之前,先把整型数据转换成为双精度型数据,但是不能把一个整型数据赋给指针变量。这种不同类型数据之间的自动转换和赋值,称为**赋值兼容**。现在要讨论的问题是:基类与派生类对象之间是否也有赋值兼容的关系,可否进行类型间的转换?

回答是可以的。基类与派生类对象之间有赋值兼容关系,由于派生类中包含从基类继承的成员,因此可以将派生类对象的值赋给基类对象,在用到基类对象的时候可以用其子类对象代替。具体表现在以下几个方面:

(1) 派生类对象可以向基类对象赋值

可以用子类(即公用派生类)对象对其基类对象赋值。如

```
A a1;                    //定义基类 A 的对象 a1
B b1;                    //定义 A 类的公用派生类 B 的对象 b1
a1=b1;                   //用派生类 B 对象 b1 对基类对象 a1 赋值
```

在赋值时舍弃派生类自己的成员,也就是“大材小用”,如图 5.26 所示。实际上,所谓赋值只是对数据成员赋值,对成员函数不存在赋值问题。

请注意:赋值后不能企图通过对象 a1 去访问派生类对象 b1 的成员,因为 b1 的成员与 a1 的成员是不同的。假设 age 是派生类 B 中增加的公用数据成员,分析下面的用法:

```
a1.age=23;               //错误,a1 中不包含派生类中增加的成员
```

```
b1.age=21;                  //正确,b1 中包含派生类中增加的成员
```

应当注意,子类型关系是单向的、不可逆的。B 是 A 的子类型,而不能说 A 是 B 的子类型。**只能用子类对象对其基类对象赋值,而不能用基类对象对其子类对象赋值**,理由是显然的,因为基类对象不包含派生类的成员,无法对派生类的成员赋值。同理,**同一基类的不同派生类对象之间也不能赋值**。

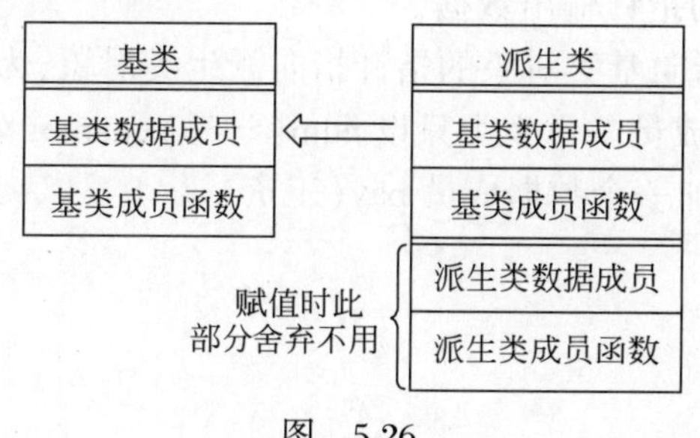

图 5.26

(2) **派生类对象可以替代基类对象向基类对象的引用进行赋值或初始化。**

如已定义了基类 A 对象 a1,可以定义 a1 的引用变量:

```
A a1;                       //定义基类 A 对象 a1
B b1;                       //定义公用派生类 B 对象 b1
A& r=a1;                    //定义基类 A 对象的引用 r,并用 a1 对其初始化
```

这时,r 是 a1 的引用(别名),r 和 a1 共享同一段存储单元。因此可以用子类对象初始化 r,将上面最后一行改为

```
A& r=b1;                    //定义基类 A 对象的引用 r,并用派生类 B 对象 b1 对其初始化
```

或者保留上面第 3 行"A& r=a1;",而对 r 重新赋值:

```
r=b1;                       //用派生类 B 对象 b1 对 a1 的引用 r 赋值
```

注意:此时 r 并不是 b1 的别名,也不是与 b1 共享同一段存储单元。它只是 b1 中基类部分的别名,r 与 b1 中基类部分共享同一段存储单元,r 与 b1 具有相同的起始地址,见图 5.27。

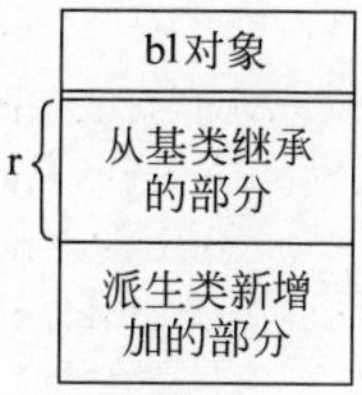

b1对象
r 从基类继承的部分
派生类新增加的部分

图 5.27

(3) **如果函数的参数是基类对象或基类对象的引用,相应的实参可以用子类对象。**

如有一函数 fun:

```
void fun(A& r)              //形参是类 A 的对象的引用
  {cout<<r.num<<endl;} //输出该引用中的数据成员 num
```

函数的形参是类 A 的对象的引用,本来实参应该为类 A 的对象。由于子类对象与派生类对象赋值兼容,派生类对象能自动转换类型,在调用 fun 函数时可以用派生类 B 的对象 b1 作实参:

```
fun(b1);
```

输出类B的对象b1的基类数据成员num的值。

与前面相同,在fun函数中只能输出派生类中基类成员的值。

(4) **派生类对象的地址可以赋给指向基类对象的指针变量,也就是说,指向基类对象的指针变量也可以用来指向派生类对象。**

例5.10 声明一个基类Student(学生),再声明Student类的公用派生类Graduate(研究生),用指向基类对象的指针输出数据。

本例主要是说明用指向基类对象的指针指向派生类对象,为了减少程序长度,便于阅读,在每个类中只设很少成员。学生类只设num(学号),name(名字),score(成绩)3个数据成员,Graduate类只增加一个数据成员pay(工资)。

编写程序:

```
#include<iostream>
#include<string>
using namespace std;
class Student                                   //声明Student类
  {public:
     Student(int,string,float);                 //声明构造函数
     void display();                            //声明输出函数
   private:
     int num;
     string name;
     float score;
  };

Student::Student(int n,string nam,float s) //定义构造函数
  {num=n;
   name=nam;
   score=s;
  }

void Student::display()                         //定义输出函数
  {cout<<endl<<"num:"<<num<<endl;
   cout<<"name:"<<name<<endl;
   cout<<"score:"<<score<<endl;
  }

class Graduate:public Student                   //声明公用派生类Graduate
  {public:
     Graduate(int,string,float,float);          //声明构造函数
     void display();                            //声明输出函数
   private:
     float wage;                                //津贴
  };

Graduate::Graduate (int n,string nam,float s,float w):Student(n,nam,s),
```

```
                    wage(w){}                          //定义构造函数
void Graduate::display()                               //定义输出函数
  {Student::display();                                 //调用 Student 类的 display 函数
   cout<<"wage="<<wage<<endl;
  }

int main()
  {Student stud1(1001,"Li",87.5);                      //定义 Student 类对象 stud1
   Graduate grad1(2001,"Wang",98.5,1000);              //定义 Graduate 类对象 grad1
   Student *pt=&stud1;                 //定义指向 Student 类对象的指针并指向 stud1
   pt->display();                                      //调用 stud1.display 函数
   pt=&grad1;                                          //指针指向 grad1
   pt->display();                                      //调用 grad1.display 函数
  }
```

运行结果：

```
num: 1001
name: Li
score: 87.5

num: 2001
name: wang
score: 98.5
```

程序分析：

程序中定义了指向 Student 类对象的指针变量 pt，并使其指向 stud1，然后通过 pt 调用 display 函数，由于 pt 当前指向 stud1，因此 pt->display( ) 就是 stud1.display( )。执行此函数输出 stud1 中的 num，name，score 的值。然后再使 pt 指向 grad1，调用 pt->display 函数，即 pt 当前指向的对象中的 display 函数。

下面的分析很重要，请仔细阅读思考。很多读者会认为：在派生类中有两个同名的 display 成员函数，根据同名覆盖的规则，被调用的应当是派生类 Graduate 对象的 display 函数，在执行 Graduate::display 函数过程中调用 Student::display 函数，输出 num，name，score，然后再输出 wage 的值。事实上这种推论是错误的，请分析上面的程序运行结果。前 3 行是学生 stud1 的数据，后 3 行是研究生 grad1 的 3 个数据，并没有输出 wage 的值。问题出在什么地方呢？问题在于 pt 是指向 Student 类对象的指针变量，即使让它指向了 grad1，但实际上 pt 指向的是 grad1 中从基类继承的部分。**通过指向基类对象的指针，只能访问派生类中的基类成员，而不能访问派生类增加的成员**。所以 pt->display( ) 调用的不是派生类 Graduate 对象所增加的 display 函数，而是基类的 display 函数，所以只输出研究生 grad1 的 num，name，score 3 个数据。如果想通过指针输出研究生 grad1 的 wage，可以另设一个指向派生类对象的指针变量 ptr，使它指向 grad1，然后用 ptr->display( ) 调用派生类对象的 display 函数。但这不大方便。

通过本例可以看到：用指向基类对象的指针变量指向子类对象是合法的、安全的，不会出现编译上的错误。但在应用上有时却不能满足人们的希望，人们希望通过使用基类指针能够调用基类和子类对象的成员。如果能做到这点,程序人员会感到方便。在第6章就要解决这个问题,办法是使用虚函数和多态性。

5.8 继承与组合

在5.5.2节中已经说明:在一个类中可以用类对象作为数据成员,即子对象。在5.5.2节中的例5.6中,对象成员的类型是基类。实际上,对象成员的类型可以是本派生类的基类,也可以是另外一个已定义的类。在一个类中以另一个类的对象作为数据成员的,称为**类的组合**(composition)。

例如,声明Professor(教授)类是Teacher(教师)类的派生类,另有一个类BirthDate(生日),包含year,month,day等数据成员。可以将教授生日的信息加入到Professor类的声明中。如

```
class Teacher                                    //声明教师类
  {public:
    ⋮
   private:
     int num;
     string name;
     char sex;
  };

class BirthDate                                  //声明生日类
  { public:
      ⋮
    private:
      int year;
      int month;
      int day;
  };

class Professor:public Teacher                   //声明教授类
  {public:
    ⋮
   private:
     BirthDate birthday;                         //BirthDate类的对象作为数据成员
  };
```

类的组合和继承一样,是软件重用的重要方式。组合和继承都是有效地利用已有类的资源。但二者的概念和用法不同。**通过继承建立了派生类与基类的关系**,它是一种“是”的关系,如“白猫是猫”,“黑人是人”,派生类是基类的具体化实现,是基类中的一种。通过组合建立了成员类与组合类(或称复合类)的关系,在本例中BirthDate是成员类,Professor是组合类(在一个类中又包含另一个类的对象成员)。**它们之间不是“是”的**

关系,而是"有"的关系。 不能说教授(Professor)是一个生日(BirthDate),只能说教授(Professor)有一个生日(BirthDate)的属性。

Professor 类通过继承,从 Teacher 类得到了 num,name,age,sex 等数据成员,通过组合,从 BirthDate 类得到了 year,month,day 等数据成员。**继承是纵向的,组合是横向的。**

如果定义了 Professor 对象 prof1,显然 prof1 包含了生日的信息。通过这种方法有效地组织和利用现有的类,改变了程序人员"一切都要自己干"的工作方式,大大减少了工作量。

如果有

```
void fun1(Teacher &);
void fun2(BirthDate &);
```

在 main 函数中调用这两个函数:

```
fun1(prof1);              //正确,形参为 Teacher 类对象的引用,实参为 Teacher 类的
                          //子类对象,与之赋值兼容
fun2(prof1.birthday);     //正确,实参与形参类型相同,都是 BirthDate 类对象
fun2(prof1);              //错误,形参要求 BirthDate 类对象,prof1 是 Professor
                          //类型,不匹配
```

对象成员的初始化的方法已在 5.5.2 节中作过介绍。如果修改了成员类的部分内容,只要成员类的公用接口(如头文件名)不变,如无必要,组合类可以不修改,但组合类需要重新编译。

5.9　继承在软件开发中的重要意义

在本章的开头已经提出,继承是面向对象技术的一个重要内容。有了继承,使软件的重用成为可能。在学习完本章之后,读者肯定对此会有更深刻而具体的体会。

过去,软件人员开发新的软件,能从已有的软件中直接选用完全符合要求的部件不多,一般都要进行许多修改才能使用,实际上有相当部分要重新编写,工作量很大。

缩短软件开发过程的关键是鼓励软件重用。继承机制解决了这个问题。编写面向对象的程序时要把注意力放在实现对自己有用的类上面,对已有的类加以整理和分类,进行剪裁和修改,在此基础上集中精力编写派生类新增加的部分,使这些类能够被程序设计的许多领域使用。**继承是C++和 C 的最重要的区别之一。**

由于C++提供了继承的机制,这就吸引了许多软件公司研发了各种实用的类库。用户将它们作为基类去建立适用于自己的类(即派生类),并在此基础上设计自些已的应用程序。类库的出现使得软件的重用更加方便,现在有一些类库是随着C++编译系统提供给用户的。读者不要认为类库是C++编译系统的一部分。不同的C++编译系统提供的由不同软件公司开发的类库是不同的。在一个C++编译系统环境下利用类库开发的程序,在另一种C++编译系统环境下可能不能工作,除非把类库也移植过去。考虑到广大用户使用的情况,目前随C++编译系统提供的类库是比较通用的,但它的针对性和实用范围也

随之受到限制。随着C++在全球的迅速推广,在世界范围内开发用于各个领域的类库的工作正日益兴旺。

对类库中类的声明一般是放在头文件中,类的实现(函数的定义部分)是单独编译的,以目标代码形式存放在系统某一目录下。用户使用类库时,不需要了解源代码,但必须知道头文件的使用方法和怎样去连接这些目标代码(在哪个子目录中,一般与编译程序在同一子目录中),以便源程序在编译后与之连接。

由于基类是单独编译的,在程序编译时只须对派生类新增的功能进行编译,这就大大提高了调试程序的效率。如果在必要时修改了基类,只要基类的公用接口不变,派生类不必修改,但基类需要重新编译,派生类也必须重新编译,否则不起作用。

下面再来讨论一下,人们为什么这么看重继承,要求在软件开发中使用继承机制,尽可能地通过继承建立一批新的类。为什么不是将已有的类加以修改,使之满足自己应用的要求呢？归纳起来,有以下几个原因:

(1) 有许多基类是被程序的其他部分或其他程序使用的,这些程序要求保留原有的基类不受破坏。使用继承是建立新的数据类型,它继承了基类的所有特征,但不改变基类本身。基类的名称、构成和访问属性丝毫没有改变,不会影响其他程序的使用。

(2) 用户往往得不到基类的源代码。如果想修改已有的类,必须掌握类的声明和类的实现(成员函数的定义)的源代码。但是,如果使用类库,用户是无法知道成员函数的代码的,因此也就无法对基类进行修改,保证了基类的安全。

(3) 在类库中,一个基类可能已被指定与用户所需的多种组件建立了某种关系,因此在类库中的基类是不允许修改的(即使用户知道了源代码,也决不允许修改)。

(4) 实际上,许多基类并不是从已有的其他程序中选取来的,而是专门作为基类设计的。有些基类可能并没有什么独立的功能,只是一个框架,或者说是抽象类。人们根据需要设计了一批能适用于不同用途的通用类,目的是建立通用的数据结构,以便用户在此基础上添加各种功能,建立各种功能的派生类。

(5) 在面向对象程序设计中,需要设计类的层次结构,从最初的抽象类出发,每一层派生类的建立都逐步向着目标的具体实现前进,换句话说,是不断地从抽象到具体的过程。每一层的派生和继承都需要站在整个系统的角度统一规划,精心组织。

习　题

1. 将例5.1的程序片断补充和改写成一个完整、正确的程序,用**公用**继承方式。在程序中应包括输入数据的函数,在程序运行时输入num,name,sex,age,addr的值,程序应输出以上5个数据的值。

2. 将例5.2的程序片断补充和改写成一个完整、正确的程序,用**私有**继承方式。在程序中应包括输入数据的函数,在程序运行时输入num,name,sex,age,addr的值,程序应输出以上5个数据的值。

3. 将例5.3的程序修改、补充,写成一个完整、正确的程序,用保护继承方式。在程序中应包括输入数据的函数。

4. 修改例 5.3 的程序,改为用公用继承方式。上机调试程序,使之能正确运行并得到正确的结果。对这两种继承方式作比较分析,考虑在什么情况下二者不能互相代替。

5. 有以下程序结构,请分析访问权限。

```
class A                                   //A 为基类
  {public:
    void f1();
    int i;
   protected:
    void f2();
    int j;
   private:
    int k;
  };

class B: public A                         //B 为 A 的公用派生类
  {public:
    void f3();
   protected:
    int m;
   private:
    int n;
  };

class C: public B                         //C 为 B 的公用派生类
  {public:
    void f4();
   private:
    int p;
  };

int main()
  {A a1;                                  //a1 是基类 A 的对象
   B b1;                                  //b1 是派生类 B 的对象
   C c1;                                  //c1 是派生类 C 的对象
  }
```

请问:

(1) 在 main 函数中能否用 b1.i,b1.j 和 b1.k 引用派生类 B 对象 b1 中基类 A 的成员?

(2) 派生类 B 中的成员函数能否调用基类 A 中的成员函数 f1 和 f2?

(3) 派生类 B 中的成员函数能否引用基类 A 中的数据成员 i,j,k?

(4) 能否在 main 函数中用 c1.i,c1.j,c1.k,c1.m,c1.n,c1.p 引用基类 A 的成员 i,j,k,派生类 B 的成员 m,n,以及派生类 C 的成员 p?

(5) 能否在 main 函数中用 c1.f1(),c1.f2(),c1.f3()和 c1.f4()调用 f1,f2,f3,f4 成员函数?

(6) 派生类 C 的成员函数 f4 能否调用基类 A 中的成员函数 f1,f2 和派生类中的成员函数 f3?

6. 有以下程序结构,请分析所有成员在各类的范围内的访问属性。

```
class A
  {public:
     void f1();
   protected:
     void f2();
   private:
     int i;
  };

class B: public A
  {public:
     void f3();
     int k;
   private:
     int m;
  };

class C: protected B
  {public:
     void f4();
   protected:
     int m;
   private:
     int n;
  };

class D: private C
  {public:
     void f5();
   protected:
     int p;
   private:
     int q;
  };
int main()
  { A a1;
    B b1;
    C c1;
    D d1;
     :
  }
```

7. 有以下程序,请完成下面工作:

(1) 阅读程序,写出运行时输出的结果。

(2) 然后上机运行,验证结果是否正确。

(3) 分析程序执行过程,尤其是调用构造函数的过程。

```
#include<iostream>
using namespace std;
class A
  {public:
    A(){a=0;b=0;}
    A(int i){a=i;b=0;}
    A(int i,int j){a=i;b=j;}
    void display(){cout<<"a="<<a<<" b="<<b;}
   private:
    int a;
    int b;
  };

class B : public A
  {public:
    B(){c=0;}
    B(int i):A(i){c=0;}
    B(int i,int j):A(i,j){c=0;}
    B(int i,int j,int k):A(i,j){c=k;}
    void display1()
    {display();
     cout<<" c="<<c<<endl;
    }
   private:
    int c;
  };

int main()
  { B b1;
    B b2(1);
    B b3(1,3);
    B b4(1,3,5);
    b1.display1();
    b2.display1();
    b3.display1();
    b4.display1();
    return 0;
  }
```

8. 有以下程序,请完成下面工作:

(1) 阅读程序,写出运行时输出的结果。

(2) 然后上机运行,验证结果是否正确。

(3) 分析程序执行过程,尤其是调用构造函数和析构函数的过程。

```
#include<iostream>
using namespace std;
class A
  {public:
   A(){cout<<"constructing A "<<endl;}
   ~A(){cout<<"destructing A "<<endl;}
  };

class B : public A
  {public:
   B(){cout<<"constructing B "<<endl;}
   ~B(){cout<<"destructing B "<<endl;}
  };

class C : public B
  {public:
   C(){cout<<"constructing C "<<endl;}
   ~C(){cout<<"destructing C "<<endl;}
  };
int main()
  {C c1;
   return 0;
  }
```

9. 分别定义 Teacher(教师)类和 Cadre(干部)类,采用多重继承方式由这两个类派生出新类 Teacher_Cadre(教师兼干部)类。要求:

(1) 在两个基类中都包含姓名、年龄、性别、地址、电话等数据成员。

(2) 在 Teacher 类中还包含数据成员 title(职称),在 Cadre 类中还包含数据成员 post(职务)。在 Teacher_Cadre 类中还包含数据成员 wages(工资)。

(3) 对两个基类中的姓名、年龄、性别、地址、电话等数据成员用相同的名字,在引用这些数据成员时,指定作用域。

(4) 在类体中声明成员函数,在类外定义成员函数。

(5) 在派生类 Teacher_Cadre 的成员函数 show 中调用 Teacher 类中的 display 函数,输出姓名、年龄、性别、职称、地址、电话,然后再用 cout 语句输出职务与工资。

10. 将 5.8 节中的程序片段加以补充完善,成为一个完整的程序。在程序中使用继承和组合。在定义 Professor 类对象 prof1 时给出所有数据的初值,然后修改 prof1 的生日数据,最后输出 prof1 的全部最新数据。

第 6 章 C++的多态性

6.1 什么是多态性

多态性(polymorphism)是面向对象程序设计的一个重要特征。如果一种语言只支持类而不支持多态,是不能称为面向对象语言的,只能说是基于对象的,如 Ada,VB 就属此类。C++支持多态性,在C++程序设计中能够实现多态性。利用多态性可以设计和实现一个易于扩展的系统。

顾名思义,多态的意思是一个事物有多种形态。多态性的英文单词 polymorphism 来源于希腊词根 poly(意为"很多")和 morph(意为"形态")。

在面向对象方法中一般是这样表述多态性的:**向不同的对象发送同一个消息,不同的对象在接收时会产生不同的行为(即方法)。也就是说,每个对象可以用自己的方式去响应共同的消息。所谓消息,就是调用函数,不同的行为就是指不同的实现,即执行不同的函数。**

其实,我们已经多次接触过多态性的现象,例如函数的重载、运算符重载都是多态现象。只是那时没有用到**多态性**这一专门术语而已。例如,使用运算符"+"使两个数值相加,就是发送一个消息,它要调用 operator+函数。实际上,整型、单精度型、双精度型的加法操作过程是互不相同的,是由不同内容的函数实现的。显然,它们以不同的行为或方法来响应同一消息。

在现实生活中可以看到许多多态性的例子。如学校的校长向社会发布一则消息:9 月 1 日新学年开学。不同的对象会作出不同的响应:学生要准备好课本准时到校上课;家长要筹集学费;教师要备好课;后勤部门要准备好教室、宿舍和食堂……由于事先对各种人的任务已作了规定,有了预案,因此,在得到同一个消息时,各种人都知道自己应当怎么做,这就是多态性。可以设想,如果不利用多态性,那么校长就要分别给学生、家长、教师、后勤部门等许多不同的对象分别发通知,分别具体规定每一种人接到通知后应该怎么做。显然这是一件十分复杂而细致的工作。一人负责指挥一切,吃力还不讨好。现在,利用了多态性机制,校长在发布消息时,不必一一具体考虑不同类型人员是怎样执行的。至于各类人员在接到消息后应当做什么,并不是临时决定的,而是由学校的工作机制事先安排决定好的。校长只须不断发布各种消息,各种人员就会按预定方案有条不紊地工作。

在C++中,多态性表现形式之一是:具有不同功能的函数可以用同一个函数名,这样就可以用一个函数名调用不同内容的函数。有一些函数,它们的功能类似但不完全相同,例如计算工资的函数,有的是用来求工人按工时的工资,有的是求职员的效益工资,有的是求公务员的等级工资,他们的计算方法是不同的。按常规应当分别设计多个函数,分别定义他们的实现方法,但是这样比较麻烦,最好用一个函数名统一代表各不同功能的计算工资的函数,可以设计“职工类”作为基类,然后分别声明不同的派生类(如工人派生类、职员派生类、公务员派生类),在类中分别定义同名而不同内容的计算工资的方法。在程序中只要发出一个消息(给出函数名),就可以调用不同功能的工资函数。可以说,多态性是“一个接口,多种方法”。不论对象千变万化,用户都是用同一形式的信息去调用它们,使它们根据事先的安排分别作出反应。

从系统实现的角度看,多态性分为两类:**静态多态性**和**动态多态性**。

静态多态性是通过函数的重载实现的。由函数重载和运算符重载(运算符重载实质上也是函数重载)形成的多态性属于静态多态性,要求在程序编译时就知道调用函数的全部信息,因此,在程序编译时系统就能决定要调用的是哪个函数。静态多态性又称**编译时的多态性**。静态多态性的函数调用速度快、效率高,但缺乏灵活性,在程序运行前就应决定执行的函数和方法。

动态多态性的特点是:不在编译时确定调用的是哪个函数,而是在程序运行过程中才动态地确定操作所针对的对象。它又称**运行时的多态性**。动态多态性是通过**虚函数**(virtual function)实现的。

有关静态多态性的应用(函数的重载和运算符重载)已经介绍过了,在本章中主要介绍动态多态性和虚函数。要研究的问题是:当一个基类被继承为不同的派生类时,各派生类可以使用与基类成员相同的成员名,如果在运行时用同一个成员名调用类对象的成员,会调用哪个对象的成员呢?

在本章中主要讨论这些问题。

6.2 一个典型的例子

下面是一个承上启下的例子。一方面它是有关继承和运算符重载内容的综合应用的例子,通过这个例子可以进一步融会贯通前面所学的内容,另一方面又是作为讨论多态性的一个基础用例。希望读者耐心地、深入地阅读和消化这个程序,弄清其中的每一个细节,进一步掌握编写面向对象的程序的方法。

例6.1 先建立一个Point(点)类,包含数据成员x,y(坐标点)。以它为基类,派生出一个Circle(圆)类,增加数据成员r(半径)。再以Circle类为直接基类,派生出一个Cylinder(圆柱体)类,再增加数据成员h(高)。要求编写程序,重载运算符“<<”和“>>”,使之能用于输出以上类对象。

编写程序:这个题目难度并不大,但程序比较长。对于一个比较大的程序,应当分成若干步骤进行。先声明基类,再声明派生类,逐级进行,分步调试。

(1) 声明基类 Point

可写出声明基类 Point 的部分:

```
#include<iostream>
//声明类 Point
class Point
  {public:
    Point(float x=0,float y=0);                      //有默认参数的构造函数
    void setPoint(float,float);                      //设置坐标值的成员函数
    float getX() const {return x;}                   //读 x 坐标,getX 函数为常成员函数
    float getY() const {return y;}                   //读 y 坐标,getY 函数为常成员函数
    friend ostream & operator<<(ostream &,const Point &);   //友元重载运算符"<<"
   protected:                                        //受保护成员
    float x,y;
  };

//下面定义 Point 类的成员函数

//定义 Point 类的构造函数
Point::Point(float a,float b)                        //对 x,y 初始化
  {x=a;y=b;}
//设置 x 和 y 的坐标值
void Point::setPoint(float a,float b)                //对 x,y 赋以新值
  {x=a;y=b;}
//重载运算符<<,使之能输出点的坐标
ostream & operator<<(ostream &output,const Point &p)
  {output<<"["<<p.x<<","<<p.y<<"]"<<endl;
   return output;
  }
```

以上完成了基类 Point 类的声明。为了提高程序调试的效率,建议对程序分步调试,不要将一个长的程序都写完以后才统一调试,那样在编译时可能会同时出现大量的编译错误,面对一个长的程序,程序人员往往难以迅速准确地找到出错位置。要善于将一个大的程序分解为若干文件,分别编译,或者分步调试,先通过最基本的部分,再逐步扩充。

现在要对上面写的基类声明进行调试,检查它是否有错,为此要写出下面的 main 函数。实际上它是一个测试程序。

```
int main()
  {Point p(3.5,6.4);                                 //建立 Point 类对象 p,对 x,y 初始化
   cout<<"x="<<p.getX()<<",y="<<p.getY()<<endl;      //输出 p 的坐标值 x,y
   p.setPoint(8.5,6.8);                              //重新设置 p 的坐标值
   cout<<"p(new):"<<p<<endl;                         //用重载运算符<<输出 p 点坐标
  }
```

运行结果:

```
x=3.5,y=6.4
p(new):[8.5,6.8]
```

程序分析:

测试程序检查了基类中各函数的功能,以及运算符重载的作用,证明程序是正确的。getX 和 getY 函数声明为常成员函数,作用是只允许函数引用类中的数据,而不允许修改它们,以保证类中数据的安全。数据成员 x 和 y 声明为 protected,这样可以被派生类访问(如果声明为 private,派生类是不能访问的)。

(2) 声明派生类 Circle

在上面的基础上,再写出声明派生类 Circle 的部分:

```
class Circle:public Point                              //circle 是 Point 类的公用派生类
  {public:
     Circle(float x=0,float y=0,float r=0);     //构造函数
     void setRadius(float);                     //设置半径值的函数
     float getRadius() const;                   //读取半径值的函数
     float area() const;                        //计算圆面积的函数
     friend ostream &operator<<(ostream &,const Circle &);   //重载运算符"<<"
   private:
     float radius;
  };

//定义 Circle 类的构造函数,对圆心坐标和半径初始化
Circle::Circle(float a,float b,float r):Point(a,b),radius(r){}
//定义设置半径值的函数
void Circle::setRadius(float r)
  {radius=r;}
//定义读取半径值的函数
float Circle::getRadius() const {return radius;}
//定义计算圆面积的函数
float Circle::area() const
  {return 3.14159*radius*radius;}
//重载运算符<<,使之按规定的形式输出圆的信息
ostream &operator<<(ostream &output,const Circle &c)
  {output<<"Center=["<<c.x<<","<<c.y<<"],r="<<c.radius<<",area="<<c.area()
   <<endl;
   return output;
  }
```

为了测试以上 Circle 类的定义,可以写出下面的主函数:

```
int main()
  {Circle c(3.5,6.4,5.2);                  //建立 Circle 类对象 c 并指定圆心坐标和半径
   cout<<"original circle:\nx="<<c.getX()<<",y="<<c.getY()<<",r="
```

```
    <<c.getRadius()<<",area="<<c.area()<<endl;      //输出圆心坐标、半径和面积
    c.setRadius(7.5);                       //设置半径值
    c.setPoint(5,5);                        //设置圆心坐标值 x,y
    cout<<"new circle:\n"<<c;               //用重载运算符<<输出圆对象的信息
    Point &pRef=c;                          //pRef 是 Point 类的引用,被 c 初始化
    cout<<"pRef:"<<pRef;                    //输出 pRef 的信息
    return 0;
  }
```

运行结果：

```
original circle:                            (输出原来的圆的数据)
x=3.5,y=6.4,r=5.2,area=84.9486
new circle:                                 (输出修改后的圆的数据)
Center=[5,5],r=7.5,area=176.714
PRef:[5,5]                                  (输出圆的圆心"点"的数据)
```

程序分析：

可以看到，在 Point 类中声明了一次运算符“<<”重载函数，在 Circle 类中又声明了一次运算符“<<”，两次重载的运算符“<<”内容是不同的，在编译时编译系统会根据输出项的类型确定调用哪一个运算符重载函数。main 函数第 7 行用“cout<<”输出 c，调用的是在 Circle 类中声明的运算符重载函数。

请注意 main 函数第 8 行：

```
Point & pRef=c;
```

定义了 Point 类的引用 pRef，并用派生类 Circle 对象 c 对其初始化。在 5.7 节中曾说明：**派生类对象可以替代基类对象向基类对象的引用初始化或赋值**。现在 Circle 是 Point 的公用派生类，因此，pRef 不能认为是 c 的别名，它得到了 c 的起始地址，只是 c 中基类部分的别名，与 c 中基类部分共享同一段存储单元。所以用“cout<<pRef”输出时，调用的不是在 Circle 中声明的运算符重载函数，而是在 Point 中声明的运算符重载函数，输出的是“点”的信息，而不是“圆”的信息。

(3) **声明 Circle 的派生类 Cylinder**

前面已从基类 Point 派生出 Circle 类(圆)，现在再从 Circle 派生出 Cylinder 类(圆柱体)。

```
class Cylinder:public Circle                        //Cylinder 是 Circle 的公用派生类
  {public:
     Cylinder(float x=0,float y=0,float r=0,float h=0);          //构造函数
     void setHeight(float);                         //设置圆柱高的函数
     float getHeight() const;                       //读取圆柱高的函数
     float area() const;                            //计算圆表面积的函数
     float volume() const;                          //计算圆柱体积的函数
     friend ostream& operator<<(ostream&,const Cylinder&);    //重载运算符"<<"
   protected:
```

```
    float height;                                    //圆柱高
  };
//定义构造函数
Cylinder::Cylinder(float a,float b,float r,float h)
  :Circle(a,b,r),height(h){}
//定义设置圆柱高的函数
void Cylinder::setHeight(float h){height=h;}
//定义读取圆柱高的函数
float Cylinder::getHeight() const {return height;}
//定义计算圆表面积的函数
float Cylinder::area() const
  { return 2*Circle::area()+2*3.14159*radius*height;}
//定义计算圆柱体积的函数
float Cylinder::volume() const
  {return Circle::area()*height;}
//重载运算符"<<"的函数
ostream &operator<<(ostream &output,const Cylinder& cy)
  {output<<"Center=["<<cy.x<<","<<cy.y<<"],r="<<cy.radius<<",h="<<cy.
  height<<"\narea="<<cy.area()<<",volume="<<cy.volume()<<endl;
  return output;
}
```

可以写出下面的主函数：

```
int main()
  {Cylinder cy1(3.5,6.4,5.2,10);                //定义Cylinder类对象cy1,并初始化
   cout <<"original cylinder:\nx="<<cy1.getX()<<",y="<<cy1.getY()<<",r="
        <<cy1.getRadius()<<",h="<<cy1.getHeight()<<"\narea="<<cy1.area()
        <<",volume="<<cy1.volume()<<endl; //用系统定义的运算符"<<"输出圆柱
                                          //cy1的数据
   cy1.setHeight(15);                           //设置圆柱高
   cy1.setRadius(7.5);                          //设置圆半径
   cy1.setPoint(5,5);                           //设置圆心坐标值x,y
   cout<<"\nnew cylinder:\n"<<cy1;              //用重载运算符"<<"输出cy1的数据
   Point &pRef=cy1;                             //pRef是Point类对象的引用
   cout<<"\npRef as a point:"<<pRef;            //pRef作为一个"点"输出
   Circle &cRef=cy1;                            //cRef是Circle类对象的引用
   cout<<"\ncRef as a Circle:"<<cRef;           //cRef作为一个"圆"输出
   return 0;
  }
```

运行结果：

```
original cylinder:                        (输出cy1的初始值)
x=3.5,y=6.4,r=5.2,h=10                    (输出圆心坐标x,y,以及半径r,高h)
area=496.623,volume=849.486               (输出圆柱表面积area和体积volume)
```

```
new cylinder:                                 (输出 cy1 的新值)
Center=[5,5],r=7.5,h=15                       (以[5,5]形式输出圆心坐标)
area=1060.29,volume=2650.72                   (输出圆柱表面积 area 和体积 volume)

pRef as a point:[5,5]                         (pRef 作为一个"点"输出)
cRef as a Circle: Center=[5,5],r=7.5,area=176.714  (cRef 作为一个"圆"输出)
```

程序分析：

在 Cylinder 类中定义了 area 函数，它与 Circle 类中的 area 函数同名，根据 5.6.3 节中叙述的同名覆盖的原则，cy1.area()调用的是 Cylinder 类的 area 函数（求圆柱表面积），而不是 Circle 类的 area 函数（圆面积）。请注意，这两个 area 函数不是重载函数，它们不仅函数名相同，而且函数类型和参数个数都相同，两个同名函数不在同一个类中，而是分别在基类和派生类中，属于同名覆盖。重载函数的参数个数和参数类型必须至少有一者不同，否则系统无法确定调用其中哪一个函数。

main 函数第 9 行用"cout<<cy1"来输出 cy1，由于"<<"后面是 Cylinder 类的对象 cy1，显然，不是使用系统提供的输出标准数据的运算符，此时系统会根据 cy1 的类型调用重载的"<<"，读者可以从重载"<<"的函数中看到，它有一个形参是 Cylinder 类对象的引用。因此用重载的运算符"<<"，按在重载时规定的方式输出圆柱体 cy1 的有关数据。

main 函数中最后 4 行的含义与在定义 Circle 类时的情况类似。pRef 是 Point 类的引用，用 cy1 对其初始化，但它不是 cy1 的别名，只是 cy1 中基类 Point 部分的别名，在输出 pRef 时是作为一个 Point 类对象输出的，也就是说，它是一个"点"。同样，cRef 是 Circle 类的引用，用 cy1 对其初始化，但 cRef 只是 cy1 中的直接基类 Circle 部分的别名，在输出 cRef 时是作为 Circle 类对象输出的，它是一个"圆"，而不是一个"圆柱体"。这从输出的结果可以看出调用的是哪个运算符函数。

在本例中存在静态多态性，这是运算符重载引起的（注意 3 个运算符函数是重载而不是同名覆盖，因为有一个形参类型不同）。读者可以看到，在编译时编译系统即可以判定应调用哪个重载运算符函数。稍后将在此基础上讨论动态多态性问题。

说明：例 6.1 是一个并不复杂的程序，但是它是一个完整的、典型的C++程序，用到了前面各章介绍的基本知识，包括类和对象的使用，构造函数、运算符重载、类的继承与派生、多态性等。希望读者能仔细反复阅读，深入理解和思考。

通过这个典型例子，读者还应该得到两点收获：

(1) 进一步体会C++面向对象程序设计的特点，面向对象程序设计的思路是与面向过程的思路完全不同的，面向过程的思路是从微观出发的去解决一个又一个具体的问题，而面向对象的思路是从宏观出发的，先考虑整体再考虑细节。从整体考虑建立类和对象，处理问题的具体过程是由类中的成员函数承担的。

面向对象程序设计中其实包含了面向过程的方法，类中的成员函数处理问题的方法就是面向过程的。如果程序全部都采用面向过程方法处理，程序往往是比较复杂的，而把它分散在各成员函数中处理，每个成员函数中的面向过程部分就简单多了。

读者应学会面向对象程序设计的思路，学会设计类和对象。

(2) 懂得怎样分步构建一个C++程序。实际上任何一个C++程主要都是由两个部分组成的：一是建立类(包括在类内外定义成员函数)；二是主函数，在主函数中定义对象，主函数是总调度，先后调用各类对象中的成员函数去处理各个任务。

有了以上基础，再进一步学习更复杂一些的C++程序(例如例6.4)就不会太困难了。希望读者多看一些C++程序(包括本书的参考用书《C++面向对象程序设计题解与上机指导(第3版)》和《C++程序设计实践指导》中的一些实倒)，会有利于提高理解和编写C++程序设计的能力。

6.3 利用虚函数实现动态多态性

6.3.1 虚函数的作用

我们已经知道，在同一类中是不能定义两个名字相同、参数个数和类型都相同的函数的，否则就是"重复定义"。但是在类的继承层次结构中，在不同的层次中可以出现名字相同、参数个数和类型都相同而功能不同的函数。例如在例6.1程序中，在Circle类中定义了area函数，在Circle类的派生类Cylinder中也定义了一个area函数。这两个函数不仅名字相同，而且参数个数相同(均为0)，但功能不同，函数体是不同的。前者的作用是求圆面积，后者的作用是求圆柱体的表面积。这是合法的，因为它们不在同一个类中。编译系统按照**同名覆盖**的原则决定调用的对象。在例6.1程序中用cy1.area()调用的是派生类Cylinder中的成员函数area。如果想调用cy1中的直接基类Circle的area函数，应当表示为cy1.Circle::area()。用这种方法来区分两个同名的函数。但是这样做很不方便。

人们提出这样的设想，能否用同一个调用形式，能调用派生类和基类的同名函数。在程序中不是通过不同的对象名去调用不同派生层次中的同名函数，而是**通过指针**分别调用这些同名的函数。例如，用同一个语句"pt->display();"可以调用不同派生层次中的display函数，只须在调用前临时给指针变量pt赋以不同的值(使之指向不同的类对象)即可。

打个比方，你要去某一地方办事，如果乘坐公交车，必须事先确定目的地，然后乘坐能够到达目的地的公交车。如果改为乘出租车，就简单多了，不必查行车路线，只要在上车后临时告诉司机要到哪里即可。如果想访问多个目的地，只要在到达一个目的地后再告诉司机下一个目的地即可，显然，"打的"要比乘公交车方便，无论到什么地方去都可以乘同一辆出租车。这就是通过同一种形式能达到不同目的的例子。前面那种上车前事先确定路线的就是**静态多态**，而出租车临时决定行程的相当于**动态多态**。

C++中的虚函数就是用来解决动态多态问题的。所谓虚函数，就是在基类中声明函数是虚拟的，并不是实际存在的函数，然后在派生类中才正式定义此函数。在程序运行期间，用指针指向某一派生类对象，这样就能调用指针指向的派生类对象中的函数，而不会调用其他派生类中的函数。这就如同上车后才临时告诉司机要去的目的地。

虚函数的作用是允许在派生类中重新定义与基类同名的函数，并且可以通过基类指针或引用来访问基类和派生类中的同名函数。

请分析例6.2。这个例子开始讲解时没有使用虚函数，然后再讨论使用虚函数的情况。

例 6.2 基类与派生类中有同名函数。

在下面的程序中 Student 是基类, Graduate 是派生类, 它们都有 display 这个同名的函数。

```
#include<iostream>
#include<string>
using namespace std;
//声明基类 Student
class Student
  {public:
     Student(int,string,float);                    //声明构造函数
     void display();                               //声明输出函数
   protected:                                      //受保护成员,派生类可以访问
     int num;
     string name;
     float score;
  };

//Student 类成员函数的实现
Student::Student(int n,string nam,float s)        //定义构造函数
  {num=n;name=nam;score=s;}
void Student::display()                           //定义输出函数
  {cout<<"num:"<<num<<"\nname:"<<name<<"\nscore:"<<score<<"\n\n";}

//声明公用派生类 Graduate
class Graduate:public Student
  {public:
     Graduate(int,string,float,float);             //声明构造函数
     void display();                               //与基类的输出函数同名
   private:
     float wage;
  };

//Graduate 类成员函数的实现
Graduate::Graduate(int n,string nam,float s,float w):Student(n,nam,s),
                   wage(w){}
void Graduate::display()                          //定义输出函数
  {cout<<"num:"<<num<<"\nname:"<<name<<"\nscore:"<<score<<"\nwage="<<wage
       <<endl;}

//主函数
int main()
  {Student stud1(1001,"Li",87.5);                 //定义 Student 类对象 stud1
   Graduate grad1(2001,"Wang",98.5,1200);         //定义 Graduate 类对象 grad1
```

```
    Student *pt=&stud1;                     //定义指向基类对象的指针变量pt,指向stud1
    pt->display();                          //输出Student(基类)对象stud1中的数据
    pt=&grad1;                              //pt指向Graduate类对象grad1
    pt->display();                          //希望输出Graduate类对象grad1中的数据
    return 0;
}
```

运行结果:

```
num: 1001                                   (stud1的数据)
name: Li
score: 87.5

num: 2001                                   (grad1中基类部分的数据)
name: wang
score: 98.5
```

请仔细分析运行结果。

程序分析:

这个程序和第5章中的例5.9基本上是相同的,在5.7节中对该程序作过一些分析。Student类中的display函数的作用是输出学生的数据,Graduate类中的display函数的作用是输出研究生的数据,二者的作用是不同的。在主函数中定义了指向基类对象的指针变量pt,并先使pt指向stud1,用pt->display()输出基类对象stud1的全部数据成员,然后使pt指向grad1,再调用pt->display(),企图输出grad1的全部数据成员,但实际上只输出了grad1中的基类的数据成员,说明它并没有调用grad1中的display函数,而是调用了stud1的display函数。

假如想输出grad1的全部数据成员,当然也可以采用这样的方法:通过对象名调用display函数,如grad1.display(),或者定义一个指向Graduate类对象的指针变量ptr,然后使ptr指向grad1,再用ptr->display()调用。这当然是可以的,但是如果该基类有多个派生类,每个派生类又产生新的派生类,形成了同一基类的**类族**。每个派生类都有同名函数display,在程序中要调用同一类族中不同类的同名函数,就要定义多个指向各派生类的指针变量。这两种办法都不方便,它要求在调用不同派生类的同名函数时采用不同的调用方式,正如同前面所说的那样,到不同的目的地要乘坐指定的不同的公交车,一一对应,不能搞错。如果能够用同一种方式去调用同一类族中不同类的所有的同名函数,那就好了。

用虚函数就能顺利地解决这个问题。下面对程序作一点修改,在Student类中声明display函数时,在最左面加一个关键字virtual,即

```
virtual void display();
```

这样就把Student类的display函数声明为**虚函数**。程序其他部分都不改动。再编译和运行程序,请注意分析**运行结果**:

```
num: 1001                                   (stud1的数据)
name: Li
score: 87.5
```

```
num: 2001                                    (grad1 中基类部分的数据)
name: wang
score: 98.5
wage=1200                                    (这一项以前是没有的)
```

这就是虚函数的奇妙作用。现在用同一个指针变量(指向基类对象的指针变量),不但输出了学生 stud1 的全部数据,而且还输出了研究生 grad1 的全部数据,说明已调用了 grad1 的 display 函数。用同一种调用形式 **pt->display**( ),而且 pt 是同一个基类指针,可以调用同一类族中不同类的虚函数。这就是**多态性**,对同一消息,不同对象有不同的响应方式。

说明:本来,基类指针是用来指向基类对象的,如果用它指向派生类对象,则自动进行指针类型转换,将派生类的对象的指针先转换为基类的指针,这样,基类指针指向的是派生类对象中的基类部分。在程序修改前,是无法通过基类指针去调用派生类对象中的成员函数的。

虚函数突破了这一限制,在基类中的 display 被声明为虚函数,而在声明派生类时被重载,这时派生类的同名函数 display 就取代了其基类中的虚函数。因此在使基类指针指向派生类对象后,调用 display 函数时就调用了派生类的 display 函数。要注意的是,只有用 virtual 声明了函数为虚函数后才具有以上作用。如果不声明为虚函数,企图通过基类指针调用派生类的非虚函数是不行的。在这前面的例子中已经说明了。

虚函数的以上功能是很有实用意义的。在面向对象的程序设计中,经常会用到类的继承,目的是保留基类的特性,以减少新类开发的时间。但是,从基类继承来的某些成员函数不完全适应派生类的需要,例如在例 6.2 中,基类的 display 函数只输出基类的数据,而派生类的 display 函数需要输出派生类的数据。过去我们曾经使派生类的输出函数与基类的输出函数不同名(如 display 和 display1),但如果派生的层次多,就要起许多不同的函数名,很不方便。如果采用同名函数,又会发生同名覆盖。

利用虚函数就很好地解决了这个问题。当把基类的某个成员函数声明为虚函数后,允许在其派生类中对该函数重新定义,赋予它新的功能,并且可以通过指向基类的指针指向同一类族中不同类的对象,从而调用其中的同名函数。

由虚函数实现的动态多态性就是:同一类族中不同类的对象,对同一函数调用作出不同的响应。

虚函数的使用方法是:

(1) 在基类中用 virtual 声明成员函数为虚函数。在类外定义虚函数时,不必再在函数名前面加 virtual。

(2) 在派生类中重新定义此函数,函数名、函数类型、函数参数个数和类型必须与基类的虚函数相同,根据派生类的需要重新定义函数体。

当一个成员函数被声明为虚函数后,其派生类中的同名函数都自动成为虚函数。因此在派生类重新声明该虚函数时,可以加 virtual,也可以不加,但习惯上一般在每一层声明该函数时都加 virtual,使程序更加清晰。

如果在派生类中没有对基类的虚函数重新定义,则派生类简单地继承其直接基类的虚函数。

(3) 定义一个指向基类对象的指针变量,并使它指向同一类族中需要调用该函数的对象。

(4) 通过该指针变量调用此虚函数,此时调用的就是指针变量指向的对象的同名函数。

通过虚函数与指向基类对象的指针变量的配合使用,就能实现动态的多态性。如果想调用同一类族中不同类的同名函数,只要先用基类指针指向该类对象即可。如果指针先后指向同一类族中不同类的对象,就能不断地调用这些对象中的同名函数。这就如同前面说的,不断地告诉出租车司机要去的目的地,然后司机把你送到你要去的地方。

需要说明:有时在基类中定义的**非虚函数**会在派生类中被重新定义(如例6.1中的area函数),如果用**基类指针**调用该成员函数,则系统会调用对象中基类部分的成员函数;如果用**派生类指针**调用该成员函数,则系统会调用派生类对象中的成员函数,这并不是多态性行为(使用的是不同类型的指针),没有用到虚函数的功能。

以前介绍的函数重载处理的是同一层次上的同名函数问题,而虚函数处理的是不同派生层次上的同名函数问题,前者是**横向重载**,后者可以理解为**纵向重载**,但与重载不同的是:同一类族的虚函数的首部是相同的,而函数重载时函数的首部是不同的(参数个数或类型不同)。

6.3.2 静态关联与动态关联

下面进一步探讨C++是怎样实现多态性的。从例6.2中修改后的程序可以看到,同一个display函数在不同对象中有不同的作用,呈现了多态。计算机系统应该能正确地选择调用对象。

在现实生活中,多态性的例子是很多的。我们分析一下人是怎样处理多态性的。例如,新生被录取入大学,在入学报到时,先有一名工作人员审查材料,他的职责是甄别资格,然后根据录取通知书上注明的录取的系和专业,将材料转到有关的系和专业,办理具体的注册入学手续,即调用不同部门的处理程序办理入学手续。在学生眼里,这名工作人员是总的入口,所有新生办入学手续都要经过他。学生拿的是统一的录取通知书,但实际上分属不同的系,要进行不同的具体注册手续,这就是多态。那么,这名工作人员怎么处理多态呢?依据什么把它分发到哪个系呢?就是根据录取通知书上的一个信息(学生被录取入本校某系)。可见,要区分就必须要有相关的信息,否则是无法判别的。

同样,编译系统要根据已有的信息,对于同名函数的调用作出判断。例如函数的重载,系统是根据参数的个数和类型的不同去找与之匹配的函数的。对于调用同一类族中的虚函数,应当在调用时用一定的方式告诉编译系统,要调用的是哪个类对象中的函数。例如可以直接提供对象名,如stud1.display()或grad1.display()。这样编译系统在对程序进行编译时,即能确定调用的是哪个类对象中的函数。

确定调用的具体对象的过程称为**关联**(binding)。Binding的原意是捆绑或连接,即把两样东西捆绑(或连接)在一起。在这里是指把一个函数名与一个类对象捆绑在一起,建立**关联**。一般地说,关联指把一个标识符和一个存储地址联系起来。在计算机辞典中可以查到,所谓**关联**,是指计算机程序中不同的部分互相连接的过程。有些书中把

binding 译为**联编**、**编联**、**束定**，或兼顾音和意，称为**绑定**。作者认为：从意思上说，**关联**比较确切，也好理解，意思是建立两者之间的关联关系。但目前在有些书刊中用了**联编**这个术语。读者在看到这个名词时，应当知道就是本书中介绍的**关联**。

前面提到的函数重载和通过对象名调用的虚函数，在编译时即可确定其调用的虚函数属于哪一个类，其过程称为**静态关联**（static binding），由于是在运行前进行关联的，故又称为**早期关联**（early binding）。函数重载属静态关联。

在 5.3.1 节的程序中看到了怎样使用虚函数，在调用虚函数时并没有指定对象名，那么系统是怎样确定关联的呢？读者可以看到，是通过基类指针与虚函数的结合来实现多态性的。先定义了一个指向基类的指针变量，并使它指向相应的类对象，然后通过这个基类指针去调用虚函数（例如 pt->display()）。显然，对这样的调用方式，编译系统在编译该行时是无法确定调用哪一个类对象的虚函数的。因为编译只作静态的语法检查，光从语句形式（例如"pt->display();"）是无法确定调用对象的。

在这样的情况下，编译系统把它放到运行阶段处理，在运行阶段确定关联关系。在运行阶段，基类指针变量先指向了某一个类对象，然后通过此指针变量调用该对象中的函数。此时调用哪一个对象的函数无疑是确定的。例如，先使 pt 指向 grad1，再执行 pt->display()，当然是调用 grad1 中的 display 函数。由于是在运行阶段把虚函数和类对象"绑定"在一起的，因此，此过程称为**动态关联**（dynamic binding）。这种多态性是**动态的多态性**，即**运行阶段的多态性**。

在运行阶段，指针可以先后指向不同的类对象，从而调用同一类族中不同类的虚函数。由于动态关联是在编译以后的运行阶段进行的，因此也称为**滞后关联**（late binding）。

6.3.3 在什么情况下应当声明虚函数

使用虚函数时，有两点要注意：

（1）只能用 virtual 声明类的**成员函数**，把它作为虚函数，而不能将类外的**普通函数**声明为虚函数。因为虚函数的作用是允许在派生类中对基类的虚函数重新定义。显然，它只能用于类的继承层次结构中。

（2）一个成员函数被声明为虚函数后，在同一类族中的类就不能再定义一个非 virtual 的但与该虚函数具有相同的参数（包括个数和类型）和函数返回值类型的同名函数。

根据什么考虑是否把一个成员函数声明为虚函数呢？主要考虑以下几点：

（1）首先看成员函数所在的类是否会作为基类。然后看成员函数在类的继承后有无可能被更改功能，如果希望更改其功能的，一般应该将它声明为虚函数。

（2）如果成员函数在类被继承后功能不需修改，或派生类用不到该函数，则不要把它声明为虚函数。不要仅仅考虑到要作为基类而把类中的所有成员函数都声明为虚函数。

（3）应考虑对成员函数的调用是通过对象名还是通过基类指针或引用去访问，如果是通过基类指针或引用去访问的，则应当声明为虚函数。

（4）有时，在定义虚函数时，并不定义其函数体，即函数体是空的。它的作用只是定义了一个虚函数名，具体功能留给派生类去添加。在 6.4 节中将详细讨论此问题。

需要说明的是：使用虚函数，系统要有一定的空间开销。当一个类带有虚函数时，编译系统会为该类构造一个虚函数表(virtual function table,简称 vtable),它是一个指针数组,存放每个虚函数的入口地址。系统在进行动态关联时的时间开销是很少的,因此,多态性是高效的。

6.3.4 虚析构函数

前面曾介绍过,析构函数的作用是在对象撤销之前做必要的“清理现场”的工作。当派生类的对象从内存中撤销时一般先调用派生类的析构函数,然后再调用基类的析构函数。但是,如果用 new 运算符建立了临时对象,若基类中有析构函数,并且定义了一个指向该基类的指针变量。在程序用带指针参数的 delete 运算符撤销对象时,会发生一个情况:系统会只执行基类的析构函数,而不执行派生类的析构函数。

例 6.3 基类中有非虚析构函数时的执行情况。

编写程序:为简化程序,只列出最必要的部分。

```
#include<iostream>
using namespace std;
class Point                                              //定义基类 Point 类
  {public:
     Point(){}                                           //Point 类构造函数
     ~Point(){cout<<"executing Point destructor"<<endl;}    //Point 类析构函数
  };

class Circle:public Point                                //定义派生类 Circle 类
  {public:
     Circle(){}                                          //Circle 类构造函数
     ~Circle(){cout<<"executing Circle destructor"<<endl;}  //Circle 类析构函数
   private:
     int radus;
  };

int main()
  { Point *p=new Circle;                                 //用 new 开辟动态存储空间
    delete p;                                            //用 delete 释放动态存储空间
    return 0;
  }
```

运行结果:

```
executing Point destructor
```

程序分析:

这只是一个示意的程序。p 是指向基类的指针变量,指向 new 开辟的动态存储空间,希望用 delete 释放 p 所指向的空间。

从运行结果可以看出:只执行了基类 Point 的析构函数,而没有执行派生类 circle 的析构函数。原因是以前介绍过的。如果希望能执行派生类 circle 的析构函数,可以将基

类的析构函数声明为虚析构函数，如

```
virtual ~Point(){cout<<"executing Point destructor"<<endl;}
```

程序其他部分不改动，再运行程序，结果为

```
executing Circle destructor
executing Point destructor
```

先调用了派生类的析构函数，再调用了基类的析构函数，符合要求。

当基类的析构函数为虚函数时，无论指针指的是同一类族中的哪一个类对象，系统都会采用动态关联，调用相应类的析构函数，对该对象进行清理工作。

如果将基类的析构函数声明为虚函数，由该基类所派生的所有派生类的析构函数也都自动成为虚函数(即使派生类的析构函数与基类的析构函数名字不相同)。

在程序中最好把基类的析构函数声明为虚函数。这将使所有派生类的析构函数自动成为虚函数。这样，如果程序中显式地用了 delete 运算符准备删除一个对象，而 delete 运算符的操作对象用了指向派生类对象的基类指针，则系统会调用相应类的析构函数。

虚析构函数的概念和用法很简单，但它在面向对象程序设计中却是很重要的技巧。专业人员一般都习惯声明虚析构函数，即使基类并不需要析构函数，也显式地定义一个函数体为空的虚析构函数，以保证在撤销动态分配空间时能得到正确的处理。

构造函数不能声明为虚函数。这是因为在执行构造函数时类对象还未完成建立过程，当然谈不上把函数与类对象的绑定。

6.4　纯虚函数与抽象类

6.4.1　没有函数体的纯虚函数

有时在基类中将某一成员函数定为虚函数，并不是基类本身的要求，而是考虑到派生类的需要，在基类中预留了一个函数名，具体功能留给派生类根据需要去定义。例如在本章的例 6.1 程序中，基类 Point 中没有求面积的 area 函数，因为“点”是没有面积的，也就是说，基类本身不需要这个函数，所以在例 6.1 程序中的 Point 类中没有定义 area 函数。但是，在其直接派生类 Circle 和间接派生类 Cylinder 中都需要有 area 函数，而且这两个 area 函数的功能不同，一个是求圆面积，一个是求圆柱体表面积。有的读者自然会想到，在这种情况下应当将 area 声明为虚函数。可以在基类 Point 中加一个 area 函数，并声明为虚函数：

```
virtual float area() const {return 0;}
```

其返回值为 0，表示“点”是没有面积的。其实，在基类中并不使用这个函数，其返回值也是没有意义的。为简化，可以不要写出这种无意义的函数体。只给出函数的原型，并在后面加上“=0”，如

```
virtual float area() const=0;          //纯虚函数
```

这就将area声明为一个**纯虚函数**(pure virtual function)。纯虚函数是在声明虚函数时被“初始化”为0的函数。声明纯虚函数的一般形式是

```
virtual 函数类型 函数名(参数表列)=0;
```

注意:①纯虚函数没有函数体;②最后面的“=0”并不表示函数返回值为0,它只起形式上的作用,告诉编译系统“这是纯虚函数”;③这是一个声明语句,最后应有分号。

纯虚函数只有函数的名字而不具备函数的功能,不能被调用。可以说它是“徒有其名,而无其实”。它只是通知编译系统:“在这里声明一个虚函数,留待派生类中定义。”在派生类中对此函数提供定义后,它才能具备函数的功能,可以被调用。

纯虚函数的作用是在基类中为其派生类保留一个函数的名字,以便派生类根据需要对它进行定义。如果在基类中没有保留函数名字,则无法实现多态性。

如果在一个类中声明了纯虚函数,而在其派生类中没有对该函数定义,则该虚函数在派生类中仍然为纯虚函数。

6.4.2 不能用来定义对象的类——抽象类

如果声明了一个类,一般可以用它定义对象。但是在面向对象程序设计中,往往有一些类,它们不用来生成对象。**定义这些类的唯一目的是用它作为基类去建立派生类**。它们作为一种基本类型提供给用户,用户在这个基础上根据自己的需要定义出功能各异的派生类。用这些派生类去建立对象。

打个比方,汽车制造厂往往向客户提供卡车的底盘(包括发动机、传动部分等),组装厂可以把它组装成货车、公共汽车、工程车或客车等不同功能的车辆。底盘本身不是车辆,要经过加工才能成为车辆,但它是车辆的基本组成部分。它相当于基类。在现代化的生产中,大多采用专业化的生产方式,充分利用专业化工厂生产的部件,加工集成为新品种的产品。生产公共汽车的厂家决不会从制造发动机到生产轮胎、制造车厢都由本厂完成。这种观念对软件开发是十分重要的。一个优秀的软件工作者在开发一个大的软件时决不会从头到底都由自己编写程序代码,他会充分利用已有资源(例如类库)作为自己工作的基础。

这种不用来定义对象而只作为一种基本类型用作继承的类,称为**抽象类**(abstract class),由于它常用作基类,通常称为**抽象基类**(abstract base class)。**凡是包含纯虚函数的类都是抽象类。因为纯虚函数是不能被调用的,包含纯虚函数的类是无法建立对象的。抽象类的作用是作为一个类族的共同基类,或者说,为一个类族提供一个公共接口。**

一个类层次结构中当然也可以不包含任何抽象基类,每一层次的类都是实际可用的,是可以用来建立对象的。但是,许多好的面向对象的系统,其层次结构的顶部是一个抽象基类,甚至顶部有好几层都是抽象类。

如果在抽象类所派生出的新类中对基类的所有纯虚函数进行了定义,那么这些函数就被赋予了功能,可以被调用。这个派生类就不是抽象类,而是可以用来定义对象的**具体类**(concrete class)。如果在派生类中没有对所有纯虚函数进行定义,则此派生类仍然是抽象类,不能用来定义对象。

虽然抽象类不能定义对象(或者说抽象类不能实例化),但是可以定义指向抽象类数

据的指针变量。当派生类成为具体类之后，就可以用这种指针指向派生类对象，然后通过该指针调用虚函数，实现多态性的操作。

6.4.3　应用实例

例 6.4　虚函数和抽象基类的应用。

在本章例 6.1 介绍了以 Point 为基类的"点—圆—圆柱体"类的层次结构。现在要对它进行改写，在程序中使用虚函数和抽象基类。类的层次结构的顶层是抽象基类 Shape（形状）。Point（点），Circle（圆），Cylinder（圆柱体）都是 Shape 类的直接派生类和间接派生类。

编写程序：下面是一个完整的程序，为了便于阅读，分段插入了一些文字说明。

第(1)部分

```
#include<iostream>
using namespace std;
//声明抽象基类 Shape
class Shape
 {public:
  virtual float area() const {return 0.0;}              //虚函数
  virtual float volume() const {return 0.0;}            //虚函数
  virtual void shapeName() const=0;                     //纯虚函数
 };
```

Shape 类有 3 个成员函数，没有数据成员。3 个成员函数都声明为虚函数，其中，shapeName 声明为纯虚函数，因此 Shape 是一个抽象基类。shapeName 函数的作用是输出具体的形状（如点、圆、圆柱体）的名字，这个信息是与相应的派生类密切相关的，显然这不应当在基类中定义，而应在派生类中定义。所以把它声明为纯虚函数。Shape 虽然是抽象基类，但是也可以包括某些成员的定义部分。类中两个函数 area（面积）和 volume（体积）包括函数体，使其返回值为 0（因为可以认为点的面积和体积都为 0）。由于考虑到在 Point 类中不再对 area 和 volume 函数重新定义，因此没有把 area 和 volume 函数也声明为纯虚函数。在 Point 类中继承了 Shape 类的 area 和 volume 函数。这 3 个函数在各派生类中都要用到。

第(2)部分

```
//声明 Point 类
class Point:public Shape                              //Point 是 Shape 的公用派生类
 {public:
   Point(float=0,float=0);                                //声明构造函数
   void setPoint(float,float);
   float getX() const {return x;}                         //设置点的 x 坐标
   float getY() const {return y;}                         //设置点的 y 坐标
   virtual void shapeName() const {cout<<"Point:";}  //对虚函数进行再定义
   friend ostream & operator<<(ostream &,const Point &);    //运算符重载
  protected:
```

```
    float x,y;
  };

//定义 Point 类成员函数
Point::Point(float a,float b)                                   //定义构造函数
  {x=a;y=b;}

  void Point::setPoint(float a,float b)
  {x=a;y=b;}

  ostream & operator<<(ostream &output,const Point &p)
  {output<<"["<<p.x<<","<<p.y<<"]";
   return output;
  }
```

Point 类从 Shape 类继承了 3 个成员函数,由于“点”是没有面积和体积的,因此不必重新定义 area 和 volume。虽然在 Point 类中用不到这两个函数,但是 Point 类仍然从 Shape 类继承了这两个函数,以便其派生类继承它们。ShapeName 函数在 Shape 类中是纯虚函数,在 Point 类中要进行定义。Point 类还有自己的成员函数(setPoint,getX,getY)和数据成员(x 和 y)。

第(3)部分

```
//声明 Circle 类
class Circle:public Point
  {public:
     Circle(float x=0,float y=0,float r=0);                    //声明构造函数
     void setRadius(float);                                     //设定半径
     float getRadius() const;                                   //取半径的值
     virtual float area() const;                                //对虚函数进行再定义
     virtual void shapeName() const {cout<<"Circle:";}          //对虚函数进行再定义
     friend ostream &operator<<(ostream &,const Circle &);   //运算符重载
   protected:
     float radius;
  };

//定义 Circle 类成员函数
Circle::Circle(float a,float b,float r):Point(a,b),radius(r){} //定义构造函数

void Circle::setRadius(float r):radius(r){}

float Circle::getRadius() const {return radius;}

float Circle::area() const {return 3.14159*radius*radius;}

ostream &operator<<(ostream &output,const Circle &c)
```

```
{output<<"["<<c.x<<","<<c.y<<"],r="<<c.radius;
 return output;
}
```

在 Circle 类中要重新定义 area 函数,因为需要指定求圆面积的公式。由于圆没有体积,因此不必重新定义 volume 函数,而是从 Point 类继承 volume 函数。shapeName 函数是虚函数,需要重新定义,赋以新的内容(如果不重新定义,就会继承 Point 类中的 shapeName 函数)。此外,Circle 类还有自己新增加的成员函数(setRadius,getRadius)和数据成员(radius)。

第(4)部分

```
//声明 Cylinder 类
class Cylinder:public Circle
 {public:
   Cylinder(float x=0,float y=0,float r=0,float h=0);      //声明构造函数
   void setHeight(float);                                  //设定圆柱高
   virtual float area() const;                             //重载虚函数
   virtual float volume() const;                           //重载虚函数
   virtual void shapeName() const {cout<<"Cylinder:";}     //重载虚函数
   friend ostream& operator<<(ostream&,const Cylinder&);   //运算符重载
 protected:
   float height;
};
//定义 Cylinder 类成员函数
Cylinder::Cylinder(float a,float b,float r,float h)
 :Circle(a,b,r),height(h){}                             //定义构造函数

void Cylinder::setHeight(float h){height=h;}            //设定圆柱高

float Cylinder::area() const                            //计算圆柱表面积
 {return 2*Circle::area()+2*3.14159*radius*height;}

float Cylinder::volume() const                          //计算圆柱体积
 {return Circle::area()*height;}

ostream &operator<<(ostream &output,const Cylinder& cy)
 {output<<"["<<cy.x<<","<<cy.y<<"],r="<<cy.radius<<",h="
  <<cy.height;
  return output;
 }
```

Cylinder 类是从 Circle 类派生的。由于圆柱体有表面积和体积,所以要对 area 和 volume 函数重新定义。虚函数 shapename 也需要重新定义。此外,Cylinder 类还有自己的成员函数 setHeight 和数据成员 radius。

第(5)部分

```
//main 函数
int main()
  {Point point(3.2,4.5);                          //建立 Point 类对象 point
   Circle circle(2.4,1.2,5.6);                    //建立 Circle 类对象 circle
   Cylinder cylinder(3.5,6.4,5.2,10.5);           //建立 Cylinder 类对象 cylinder
   point.shapeName();                             //用对象名建立静态关联
   cout<<point<<endl;                             //输出点的数据

   circle.shapeName();                            //静态关联
   cout<<circle<<endl;                            //输出圆的数据

   cylinder.shapeName();                          //静态关联
   cout<<cylinder<<endl<<endl;                    //输出圆柱的数据

   Shape *pt;                                     //定义基类指针

   pt=&point;                                     //使指针指向 Point 类对象
   pt->shapeName();                               //用指针建立动态关联
   cout<<"x="<<point.getX()<<",y="<<point.getY()<<"\narea="<<pt->area()
       <<"\nvolume="<<pt->volume()<<"\n\n";        //输出点的数据

   pt=&circle;                                     //指针指向 Circle 类对象
   pt->shapeName();                                //动态关联
   cout<<"x="<<circle.getX()<<",y="<<circle.getY()<<"\narea="<<pt->area()
       <<"\nvolume="<<pt->volume()<<"\n\n";        //输出圆的数据

   pt=&cylinder;                                   //指针指向 Cylinder 类对象
   pt->shapeName();                                //动态关联
   cout<<"x="<<cylinder.getX()<<",y="<<cylinder.getY()<<"\narea="<<pt->area()
       <<"\nvolume="<<pt->volume()<<"\n\n";        //输出圆柱的数据
   return 0;
  }
```

运行结果：

```
Point:[3.2,4.5]                  (Point 类对象 point 的数据：点的坐标)
Circle:[2.4,1.2],r=5.6           (Circle 类对象 circle 的数据：圆心和半径)
Cylinder:[3.5,6.4],r=5.5,h=10.5  (Cylinder 类对象 cylinder 的数据圆心、半径和高)

Point:x=3.2,y=4.5                (输出 Point 类对象 point 的数据：点的坐标)
area=0                           (点的面积)
volume=0                         (点的体积)

Circle:x=2.4,y=1.2               (输出 Circle 类对象 circle 的数据：圆心坐标)
area=98.5203                     (圆的面积)
volume=0                         (圆的体积)
```

```
Cylinder:x=3.5,y=6.4          (输出 Cylinder 类对象 cylinder 的数据：圆心坐标)
area=56.595                   (圆的面积)
volume=891.96                 (圆柱的体积)
```

程序分析：

在主函数中先后用静态关联和动态关联的方法输出结果。

先分别定义了 Point 类对象 point，Circle 类对象 circle 和 Cylinder 类对象 cylinder。然后分别通过对象名 point，circle 和 cylinder 调用了 shapeName 函数，这是属于静态关联，在编译阶段就能确定应调用哪一个类的 shapeName 函数。同时用重载的运算符“<<”来输出各对象的信息，可以验证对象初始化是否正确。

再定义一个指向基类 Shape 对象的指针变量 pt，使它先后指向 3 个派生类对象 point，Circle 和 cylinder，然后通过指针调用各函数，如 pt->shapeName()，pt->area()，pt->volume()。这时是通过动态关联分别确定应该调用哪个函数。分别输出不同类对象的信息。

请读者对照程序仔细分析运行结果。

以上是一个简单而完整的C++程序，只要细心阅读，应当是不难理解的。读者也可以通过分析此程序学习怎样编写一个C++程序。

通过本例可以进一步明确以下结论：

(1) 一个基类如果包含一个或一个以上纯虚函数，就是抽象基类。抽象基类不能也不必要定义对象。

(2) 抽象基类与普通基类不同，它一般并不是现实存在的对象的抽象（例如圆形（Circle）就是千千万万个实际的圆的抽象），它可以没有任何物理上的或其他实际意义方面的含义。例如 Shape 类，只有 3 个成员函数，没有数据成员。它既不代表点，也不代表圆。

(3) 在类的层次结构中，顶层或最上面的几层可以是抽象基类。抽象基类体现了本类族中各类的共性，把各类中共有的成员函数集中在抽象基类中声明。例如，area（面积）、volume（体积）、shapename（形状名）是本类族中各类中都用到的成员函数（可以认为，点也有面积和体积，圆也有体积，它们的值为 0），把它们集中在抽象基类中声明为虚函数，然后在派生类中重新定义，这样可以利用多态性，方便地调用各类中的虚函数。可以看到，用基类指针调用虚函数能使程序简明、灵活。

(4) 抽象基类是本类族的公共接口。或者说，从同一基类派生出的多个类有同一接口。因此能响应同一形式的消息（例如各类对象都能对用基类指针调用虚函数作出响应），但是响应的方式因对象不同而异（在不同的类中对虚函数的定义不同）。在通过虚函数实现动态多态性时，可以不必考虑对象是什么类的，都用同一种方式调用（因为基类指针可以指向同一类族的所有类，因而可通过基类指针调用不同类中的虚函数）。就是说，程序员即使不了解类的定义细节，也能够调用其中的函数。

(5) 区别静态关联和动态关联。如果是通过对象名调用虚函数（如 point.shapeName()），在编译阶段就能确定调用的是哪一个类的虚函数，所以属于静态关联。如果是通过基类指针调用虚函数（如 pt->shapeName()），在编译阶段无法从语句本身确定调用哪一个类的虚函数，只有在运行时，pt 指向某一类对象后，才能确定调用的是哪一个类的虚函数，故为动态关联。

(6) 如果在基类声明了虚函数,则在派生类中凡是与该函数有相同的函数名、函数类型、参数个数和类型的函数,均为虚函数(不论在派生类中是否用 virtual 声明)。但是同一虚函数在不同的派生类中可以有不同的定义。纯虚函数是在抽象基类中声明的,只是在抽象基类中它才称为纯虚函数,在其派生类中虽然继承了该函数,但除非再次用"=0"把它声明为纯虚函数,它就不是也不能称为纯虚函数。如程序中 Shape 类中的 shapeName 函数是纯虚函数,它没有函数体,而 Point 类中的 shapeName 函数不能称为纯虚函数,它是虚函数。

(7) 使用虚函数提高了程序的可扩充性。在上面的程序中有 3 个派生类,假如想将 Circle 类更换为 Globe(圆球)类,要求得到圆球的面积和体积,是很简单的。只要在 main 函数中,把出现 Circle 类对象的地方改成 Globe 类对象即可。把原来的

```
Circle circle(2.4,1,2,5.6);
```

改为

```
Globe globe(2.4,1.2,5.6);
```

把原来的

```
pt=&circle;
```

改为

```
pt->&globe;
```

原来的"pt->shapeName();"不必改。把原来的

```
cout<<"x="<<circle.getX()<<",y="<<circle.getY()<<"\narea="<<pt->area()
    <<"\nvolume="<<pt->volume()<<"\n\n";
```

改为

```
cout<<"x="<<globe.getX()<<",y="<< globe.getY()<<"\narea="<<pt->area()
    <<"\nvolume="<<pt->volume()<<"\n\n";
```

主函数中其他部分不必改动,十分方便,相当于换个零件。当然要重新定义 Globe 类,使它能计算。

如果要增加一个新的类(例如保留 Circle 类,增加 Globe 类),也同样很简单。甚至可以在不知道类的声明或未对该类进行声明时,就可以在程序中写出对它进行操作的语句(如同上面对 Circle 的修改一样),只需要知道新的类名和使用方法即可。这样,无须修改基本系统就可以将一个新的类增加到系统中。

由于在调用虚函数时,是在运行阶段才确定调用哪一个函数的,因此有可能在写程序时要调用某一类的虚函数,而该函数所在的类还未声明呢!正如上面写出调用 Globe 类对象的虚函数时并未声明 Globe 类一样。这是可以的、正常的,只要在运行前把该类声明好,在运行时能保证动态关联即可。

这一点对于软件开发是很有意义的,把类的声明与类的使用分离。这对于设计类库的软件开发商来说尤为重要。开发商设计了各种各样的类,但不向用户提供源代码,用户可以不知道类是怎样声明的,但是可以使用这些类来派生出自己的类。当然开发商要向

用户提供类的接口(类所在的文件和类成员函数定义的目标文件的路径和文件名),以及使用说明(例如可以调用类中的虚函数 area 计算出面积)。

利用虚函数和多态性,程序员的注意力集中在处理普遍性,而让执行环境处理特殊性。例如,抽象基类 Shape 派生出 4 个派生类 Square(正方形)、Circle(圆形)、Rectangle(矩形)、Triangle(三角形),在每一个派生类中都包含一个虚函数 draw,其作用是在屏幕上分别画出正方形、圆形、矩形和三角形的图形。程序员只须进行宏观的操作,让程序调用各对象的 draw 函数即可。程序员使用基类指针来控制有关对象,不论对象在继承层次中处于哪一层,都可以用基类指针来指向它,并调用其中的 draw 函数,画出需要的图形。每个对象的 draw 函数都知道应怎样工作,这是在类中指定的,这就是执行环境。程序员不必考虑这些细节,只要简单地告诉每个对象"绘制自己"即可。

多态性把操作的细节留给类的设计者(他们多为专业人员)去完成,而使编程人员(类的使用者)只需要做一些宏观性的工作,告诉系统**做什么**,而不必考虑**怎么做**,极大地简化了应用程序的编码工作,大大减轻了程序员的负担,也降低了学习和使用C++编程的难度,使更多的人能更快地进入C++程序设计的大门。有人说,多态性是开启继承功能的钥匙。

习　题

1. 在例 6.1 程序基础上作一些修改。定义 Point(点)类,由 Point 类派生出 Circle(圆)类,再由 Circle 类派生出 Cylinder(圆柱体)类。将类的定义部分分别作为 3 个头文件,对它们的成员函数的声明部分分别作为 3 个源文件(.cpp 文件),在主函数中用 #include 命令把它们包含进来,形成一个完整的程序,并上机运行。

2. 请比较函数重载和虚函数,二者的概念和使用方式有什么区别?

3. 在例 6.3 的基础上作以下修改,并作必要的讨论。

(1) 把构造函数修改为带参数的函数,在建立对象时初始化。

(2) 先不将析构函数声明为 virtual,在 main 函数中另设一个指向 Circle 类对象的指针变量,使它指向 grad1。运行程序,分析结果。

(3) 不作第(2)点的修改而将析构函数声明为 virtual,运行程序,分析结果。

4. 写一个程序,定义抽象基类 Shape,由它派生出 3 个派生类: Circle(圆形)、Rectangle(矩形)、Triangle(三角形),用一个函数 printArea 分别输出以上三者的面积,3 个图形的数据在定义对象时给定。

5. 写一个程序,定义抽象基类 Shape,由它派生出 5 个派生类: Circle(圆形)、Square(正方形)、Rectangle(矩形)、Trapezoid(梯形)、Triangle(三角形)。用虚函数分别计算几种图形面积,并求它们的和。要求用基类指针数组,使它的每一个元素指向一个派生类对象。

第7章 输入输出流

7.1 C++的输入和输出

7.1.1 输入输出的含义

前面所用到的输入和输出,都是以终端为对象的,即从键盘输入数据,运行结果输出到显示器屏幕上。从操作系统的角度看,每一个与主机相连的输入输出设备都看作一个文件。例如,终端键盘是输入文件,显示屏和打印机是输出文件。除了以终端为对象进行输入和输出外,还经常用磁盘或光盘作为输入输出对象,这时,磁盘文件既可以作为输入文件,也可以作为输出文件。

程序的输入指的是从输入文件将数据传送到内存单元,程序的输出指的是从程序把内存单元中的数据传送给输出文件。C++的输入与输出包括以下 3 方面的内容:

(1) 对系统指定的标准设备的输入和输出。即从键盘输入数据,输出到显示器屏幕。这种输入输出称为**标准的输入输出**,简称标准 I/O。

(2) 以外存(磁盘、光盘)为对象进行输入和输出,例如从磁盘文件输入数据,数据输出到磁盘文件。近年来已用光盘文件作为输入文件。这种以外存文件为对象的输入输出称为**文件的输入输出**,简称文件 I/O。

(3) 对内存中指定的空间进行输入和输出。通常指定一个字符数组作为存储空间(实际上可以利用该空间存储任何类型的信息)。这种输入和输出称为**字符串输入输出**,简称串 I/O。

C++采取不同的方法来实现以上 3 种输入输出。

为了实现数据的有效流动,C++系统提供了庞大的 I/O 类库,调用不同的类去实现不同的功能。

7.1.2 C++的 I/O 对 C 的发展——类型安全和可扩展性

在 C 语言中,用 printf 和 scanf 进行输入输出,往往不能保证所输入输出的数据是可靠的、安全的。学过 C 语言的读者可以分析下面的用法,想用格式符%d 输出一个整数,但不小心用它输出了单精度变量和字符串,会出现什么情况?

```
printf("%d",i);              //i 为整型变量,正确,输出 i 的值
printf("%d",f);              //把单精度变量 f 在存储单元中的信息按整数解释并输出
printf("%d","C++");          //输出字符串"C++"的起始地址
```

编译系统认为以上语句都是合法的,而不对数据类型的合法性进行检查,显然所得到的结果不是人们所期望的,在用 scanf 输入时,有时出现的问题是很隐蔽的。如

```
scanf("%d",&i);              //正确,输入一个整数,赋给整型变量 i
scanf("%d",i);               //漏写 &
```

假如已定义 i 为整型变量,编译系统不认为上面的 scanf 语句出错,而是把 i 的值作为地址处理,把读入的值存放到该地址所代表的内存单元中,这个错误可能产生严重的后果。

C++为了与 C 兼容,保留了用 printf 和 scanf 进行输出和输入的方法,以便使过去所编写的大量的 C 程序仍然可以在C++的环境下运行,但是希望读者在编写新的C++程序中不要用 C 的输入输出机制,而要用C++自己特有的输入输出方法。在C++的输入输出中,编译系统对数据类型进行严格的检查,凡是类型不正确的数据是不可能通过编译的。因此C++的 I/O 操作是**类型安全**(type safe)的。

此外,用 printf 和 scanf 只可以输出和输入标准类型的数据(如 int,float double,char),而无法输出用户自己声明的类型(如数组、结构体、类)的数据。在C++中会经常遇到对类对象的输入输出,显然,在用户声明了一个新类后,就无法用 printf 和 scanf 函数直接输出和输入这个类的对象。C++提供了一套面向对象的输入输出系统。

C++的类机制使得它能建立一套可扩展的 I/O 系统,可以通过修改和扩充,能用于用户自己声明的类型的对象的输入输出。它对标准类型数据和对用户声明类型数据的输入输出,采用同样的方法处理,使用十分方便。第 4 章介绍的对运算符“>>”和“<<”的重载就是扩展的例子。**可扩展性**是C++输入输出的重要特点之一,它能提高软件的重用性,加快软件的开发过程。

C++通过 I/O 类库来实现丰富的 I/O 功能。这样使C++的输入输出明显地优于 C 语言中的 printf 和 scanf,但是也为之付出代价,C++的 I/O 系统变得比较复杂,要掌握许多细节。在本章中只能介绍其基本的概念和基本的操作,有些深入的细节可在日后实际应用时再进一步掌握。

说明:C 语言采用函数实现输入输出(如 scanf 和 printf 函数),C++采用类对象来实现输入输出(如 cin,cout)。

7.1.3　C++的输入输出流

输入和输出是数据传送的过程,数据如流水一样从一处流向另一处。C++形象地将此过程称为**流**(stream)。C++的输入输出流是指由若干字节组成的字节序列,这些字节中的数据按顺序从一个对象传送到另一对象。流表示了信息从源到目的端的流动。在输入操作时,字节流从输入设备(如键盘、磁盘)流向内存,在输出操作时,字节流从内存流向输出设备(如屏幕、打印机、磁盘等)。流中的内容可以是 ASCII 字符、二进制形式的数据、图形图像、数字音频视频或其他形式的信息。

实际上,在内存中为每一个数据流开辟一个内存缓冲区,用来存放流中的数据。当用 cout 和插入运算符"<<"向显示器输出数据时,先将这些数据插入到输出流(cout 流),送到输出缓冲区保存,直到缓冲区满了或遇到 endl,就将缓冲区中的全部数据送到显示器显示出来。在输入时,从键盘输入的数据先放在键盘的缓冲区中,当键入回车符时,键盘缓冲区中的数据输入到计算机的输入缓冲区,形成 cin 流,然后用提取运算符">>"从输入缓冲区中提取数据送给程序中的有关变量。总之,流是与内存缓冲区相对应的,或者说,**缓冲区中的数据就是流**。

在C++中,输入输出流被定义为类。C++的 I/O 库中的类称为**流类**(stream class)。用流类定义的对象称为**流对象**。

前面曾多次说明,cout 和 cin 并不是C++语言中提供的语句,它们是 iostream 类的对象,在未学习类和对象时,在不致引起误解的前提下,为叙述方便,把它们称为 cout 语句和 cin 语句。正如C++并未提供赋值语句,只提供赋值表达式,在赋值表达式后面加分号就成了C++的语句,为方便起见,我们习惯称之为赋值语句。又如,在 C 语言中常用 printf 和 scanf 进行输出和输入,printf 和 scanf 是 C 语言库函数中的输入输出函数,一般也习惯地将由 printf 和 scanf 函数构成的语句称为 printf 语句和 scanf 语句。在使用它们时,对其本来的概念应该有准确的理解。

在学习了类和对象后,我们对C++的输入输出应当有更深刻的认识。

1. C++的流库

C++提供了一些类,专门用于输入输出。这些类组成一个流类库(简称流库)。这个流类库是用继承方法建立起来的用于输入输出的类库。这些类有两个基类:ios 类和 streambuf 类,所有其他流类都是从它们直接或间接派生出来的。

顾名思义,ios 是"输入输出流"。ios 类是输入输出操作在用户端的接口,为用户的输入输出提供服务,streambuf 是处理"流缓冲区"的类,包括缓冲区起始地址、读写指针和对缓冲区的读写操作,是数据在缓冲区中的管理和数据输入输出缓冲区的实现。streambuf 是输入输出操作在物理设备一方的接口。可以说,ios 负责高层操作,streambuf 负责低层操作,为 ios 提供低级(物理级)的支持。

对用户来说,接触较多的是 ios 类,因此下面主要介绍有关 ios 类的情况和应用。

在流类库中包含许多用于输入输出的类,常用的见表 7.1。

表 7.1 I/O 类库中的常用流类

类　名	作　用	在哪个头文件中声明
ios	抽象基类	iostream
istream	通用输入流和其他输入流的基类	iostream
ostream	通用输出流和其他输出流的基类	iostream
iostream	通用输入输出流和其他输入输出流的基类	iostream
ifstream	输入文件流类	fstream
ofstream	输出文件流类	fstream
fstream	输入输出文件流类	fstream

续表

类　名	作　用	在哪个头文件中声明
istrstream	输入字符串流类	strstream
ostrstream	输出字符串流类	strstream
strstream	输入输出字符串流类	strstream

iso 是抽象基类，由它派生出 istream 类和 ostream 类，其中，第 1 个字母 i 和 o 分别代表输入（input）和输出（output）。istream 类支持输入操作，ostream 类支持输出操作，iostream 类支持输入输出操作。iostream 类是从 istream 类和 ostream 类通过多重继承而派生的类，其继承层次见图 7.1。

C++对文件的输入输出需要用 ifstream 和 ofstream 类，类名中第 1 个字母 i 和 o 分别代表输入和输出，第 2 个字母 f 代表文件（file）。ifstream 支持对文件的输入操作，ofstream 支持对文件的输出操作。类 ifstream 继承了类 istream，类 ofstream 继承了类 ostream，类 fstream 继承了类 iostream，见图 7.2。

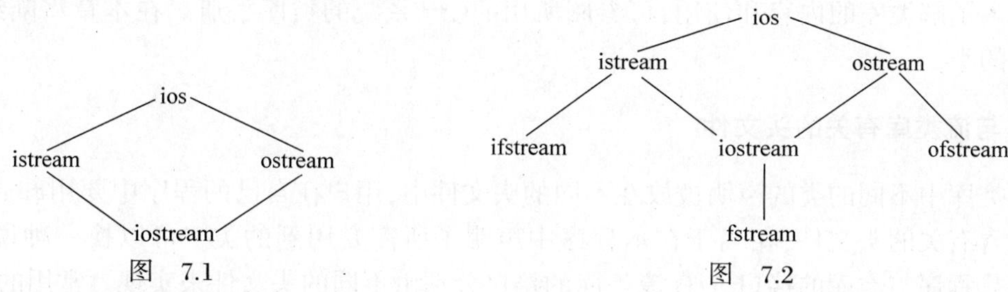

图　7.1　　　　图　7.2

I/O 类库中还有其他类，见图 7.3。

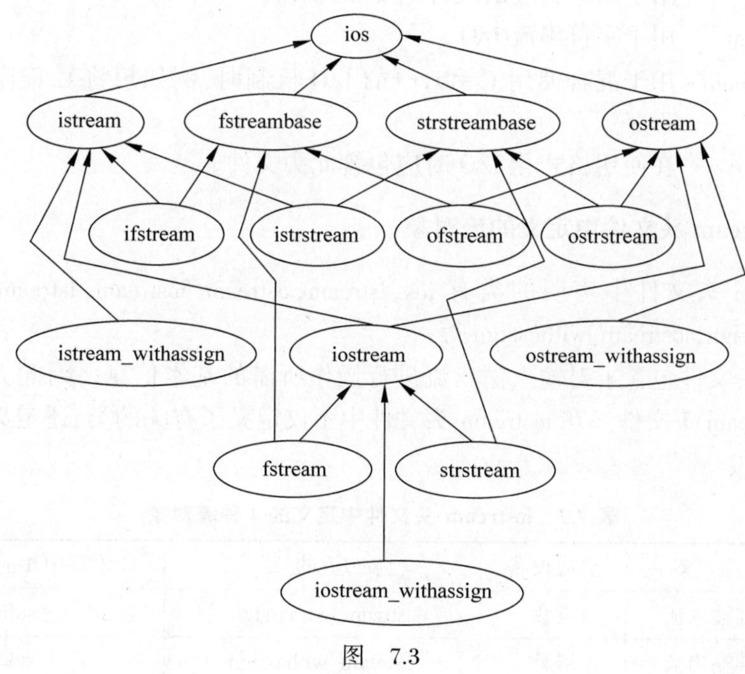

图　7.3

由抽象基类 iso 直接派生出四个派生类,即 istream(输入流类), ostream(输出流类), fstreambase(文件流基类)和 strstreambase(串流基类)。由 fstreambase(文件流类基类)再派生出 ifstream(输入文件流类),ofstream(输出文件流类)和 fstream(输入输出文件流类)。由 strstreambase(字符串流类基类)再派生出 istrstream(输入串流类),ostrstream(输出串流类)和 strstream(输入输出串流类)等。

派生类的对象可以继承和访问其基类的成员,例如从图 7.3 的继承关系可以看到: iostream 类对象可以访问 istream,ostream 和 ios 类的所有公有成员(包括数据成员和成员函数)。

在 istream 类的基础上重载赋值运算符"=",就派生出 istream_withassgign,即

```
class istream_withassgign:public istream;                    //公用派生类
```

类似地,在 ostream 类和 iostream 类的基础上分别重载赋值运算符"=",就派生出 ostream_withassgign 类和 iostream_withassgign 类。

I/O 类库中还有其他一些类,但是对于一般用户来说,以上这些已能满足需要了。如果想深入了解类库的内容和使用,可参阅所用的C++系统的类库手册。在本章将陆续介绍有关的类。

2. 与流类库有关的头文件

流类库中不同的类的声明被放在不同的头文件中,用户在自己的程序中要用#include 指令包含有关的头文件,相当于在本程序中声明了所需要用到的类。可以换一种说法:头文件是程序与类库的接口,I/O 流类库的接口分别由不同的头文件来实现。常用的有

- iostream　包含了对输入输出流进行操作所需的基本信息。
- fstream　用于用户管理的文件的 I/O 操作。
- strstream　用于字符串流 I/O。
- stdiostream　用于混合使用 C 和C++的 I/O 机制时,例如想将 C 程序转变为C++程序。
- iomanip　在使用格式化 I/O 时应包含此头文件。

3. 在 iostream 头文件中定义的流对象

在 iostream 头文件中声明的类有 ios, istream, ostream, iostream, istream_withassign, ostream_withassign, iostream_withassign 等。

iostream 头文件包含了对输入输出流进行操作所需的基本信息。因此大多数C++程序都包括 iostream 头文件。在 iostream 头文件中不仅定义了有关的类,还定义了 4 种流对象,见表 7.2。

表 7.2　iostream 头文件中定义的 4 种流对象

对　象	含　义	对应设备	对 应 的 类	C 语言中相应的标准文件
cin	标准输入流	键盘	istream_withassign	stdin
cout	标准输出流	屏幕	ostream_withassign	stdout

续表

对　象	含　义	对应设备	对 应 的 类	C 语言中相应的标准文件
cerr	标准错误流	屏幕	ostream_withassign	stderr
clog	标准错误流	屏幕	ostream_withassign	stderr

cin 是 istream 的派生类 istream_withassign 的对象,它是从标准输入设备(**键盘**)输入内存的数据流,称为 cin 流或标准**输入流**。cout 是 ostream 的派生类 ostream_withassign 的对象,它是从内存输入标准输出设备(显示器)的数据流,称为 cout 流或标准**输出流**。cerr 和 clog 作用相似,均为向输出设备(显示器)输出出错信息。因此用**键盘输入**时用 cin 流,向显示器输出时用 cout 流。向显示器输出出错信息时用 cerr 和 clog 流。

在 iostream 头文件中定义以上 4 个流对象用以下的形式(以 cout 为例):

```
ostream_withassign cout(stdout);
```

在定义 cout 为 ostream_withassign 流类对象时,把标准输出设备 stdout 作为参数,这样它就与标准输出设备(显示器)联系起来,如果有

```
cout<<3;
```

就会在显示器的屏幕上输出 3。

如果在程序中包含 iostream 头文件,在程序开始运行时,会自动建立以上 4 个标准流对象,分别执行这 4 个流对象的构造函数,把流和一种标准设备相联系。

4. 在 iostream 头文件中重载运算符

“<<”和“>>”本来是C++定义为左位移运算符和右位移运算符的,由于在 iostream 头文件中对它们进行了重载,使它们能用作标准类型数据的输入和输出运算符。所以,在用它们的程序中必须用#include 指令把 iostream 包含到程序中,即

```
#include<iostream>
```

在 istream 和 ostream 类(这两个类都是在 iostream 头文件中声明的)中分别有一组成员函数对位移运算符“<<”和“>>”进行重载,以便能用它输入或输出各种标准数据类型的数据。对于不同的标准数据类型要分别进行重载,如

```
ostream operator<<(int);          //用于向输出流插入一个 int 型的数据
ostream operator<<(float);        //用于向输出流插入一个 float 型的数据
ostream operator<<(char);         //用于向输出流插入一个 char 型的数据
ostream operator<<(char *);       //用于向输出流插入一个字符串数据
```

等。如果在程序中有下面的表达式:

```
cout<<"C++";
```

根据第 5 章所介绍的知识,上面的表达式相当于

```
cout.operator<<("C++")
```

"C++"的值是其首字节地址,是字符型指针(char *)类型,因此选择调用上面最后一个运算符重载函数,通过重载函数的函数体,将字符串插入到 cout 流中,函数返回流对象 cout。

在 istream 类中已对运算符">>"重载为对以下标准类型的提取运算符：char,signed char,unsigned char,short,unsigned short,int,unsigned int,long,unsigned long,float, double,long double, char *,signed char *,unsigned char *等。

在 ostream 类中对"<<"重载为插入运算符,其适用类型除了以上的标准类型外,还增加了一个 void *类型。

如果想将"<<"和">>"用于自己声明的类型的数据,就不能简单地采用包含 iostream 头文件来解决,必须自己用第5章介绍的方法对"<<"和">>"进行重载。

怎样理解运算符"<<"和">>"的作用呢？有一个简单而形象的方法：它们指出了数据移动的方向,例如

```
cin>>a;
```

箭头方向表示把输入流 cin 中的数据放入 a 中。而

```
cout<<a;
```

箭头方向表示从 a 中拿出数据放到输出流中。

7.2 标准输出流

标准输出流是流向标准输出设备(显示器)的数据。

7.2.1 cout,cerr 和 clog 流

ostream 类定义了3个输出流对象,即 cout,cerr,clog。分述如下。

1. cout 流对象

cout 是 console output 的缩写,意为在控制台(终端显示器)的输出。在7.1节已对 cout 作了一些介绍。在此再强调几点。

(1) cout 不是C++预定义的关键字,它是 ostream 流派生类的对象,在 iostream 头文件中定义。顾名思义,**流**是流动的数据,cout 流是流向显示器的数据。cout 流中的数据是用流插入运算符"<<"顺序加入的。如果有

```
cout<<"I "<<"study C++ "<<"very hard.";
```

按顺序将字符串"I","study C++"和"very hard."插入到 cout 流中,cout 就将它们送到显示器,在显示器上输出字符串"I study C++ very hard."。cout 流是容纳数据的载体,它并不是一个运算符。人们关心的是 cout 流中的内容,也就是向显示器输出什么。

(2) 用"cout"和"<<"输出标准类型的数据时,由于系统已进行了定义,可以不必考虑数据是什么类型,系统会判断数据的类型并根据其类型选择调用与之匹配的运算符重载函数。如

```
cout<<'I'<<10<<"C++"<<f;
```

编译系统先处理 cout<<'I'，由于'I'是 char 类型，就调用前面运算符重载的第 3 个函数，将'I'插入 cout 流，返回此 cout 流。接着再处理 cout<<10，调用前面运算符重载的第 1 个函数，将整数 10 插入 cout 流，依此继续下去，又先后调用了运算符重载的第 4 个和第 2 个函数，把字符串"C++"和单精度数 f 的值都送到 cout 流中。

这个过程都是自动的，用户不必干预。在 C 语言中用 prinf 函数输出不同类型的数时，必须分别指定相应的输出格式符，十分麻烦，而且容易出错。C++的 I/O 机制对用户来说，显然是方便而安全的。

(3) cout 流在内存中对应开辟了一个缓冲区，用来存放流中的数据，当向 cout 流插入一个 endl 时，不论缓冲区是否已满，都立即输出流中所有数据，然后插入一个换行符，并刷新 cout 流(清空缓冲区)。注意如果插入一个换行符'\n'(如 cout<<a<<'\n';)，则只输出 a 和换行，而不刷新 cout 流(但并不是所有编译系统都体现出这一区别)。

(4) 在 iostream 中只对"<<"和">>"运算符用于标准类型数据的输入输出进行了重载，但未对用户声明的类型数据的输入输出进行重载。如果用户声明了新的类型，并希望用"<<"和">>"运算符对其进行输入输出，应该按照第 5 章介绍的方法，对"<<"和">>"运算符另作重载。

2. cerr 流对象

cerr 流对象是**标准出错信息流**。cerr 流已被指定为与显示器关联。cerr 的作用是向标准出错设备(standard error device)输出有关出错信息。cerr 是 console error 的缩写，意为"在控制台(显示器)显示出错信息"。cerr 与标准输出流 cout 的作用和用法差不多。但有一点不同：cout 流通常是传送到显示器输出，但也可以被重定向输出到磁盘文件，而 cerr 流中的信息只能在显示器输出。当调试程序时，往往不希望程序运行时的出错信息被送到其他文件，而要求在显示器上及时输出，这时应该用 cerr。cerr 流中的信息是用户根据需要指定的。

例 7.1　有一元二次方程 $ax^2+bx+c=0$，其一般解为

$$x_{1,2}=\frac{-b\pm\sqrt{4ac}}{2a}$$

但若 $a=0$，或 $b^2-4ac<0$ 时，用此公式出错，用 cerr 流输出有关信息。

从键盘输入 a,b,c 的值，求 x_1 和 x_2 的值。如果 $a=0$ 或 $b^2-4ac<0$，则应输出出错信息。

编写程序：

```
#include<iostream>
#include<cmath>
using namespace std;
int main()
  {float a,b,c,disc;
   cout<<"please input a,b,c:";
   cin>>a>>b>>c;
```

```
    if(a==0)
      cerr<<"a is equal to zero,error!"<<endl;    //将有关出错信息插入 cerr 流,在屏幕输出
    else
      if((disc=b*b-4*a*c)<0)
        cerr<<"disc=b*b-4*a*c<0"<<endl;           //将有关出错信息插入 cerr 流,在屏幕输出
      else
        {cout<<"x1="<<(-b+sqrt(disc))/(2*a)<<endl;
         cout<<"x2="<<(-b-sqrt(disc))/(2*a)<<endl;
        }
    return 0;
  }
```

运行情况:

```
① please input a,b,c:0 2 3↙
   a is equal to zero,error!
② please input a,b,c:5 2 3↙
   disc=b*b-4*a*c<0
③ please input a,b,c:1  2.5  1.5↙
   x1=-1
   x2=-1.5
```

可以看到,在 $a=0$ 和 $b^2-4ac<0$ 时,用 cerr 流输出事先指定的信息。

3. clog 流对象

clog 流对象也是**标准出错流**,它是 console log 的缩写。它的作用和 cerr 相同,都是在终端显示器上显示出错信息。它们之间只有一个微小的区别:**cerr 是不经过缓冲区直接向显示器上输出有关信息,而 clog 中的信息存放在缓冲区中,缓冲区满后或遇到 endl 时向显示器输出。**

7.2.2 标准类型数据的格式输出

C++提供预定义类型的输入输出系统,用来处理标准类型数据的输入输出。所谓预定义类型的输入输出,是指对C++系统定义的标准类型数据对标准设备(键盘、屏幕、打印机等)的输入输出。这种标准输入输出使用方便,不必用户自己定义。

有两种输入输出方式:

(1) 无格式输入输出。对于简单的程序和数据,为简便起见,往往不指定输出的格式,由系统根据数据的类型采取默认的格式。例 1.1 程序中用的就是无格式输出。

(2) 有格式输入输出。有时希望数据按用户指定的格式输出,如要求以十六进制或八进制形式输出一个整数,或对输出的小数只保留两位小数等。有两种方法可以达到此目的。一种是使用控制符;另一种是使用流对象的有关成员函数。分别叙述如下。

1. 使用控制符控制输出格式

表 7.3 列出了输入输出流的控制符。

表 7.3　输入输出流的控制符

控　制　符	作　　用
dec	设置整数的基数为 10
hex	设置整数的基数为 16
oct	设置整数的基数为 8
setbase(n)	设置整数的基数为 n(n 只能是 8,10,16 三者之一)
setfill(c)	设置填充字符 c,c 可以是字符常量或字符变量
setprecision(n)	设置实数的精度为 n 位。在以一般十进制小数形式输出时 n 代表有效数字。在以 fixed(固定小数位数)形式和 scientific(指数)形式输出时 n 为小数位数
setw(n)	设置字段宽度为 n 位
setiosflags(ios :: fixed)	设置浮点数以固定的小数位数显示
setiosflags(ios :: scientific)	设置浮点数以科学记数法(即指数形式)显示
setiosflags(ios :: left)	输出数据左对齐
setiosflags(ios :: right)	输出数据右对齐
setiosflags(ios :: skipws)	忽略前导的空格
setiosflags(ios :: uppercase)	在以科学记数法输出 E 和以十六进制输出字母 X 时以大写表示
setiosflags(ios :: showpos)	输出正数时给出"+"号
resetioflags()	终止已设置的输出格式状态,在括号中应指定内容

应当注意,这些控制符是在头文件 iomanip 中定义的,因而程序中应当包含头文件 iomanip。通过下面的例子可以了解使用它们的方法。

例 7.2　用控制符控制输出格式。

编写程序:

```
#include<iostream>
#include<iomanip>                                  //不要忘记包含此头文件
using namespace std;
int main()
 {int a;
  cout<<"input a:";
  cin>>a;
  cout<<"dec:"<<dec<<a<<endl;                      //以十进制形式输出整数
  cout<<"hex:"<<hex<<a<<endl;                      //以十六进制形式输出整数 a
  cout<<"oct:"<<setbase(8)<<a<<endl;               //以八进制形式输出整数 a
  char *pt="China";                                //pt 指向字符串"China"
  cout<<setw(10)<<pt<<endl;                        //指定域宽为 10,输出字符串
```

```
    cout<<setfill('*')<<setw(10)<<pt<<endl;      //指定域宽10,输出字符串,空白处以
                                                 //'*'填充
    double pi=22.0/7.0;                          //计算pi值
    cout<<setiosflags(ios::scientific)<<setprecision(8);      //按指数形式输出,8位小数
    cout<<"pi="<<pi<<endl;                                    //输出pi值
    cout<<"pi="<<setprecision(4)<<pi<<endl;                   //改为4位小数
    cout<<"pi="<<setiosflags(ios::fixed)<<pi<<endl;              //改为小数形式输出
    return 0;
}
```

运行结果:

```
input a:34↙                   (输入a的值)
dec:34                        (十进制形式)
hex:22                        (十六进制形式)
oct:42                        (八进制形式)
     China                    (域宽为10)
*****China                    (域宽为10,空白处以'*'填充)
pi=3.14285714e+00             (指数形式输出,8位小数)
pi=3.1429e+00                 (指数形式输出,4位小数)
pi=3.143                      (小数形式输出,精度仍为4)
```

2. 用流对象的成员函数控制输出格式

除了可以用控制符来控制输出格式外,还可以通过调用流对象cout中用于控制输出格式的成员函数来控制输出格式。用于控制输出格式的常用的成员函数见表7.4。

表7.4 用于控制输出格式的流成员函数

流成员函数	与之作用相同的控制符	作　用
precision(n)	setprecision(n)	设置实数的精度为n位
width(n)	setw(n)	设置字段宽度为n位
fill(c)	setfill(c)	设置填充字符c
setf()	setiosflags()	设置输出格式状态,括号中应给出格式状态,内容与控制符setiosflags括号中的内容相同,如表7.5所示
unsetf()	resetioflags()	终止已设置的输出格式状态,在括号中应指定内容

流成员函数setf和控制符setiosflags括号中的参数表示格式状态,它是通过格式标志来指定的。格式标志在类ios中被定义为枚举值。因此在引用这些格式标志时要在前面加上类名iso和域运算符"::"。格式标志见表7.5。

表 7.5　设置格式状态的格式标志

格式标志	作　用
iso::left iso::right iso::internal	输出数据在本域宽范围内向左对齐 输出数据在本域宽范围内向右对齐 数值的符号位在域宽内左对齐,数值右对齐,中间由填充字符填充
iso::dec iso::oct iso::hex	设置整数的基数为 10 设置整数的基数为 8 设置整数的基数为 16
iso::showbase iso::showpoint iso::uppercase iso::showpos	强制输出整数的基数(八进制数以 0 打头,十六进制数以 0x 打头) 强制输出浮点数的小点和尾数 0 在以科学记数法格式 E 和以十六进制输出字母时以大写表示 对正数显示'+'号
iso::scientific iso::fixed	浮点数以科学记数法格式输出 浮点数以定点格式(小数形式)输出
ios::unitbuf ios::stdio	每次输出之后刷新所有的流 每次输出之后清除 stdout,stderr

例 7.3　用流对象的成员函数控制输出数据格式。

编写程序:

```
#include<iostream>
using namespace std;
int main()
  {int a=21
   cout.setf(ios::showbase);                   //显示基数符号(0x 或 0)
   cout<<"dec:"<<a<<endl;                      //默认以十进制形式输出 a
   cout.unsetf(ios::dec);                      //终止十进制的格式设置
   cout.setf(ios::hex);                        //设置以十六进制输出的状态
   cout<<"hex:"<<a<<endl;                      //以十六进制形式输出 a
   cout.unsetf(ios::hex);                      //终止十六进制的格式设置
   cout.setf(ios::oct);                        //设置以八进制输出的状态
   cout<<"oct:"<<a<<endl;                      //以八进制形式输出 a
   char *pt="China";                           //pt 指向字符串"China"
   cout.width(10);                             //指定域宽为 10
   cout<<pt<<endl;                             //输出字符串
   cout.width(10);                             //指定域宽为 10
   cout.fill('*');                             //指定空白处以'*'填充
   cout<<pt<<endl;                             //输出字符串
   double pi=22.0/7.0;                         //输出 pi 值
   cout.setf(ios::scientific);                 //指定用科学记数法输出
   cout<<"pi=";                                //输出"pi="
   cout.width(14);                             //指定域宽为 14
   cout<<pi<<endl;                             //输出 pi 值
   cout.unsetf(ios::scientific);               //终止科学记数法状态
   cout.setf(ios::fixed);                      //指定用定点形式输出
```

```
    cout.width(12);                          //指定域宽为12
    cout.setf(ios::showpos);                 //正数输出"+"号
    cout.setf(ios::internal);                //数符出现在左侧
    cout.precision(6);                       //保留6位小数
    cout<<pi<<endl;                          //输出pi,注意数符"+"的位置
    return 0;
  }
```

运行结果:

```
dec:21                    (十进制形式)
hex:0x15                  (十六进制形式,以0x开头)
oct:025                   (八进制形式,以0开头)
     China                (域宽为10)
*****China                (域宽为10,空白处以'*'填充)
pi=**3.142857e+00         (指数形式输出,域宽14,默认6位小数,空白处以'*'填充)
+***3.142857              (小数形式输出,精度为6,最左侧输出数符"+")
```

程序分析:

(1) 成员函数width(n)和控制符setw(n)只对其后的第一个输出项有效。如

```
cout.width(6);
cout<<20<<3.14<<endl;
```

输出结果为

```
    203.14
```

在输出第一个输出项20时,域宽为6,因此在20前面有4个空格,在输出3.14时,width(6)已不起作用,此时按系统默认的域宽输出(按数据实际长度输出)。如果要求在输出数据时都按指定的同一域宽n输出,不能只调用一次width(n),而必须在输出每一项前都调用一次width(n)。读者可以看到在程序中就是这样做的。

(2) 在表7.5中的输出格式状态分为5组,每一组中同时只能选用一种(例如,dec,hex和oct中只能选一,它们是互相排斥的)。在用成员函数setf和控制符setiosflags设置输出格式状态后,如果想改设置为同组的另一状态,应当调用成员函数unsetf(对应成员函数setf)或resetiosflags(对应控制符setiosflags),先终止原来设置的状态。然后再设置其他状态。读者可从本程序中看到这点。程序在开始虽然没有用成员函数setf和控制符setiosflags设置用dec输出格式状态,但系统默认指定为dec,因此要改变为hex或oct,也应当先用unsetf函数终止原来的设置。如果删掉程序中的第7行和第10行,虽然在第8行和第11行中用成员函数setf设置了hex和oct格式,由于未终止dec格式,因此hex和oct的设置均不起作用,系统依然以十进制形式输出。读者可以上机试一下。

同理,程序倒数第8行的unsetf函数的调用也是不可缺少的。读者也不妨上机试一试。

(3) 用setf函数设置格式状态时,可以包含两个或多个格式标志,由于这些格式标志在ios类中被定义为枚举值,每一个格式标志以一个二进位代表,因此可以用位或运算符"|"组合多个格式标志。如程序的倒数第4,5行可以用下面一行代码代替:

```
cout.setf(ios::internal |ios::showpos);           //包含两个状态标志,用"|"组合
```

(4) 可以看到：对输出格式的控制,既可以用控制符(如例 7.2),也可以用 cout 流的有关成员函数(如例 7.3),二者的作用是相同的。控制符是在头文件 iomanip 中定义的,因此用控制符时,必须包含 iomanip 头文件。cout 流的成员函数是在头文件 iostream 中定义的,因此只需包含头文件 iostream,不必包含 iomanip。许多程序人员感到使用控制符方便简单,可以在一个 cout 输出语句中连续使用多种控制符。

(5) 关于输出格式的控制,在使用中还会遇到一些细节问题,不可能在这里全部涉及。在遇到问题时,请查阅专门手册或上机试验一下即可解决。

7.2.3　用流成员函数 put 输出字符

在程序中一般用 cout 和插入运算符"<<"实现输出,cout 流在内存中有相应的缓冲区。有时用户还有特殊的输出要求,例如只输出一个字符。ostream 类除了提供上面介绍过的用于格式控制的成员函数外,还提供了专用于输出单个字符的成员函数 put。如

```
cout.put('a');
```

调用该函数的结果是在屏幕上显示一个字符 a。put 函数的参数可以是字符或字符的 ASCII 代码(也可以是一个整型表达式)。如

```
cout.put(65+32);
```

也显示字符 a,因为 97 是字符 a 的 ASCII 代码。

可以在一个语句中连续调用 put 函数。如

```
cout.put(71).put(79).put(79).put(68).put('\n');
```

在屏幕上显示 GOOD。

例 7.4　有一个字符串"BASIC",要求把它们按相反的顺序输出。

编写程序：

```
#include<iostream>
using namespace std;
int main()
 {char *p="BASIC";                    //字符指针指向'B'
  for(int i=4;i>=0;i--)
    cout.put(*(p+i));                 //从最后一个字符开始输出
  cout.put('\n');
  return 0;
 }
```

运行结果：

```
CISAB
```

程序分析：

字符指针变量 p 指向第一个字符'B',p+4 是第 5 个字符'C'的地址,*(p+4)的值就

是字符'C'。当i由4变到0时,*(p+i)的值就是'C','I','S','A','B'。

除了可以用cout.put函数输出一个字符外,还可以用putchar函数输出一个字符。putchar函数是C语言中使用的,在stdio.h头文件中定义。C++保留了这个函数,在iostream头文件中定义。例7.4也可以改用putchar函数实现。程序如下:

```
#include<iostream>                    //也可以用#include<stdio.h>,同时不要下一行
using namespace std;
int main()
  {char *p="BASIC";
   for(int i=4;i>=0;i--)
     putchar(*(p+i));
   putchar('\n');
  }
```

运行结果与前相同。

成员函数put不仅可以用cout流对象来调用,而且也可以用ostream类的其他流对象调用,在7.4节中会对此进一步介绍。

7.3 标准输入流

标准输入流是从标准输入设备(键盘)流向计算机内存的数据。

7.3.1 cin流

在7.2节中已知,在头文件iostream中定义了cin,cout,cerr,clog 4个流对象,其中cin是输入流,cout,cerr,clog是输出流。

cin是istream类的派生类的对象,它从标准输入设备(键盘)获取数据,程序中的变量通过流提取符“>>”从流中提取数据。流提取符“>>”从流中提取数据时遇到输入流中的空格、tab键、换行符等空白字符时,会作为一个数据的结束。

注意: 只有在键盘输入完数据并按回车键后,该行数据才被送入键盘缓冲区,形成输入流,提取运算符“>>”才能从中提取数据。需要注意保证从流中读取数据能正常进行。

例如

```
int a,b;
cin>>a>>b;
```

若从键盘上输入

```
21 abc↙
```

变量a从输入流中提取整数21(遇到空格表示第一个整数结束),提取操作成功,此时cin流处于正常状态。但在变量b准备提取一个整数时,却遇到了字符a,类型不匹配,提取操作失败,此时cin流被置为出错状态。只有在正常状态时,才能从输入流中提取数据。

当遇到无效字符或遇到文件结束符(不是换行符,是文件中的数据已读完)时,输入

流 cin 就处于出错状态,即无法正常提取数据。此时对 cin 流的所有提取操作都将终止。当输入流 cin 处于出错状态时,如果测试 cin 的值,可以发现它的值为 false(假),即 cin 为 0 值。如果输入流在正常状态,cin 的值为 true(真),即 cin 为一个非 0 值。可以通过测试 cin 的值,判断流对象是否处于正常状态和提取操作是否成功。如

```
if(!cin)                    //流 cin 处于出错状态,无法正常提取数据
  cout<<"error";
```

例 7.5　先后向变量 grade 输入若干考试成绩,并对成绩在 85 分以上者输出信息“GOOD!”,小于 60 分者输出“FAIL!”。要求在输入时通过测试 cin 的真值,判断流对象是否处于正常状态。

这是一个很简单的问题,本例的目的是说明怎样利用 cin 的真值。

编写程序:

```
#include<iostream>
using namespace std;
int main()
  {float grade;
   cout<<"enter grade:";
   while(cin>>grade)          //如果能从 cin 流正常读取数据,cin 的值为真,执行循环体
     {if(grade>=85) cout<<grade<<"GOOD!"<<endl;
      if(grade<60) cout<<grade<<"FAIL!"<<endl;
      else cout<<grade<<" OK!"<<endl;
      cout<<"enter grade:";
     }
   cout<<"The end."<<endl;
   return 0;
  }
```

运行结果:

```
enter grade: 67↙
67 OK!
enter grade: 89↙
89 GOOD!
enter grade: 56↙
56 FAIL!
enter grade: 100↙
100 GOOD!
enter grade: ^Z              //输入文件结束符
The end.
```

程序分析:

流提取符“>>”不断地从输入流中提取数据(每次提取一个浮点数),如果成功,就赋给变量 grade,此时 cin 为真,若不成功则 cin 为假。如果输入文件结束符,表示数据已输入成完,在输出"The end."后程序结束。如果某次输入的数据为

```
enter grade: 100/2↙
```

流提取符“>>”提取 100,赋给 grade,进行 if 语句的处理。然后再遇到“/”,认为是无效字符,cin 返回 0。循环结束,输出"The end."。

上面的结果是在 GCC 环境下运行程序的结果。在不同的C++系统下运行此程序,在最后的处理上有些不同。如果在 Visual C++环境下运行此程序,按 Ctrl+Z 键时,程序立即结束,不输出"The end."。一般的微型机中,以 Ctrl+Z(以^Z 表示)表示文件结束符,UNIX 和 Macintosh 系统中,以 Ctrl+D 表示文件结束符。

7.3.2 用于字符输入的流成员函数

除了可以用 cin 输入标准类型的数据外,还可以用 istream 类流对象的一些成员函数,实现字符的输入。

1. 用 get 函数读入一个字符

流成员函数 get 有 3 种形式:无参数的、有一个参数的,有 3 个参数的。

(1) 不带参数的 get 函数

其调用形式为

cin.get()

用来从指定的输入流中提取一个字符(包括空白字符),函数的返回值就是读入的字符。若遇到输入流中的文件结束符,则函数返回值 EOF(EOF 是在 iostream 头文件中定义的符号常量,代表-1)。

例 7.6 用 get 函数读入字符。

```
#include<iostream>
int main()
  {int c;
   cout<<"enter a sentence:"<<endl;
   while((c=cin.get())!=EOF)
     cout.put(c);
   return 0;
  }
```

运行结果:

```
enter a sentence:
I study C++ very hard.↙          (输入一行字符)
I study C++ very hard.           (输出该行字符)
^Z↙                              (程序结束)
```

程序分析:

从键盘输入一行字符,用 cin.get()逐个读入字符,将读入字符赋给字符变量 c。如果 c 的值不等于 EOF,表示已成功地读入一个有效字符,然后通过 put 函数输出该字符。

C 语言中的 getchar 函数与流成员函数 cin.get( )的功能相同,C++保留了 C 的这种用法,可以用 getchar(c)从键盘读取一个字符赋给变量 c。

(2) 有一个参数的 get 函数

其调用形式为

cin.get(ch)

其作用是从输入流中读取一个字符,赋给字符变量 ch。如果读取成功则函数返回非 0 值(真),如失败(遇文件结束符) 则函数返回 0 值(假)。

(3) 有 3 个参数的 get 函数

其调用形式为

cin.get(字符数组,字符个数 n,终止字符)

或

cin.get(字符指针,字符个数 n,终止字符)

其作用是从输入流中读取 n-1 个字符,赋给指定的字符数组(或字符指针指向的数组),如果在读取 n-1 个字符之前遇到指定的终止字符,则提前结束读取。如果读取成功则函数返回非 0 值(真),如失败(遇文件结束符) 则函数返回 0 值(假)。

可以将例 7.6 改写如下:

```
#include<iostream>
using namespace std;
int main()
  {char ch[20];
   cout<<"enter a sentence:"<<endl;
   cin.get(ch,10,'\n');                    //指定换行符为终止字符
   cout<<ch<<endl;
   return 0;
  }
```

运行结果:

```
enter a sentence:
I study C++ very hard.↙
I study C
```

程序分析:

在输入流中有 22 个字符,但由于在 get 函数中指定的 n 为 10,读取 n-1 个(即 9 个)字符并赋给字符数组 ch 中前 9 个元素。有人可能要问:指定 n=10,为什么只读取 9 个字符呢?因为存放的是一个字符串,因此在 9 个字符之后要加入一个字符串结束标志'\0',实际上存放到数组中的是 10 个字符。

请读者思考:如果不加入字符串结束标志,会出现什么情况?结果是:在用“cout<<ch;”输出数组中的字符时,不是输出读入的字符串,而是数组中的全部元素。读者可以上机检查一下 ch[9](即数组中第 10 个元素)的值是什么?

如果输入

abcde↙

即未读完第 9 个字符就遇到终止字符'\n',读取操作终止,前 5 个字符已存放到数组 ch[0]~ch[4]中,ch[5]中存放'\0'。

如果在 get 函数中指定的 n 为 20,而输入 22 个字符,则将输入流中前 19 个字符赋给字符数组 ch 中前 19 个元素,再加入一个'\0'。

get 函数中第 3 个参数可以省写,此时默认为'\n'。下面两行等价:

```
cin.get(ch,10,'\n');
cin.get(ch,10);
```

终止字符也可以用其他字符。如

```
cin.get(ch,10,'x');
```

在遇到字符 x 时停止读取操作。

2. 用成员函数 getline 函数读入一行字符

getline 函数的作用是从输入流中读取一行字符,其用法与带 3 个参数的 get 函数类似,即

cin.getline(字符数组(或字符指针),字符个数 n,终止标志字符)

例 7.7 用 getline 函数读入一行字符。

编写程序:

```
#include<iostream>
using namespace std;
int main()
  {char ch[20];
   cout<<"enter a sentence:"<<endl;
   cin>>ch;
   cout<<"The string read with cin is:"<<ch<<endl;
   cin.getline(ch,20,'/');                    //读 19 个字符或遇到'/'结束
   cout<<"The second part is:"<<ch<<endl;
   cin.getline(ch,20);                        //读 19 个字符或遇到'/n'结束
   cout<<"The third part is:"<<ch<<endl;
   return 0;
  }
```

运行结果:

```
enter a sentence: I like C++./I study C++./I am happy.↙
The string read with cin is: I
The second part is: like C++.
The third part is: I study C++./I am h
```

程序分析：

分析运行结果。用“cin>>”从输入流提取数据，遇空格就终止。因此只读取一个字符'I'，存放在字符数组元素 ch[0]中，然后在 ch[1]中存放'\0'。因此用“cout<<ch”输出时，只输出一个字符'I'。然后用 cin.getline(ch,20,'/')从输入流读取 19 个字符(或遇到'/'结束)。请注意：此时并不是从输入流的开头读取数据。在输入流中有一个字符指针，指向当前应访问的字符。在开始时，指针指向第一个字符，在读入第一个字符'I'后，指针就移到下一个字符('I'后面的空格)，所以 getline 函数从空格读起，遇到'/'就停止，把字符串" like C++."存放到 ch[0]开始的 10 个数组元素中，然后用“cout<<ch”输出这 10 个字符。注意：遇终止标志字符'/'时停止读取，'/'并不放到数组中。再用 cin.getline(ch,20)读 19 个字符(或遇'/n'结束)，由于未指定以'/'为结束标志，所以第 2 个'/'被当作一般字符被读取，共读入 19 个字符，最后输出这 19 个字符。

有几点说明并请读者思考：

(1) 如果第 2 个 cin.getline 函数也写成 cin.getline(ch,20,'/')，输出结果会如何？此时最后一行的输出为

```
The third part is: I study C++.
```

(2) 如果在用 cin.getline(ch,20,'/')从输入流读取数据时，遇到回车键('\n')，是否结束读取？结论是此时'\n'不是结束标志。'\n'被作为一个字符被读入。

(3) 用 getline 函数从输入流读字符时，一次读入一行，如果遇到终止标志字符提前结束，指针移到该终止标志字符之后。下一个 getline 函数将从该终止标志的下一个字符开始接着读入，如本程序运行结果所示那样。用 cin.get 函数从输入流读字符时，是逐个字符读入，遇终止标志字符时不读入，指针不向后移动，仍然停留在原位置。下一次读取时仍从该终止标志字符开始。这是 getline 函数和 get 函数不同之处。

假如把例 7.7 程序中的两个 cin.getline 函数调用都改为以下函数调用：

```
cin.getline(ch,20,'/');
```

则运行结果为

```
enter a sentence: I like C++./I study C++./I am happy.↙
The string read with cin is: I
The second part is: like C++.
The third part is:                (没有从输入流中读取有效字符)
```

第 2 个 cin.getline(ch,20,'/')从指针当前位置起读取字符，遇到的第 1 个字符就是终止标志字符'/'，读入结束，只把'\0'存放到 ch[0]中，所以用“cout<<ch”输出时无字符输出。

因此用 get 函数时要特别注意，必要时用其他方法跳过该终止标志字符(如用下面介绍的 ignore 函数。但一般来说还是用 getline 函数更方便。

(4) 请比较用“cin<<”和用成员函数 cin.getline( )读数据的区别。用“cin<<”读数据时以空白字符(包括空格、tab 键、回车键)作为终止标志，而用 cin.getline( )读数据时连续读取一系列字符，可以包括空格。用“cin<<”可以读取C++的标准类型的各类型数据(如果经过重载，还可以用于输入自定义类型的数据)，而用 cin.getline( )只用于输入字符型

数据。

说明:读者可能会提出这样一个问题:从前几个例子看,C++语言好像和 C 语言差不多,在主函数中调用输入输出函数进行数据的输入输出。其实是不同的:

C 语言中的 printf 和 scanf 函数是 C 编译系统提供的函数,在程序中需要加上头文件 #include <stdio.h>,即可使用这两个函数。而在前几个C++程序中,cin 和 cout 既不是C++的语句,也不是函数,而是输入输出流对象的名字(是 iostream 类的派生类的对象),它们是标准输入输出流。这些流对象已在头文件 iostream 中声明,因此为了使用 cin 和 cout 进行输入输出,大多数C++程序都需要加上#include <iostream>头文件。

在输入输出流对象中有一些成员函数,用于不同情况下的输入输出,如 cin.get( ),它调用 cin 对象中的 get 函数,用于从输入流中提取一个字符。由于这些对象都已在 <iostream>头文件中声明,因此在程序中没有类的定义部分,只有主函数。但不要因此认为它不是面向对象的程序。

7.3.3 istream 类的其他成员函数

除了以上介绍的用于读取数据的成员函数外,istream 类还有其他在输入数据时用得着的一些成员函数。常用的有以下几种。

1. eof 函数

eof 是 end of file 的缩写,表示“文件结束”。从输入流读取数据时,如果到达文件末尾(遇到文件结束符),eof 函数值为非零值(表示真),否则为 0(假)。这个函数是很有用的,经常会用到。

例 7.8 逐个读入一行字符,将其中的非空格字符输出。

编写程序:

```
#include<iostream>
using namespace std;
int main()
  {char c;
   while(!cin.eof())                    //eof()为假表示未遇到文件结束符
     if((c=cin.get())!='')              //检查读入的字符是否空格字符
       cout.put(c);
   return 0;
  }
```

运行结果:

```
C++ is very interesting.↙              (输入一个字符串)
C++isveryinteresting.                  (把其中的非空格字符输出)
^Z                                     (结束)
```

2. peek 函数

peek 是“观察”的意思,peek 函数的作用是观测下一个字符。其调用形式为

```
c=cin.peek();
```

cin.peek 函数的返回值是指针指向的当前字符,但它只是观测,指针仍停留在当前位置,并不后移。如果要观测的字符是文件结束符,则函数值是 EOF(即-1)。

3. putback 函数

其调用形式为

```
cin.putback(ch);
```

其作用是将前面用 get 或 getline 函数从输入流中读取的字符 ch 返回到输入流,插入当前指针位置,以供后面读取。

例 7.9　peek 函数和 putback 函数的用法。

编写程序:

```
#include<iostream>
using namespace std;
int main()
  {char c[20];
   int ch;
   cout<<"please enter a sentence:"<<endl;
   cin.getline(c,15,'/');
   cout<<"The first part is:"<<c<<endl;
   ch=cin.peek();                          //观看当前字符
   cout<<"The next character(ASCII code) is:"<<ch<<endl;
   cin.putback(c[0]);                      //将'I'插入指针所指处
   cin.getline(c,15,'/');
   cout<<"The second part is:"<<c<<endl;
   return 0;
  }
```

运行结果:

```
please enter a sentence:
I am a boy./ am a student./↙
The first part is: I am a boy.
The next character(ASCII code) is: 32      (下一个字符是空格)
The second part is: I am a student
```

程序分析:

图 7.4 表示输入流的情况。开始时指针位置如图 7.4(a)中的①所示。第 1 个 getline 函数读入字符串"I am a boy."(遇'/'读入结束),并把它存放在字符数组 c 中,然后将 c 数组中的字符串输出。由于是用 getline 函数读入的,因此输入流的指针指向第一个'/'之后,如图 7.4(a)中的②所示。用 peek 函数检测下一个字符,它是空格(其 ASCII 代码为 32),把 32 存放在字符变量 ch 中,再输出 32。接着用 putback 函数将 c 数组中第一个元素 c[0]的值(即字符'I')放回指针当前所指处,即放在第一个'/'之后,如图 7.4(b)中的

③所示。这样,第一个'/'之后的字符变为"I am a student./"。再用getline函数读入14个字符,故输出"I am a student"。

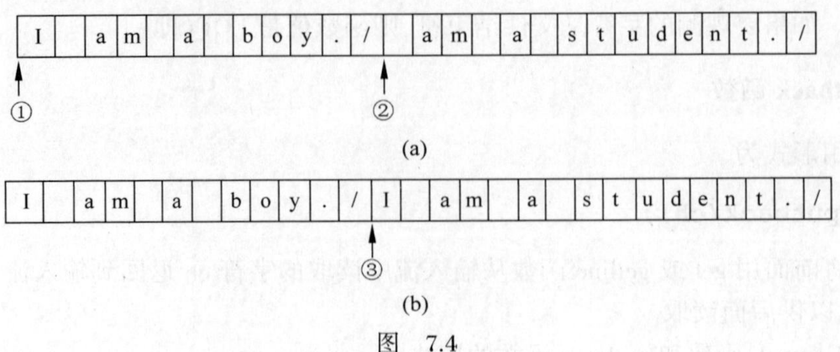

图 7.4

4. ignore 函数

其调用形式为

cin,ignore(n,终止字符)

函数作用是跳过输入流中n个字符,或在遇到指定的终止字符时提前结束(此时跳过包括终止字符在内的若干字符)。如

```
cin.ighore(5,'A')                    //跳过输入流中5个字符,或遇到'A'后就不再跳了
```

也可以不带参数或只带一个参数。如

```
ignore()                             //n的默认值为1,终止字符默认为EOF
```

相当于

```
ignore(1,EOF)
```

例 7.10 用ignore函数跳过输入流中的字符。

编写程序:

(1) 先看不用ignore函数的情况:

```
#include<iostream>
using namespace std;
int main()
  {char ch[20];
   cin.get(ch,20,'/');
   cout<<"The first part is:"<<ch<<endl;
   cin.get(ch,20,'/');
   cout<<"The second part is:"<<ch<<endl;
   return 0;
  }
```

运行结果:

```
I like C++./I study C++./I am happy.↙
The first part is: I like C++.
The second part is:                    (字符数组 ch 中没有从输入流中读取有效字符)
```

程序分析:

在读入"I like C++."之后遇到'/',读入终止。由于用 cin.get 函数读入,故指针不向后移,仍指向'/'处。因此第二个 cin.get 函数遇到的第一个字符是'/',不再读入其他字符。故 ch 数组中无读入的字符,故无输出。

(2) 如果希望第 2 个 cin.get 函数能读取"I study C++.",就应该设法跳过输入流中第 1 个'/',可以用 ignore 函数来实现此目的,将程序改为

```
#include<iostream>
using namespace std;
int main()
  {char ch[20];
   cin.get(ch,20,'/');
   cout<<"The first part is:"<<ch<<endl;
   cin.ignore();                    //跳过输入流中一个字符
   cin.get(ch,20,'/');
   cout<<"The second part is:"<<ch<<endl;
   return 0;
  }
```

运行结果:

```
I like C++./I study C++./I am happy.↙
The first part is: I like C++.
The second part is: I study C++.
```

以上介绍的各个成员函数,不仅可以用 cin 流对象来调用,而且也可以用 istream 类的其他流对象调用。

7.4　对数据文件的操作与文件流

7.4.1　文件的概念

迄今为止,我们讨论的输入输出是以系统指定的标准设备(输入设备为键盘,输出设备为显示器)为对象的。在实际应用中,常以磁盘文件作为对象,即从磁盘文件读取数据,将数据输出到磁盘文件。磁盘是计算机的外部存储器,它能够长期保留信息,能读能写,可以刷新重写,方便携带,因而得到广泛使用。

文件(file)是程序设计中一个重要的概念。所谓"文件"一般指存储在外部介质上数据的集合。一批数据是以文件的形式存放在外部介质(如磁盘、光盘和 U 盘)上的。操作系统是以文件为单位对数据进行管理的,也就是说,如果想找存在外部介质上的数据,必须先按文件名找到所指定的文件,然后再从该文件中读取数据。要向外部介质上存储数

据也必须先建立一个文件(指定相应的文件名),才能向它输出数据。

外存文件包括磁盘文件、光盘文件和U盘文件等。一般用户使用较多的是磁盘文件,为叙述方便,在本章中凡用到外存文件的地方均以磁盘文件来代表,在程序中对光盘文件和U盘文件的使用方法与磁盘文件相同。

对用户来说,常用到的文件有两大类,一类是**程序文件**(program file),如C++的源程序文件(.cpp)、目标文件(.obj)、可执行文件(.exe)等。一类是**数据文件**(data file),在程序运行时,常常需要将一些数据(运行的最终结果或中间数据)输出到磁盘上存放起来,以后需要时再从磁盘中输入到计算机内存,这种磁盘文件就是数据文件。程序中的输入和输出的对象就是数据文件。

根据文件中数据的组织形式,可分为ASCII文件和二进制文件。ASCII文件又称文本(text)文件或字符文件,文件中每一个字节放一个ASCII码,代表一个字符。二进制文件又称内部格式文件或字节文件,如果把内存中的数据按其在内存中的存储形式原样输出到磁盘上存放,就是二进制文件。

字符型数据在内存中是以ASCII码形式存放的,因此,无论用ASCII文件输出还是用二进制文件输出,其存储形式是一样的。但是对于数值型数据,二者是不同的。例如有一个整数100000,前已说明整数在内存中占4个字节,如果按内部格式直接输出,在磁盘文件中也占4个字节,如果将它转换为ASCII码形式输出,6个字符占6个字节,见图7.5。

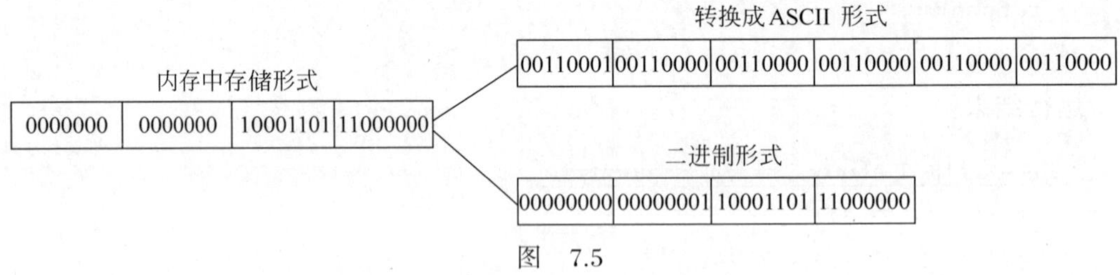

图 7.5

用ASCII码形式输出的数据是与字符一一对应的,一个字节中的ASCII码代表一个字符,可以对字符逐个进行输入输出,可以直接在屏幕上显示或打印出来。这种方式使用方便,比较直观,但一般占存储空间较多,而且要花费转换时间(二进制形式与ASCII码间的转换)。用内部格式(二进制形式)输出数值,可以节省外存空间,而且不需要转换时间,但一个字节并不对应一个字符,不能直观地接显示文件中的内容。如果在程序运行过程中想把一些中间结果暂时保存在磁盘文中,以后需要时再输入到内存继续运算的,用二进制文件保存是最合适的。如果是为了能显示和打印以供阅读,则应按ASCII码形式输出。此时得到的是ASCII文件,它的内容可以直接在显示屏上观看。

C++提供了低级的I/O功能和高级的I/O功能。高级的I/O是把若干字节组合为一个有意义的单位(如整数、单精度数、双精度数、字符串或用户自定义的类型的数据),然后以ASCII字符形式输入和输出。例如将数据从内存送到显示器输出,就属于高级I/O功能,先将内存中的数据转换为ASCII字符,然后分别按整数、单精度数、双精度数等形式输出。这种面向类型的输入输出在程序中用得很普遍,用户感到方便。但在传输大容量的文件时由于数据格式频繁转换,会影响运行效率。

所谓低级的 I/O 是以字节为单位直接进行输入和输出,在输入和输出时不进行数据格式的转换。这种输入输出是以二进制形式进行的。通常用来在内存和设备之间传输一批字节。这种输入输出速度快、效率高,一般大容量的文件传输用无格式转换的 I/O。但使用时会感到不太直观,难以了解数据的内容。

7.4.2　文件流类与文件流对象

前已说明,C++的输入输出是由类对象来实现的,如 cin 和 cout 就是流对象。不能采用在 C 语言中处理数据文件的方法来处理C++的文件操作。cin 和 cout 只能处理C++中以标准设备为对象的输入输出,而不能处理以磁盘文件为对象的输入输出。必须另外定义以磁盘文件为对象的输入输出流对象。

首先要弄清楚什么是文件流。文件流是以外存文件为输入输出对象的数据流。输出文件流是从内存流向外存文件的数据,输入文件流是从外存文件流向内存的数据。每一个文件流都有一个内存缓冲区与之对应。

请区分文件流与文件的概念,不要误以为文件流是由若干文件组成的流。文件流本身不是文件,而只是**以文件为输入输出对象的流**。若要对磁盘文件输入输出,就必须通过文件流来实现。

在C++的 I/O 类库中定义了几种文件类,专门用于对磁盘文件的输入输出操作。在图 7.2 中可以看到除了已介绍过的标准输入输出流类 istream,ostream 和 iostream 类(见图 7.1)外,还有 3 个用于文件操作的文件类:

(1) **ifstream 类**,它是从 istream 类派生的。用来支持从磁盘文件的输入。

(2) **ofstream 类**,它是从 ostream 类派生的。用来支持向磁盘文件的输出。

(3) **fstream 类**,它是从 iostream 类派生的。用来支持对磁盘文件的输入输出。

要以磁盘文件为对象进行输入输出,必须定义一个文件流类的对象,通过文件流对象将数据从内存输出到磁盘文件,或者通过文件流对象从磁盘文件将数据输入到内存。

其实在用标准设备为对象的输入输出中,也是要定义流对象的,如 cin,cout 就是流对象,C++是通过流对象进行输入输出的。由于 cin,cout 已在 iostream 头文件中事先定义,所以用户不需自己定义。在用磁盘文件时,由于情况各异,无法事先统一定义,必须由用户自己定义。此外,对磁盘文件的操作是通过**文件流对象**(而不是 cin 和 cout)实现的。文件流对象是用**文件流类**定义的,而不是用 istream 和 ostream 类来定义的。

可以用下面的方法建立一个输出文件流对象:

```
ofstream outfile;
```

如同在头文件 iostream 中定义了流对象 cout 一样,现在在程序中定义了 outfile 为 ofstream 类(输出文件流类)的对象。但是有一个问题还未解决:在定义 cout 时已将它和标准输出设备(显示器)建立关联,而现在虽然建立了一个输出文件流对象,但是还未指定它向哪一个磁盘文件输出,需要在使用时加以指定。下面将要解决这个问题。

7.4.3 文件的打开与关闭

1. 打开磁盘文件

所谓打开(open)文件是一种形象的说法,如同打开房门就可以进入房间活动一样。打开文件是指在文件读写之前做必要的准备工作,包括:

(1) 为文件流对象和指定的磁盘文件建立关联,以便使文件流流向指定的磁盘文件。

(2) 指定文件的工作方式,如:该文件是作为输入文件还是输出文件,是ASCII文件还是二进制文件等。

以上工作可以通过两种不同的方法实现。

(1) **调用文件流的成员函数open**。如

```
ofstream outfile;                    //定义 ofstream 类(输出文件流类)对象 outfile
outfile.open("f1.dat",ios::out);     //使文件流与 f1.dat 文件建立关联
```

第2行是调用输出文件流的成员函数open打开磁盘文件f1.dat,并指定它为输出文件,文件流对象outfile将向磁盘文件f1.dat输出数据。ios::out是I/O模式的一种,表示以输出方式打开一个文件。或者简单地说,此时f1.dat是一个输出文件,接收从内存输出的数据。

调用成员函数open的一般形式为

文件流对象.open(磁盘文件名,输入输出方式);

磁盘文件名可以包括路径,如"c:\new\f1.dat",若缺省路径,则默认为当前目录下的文件。

(2) **在定义文件流对象时指定参数**

在声明文件流类时定义了带参数的构造函数,其中包含了打开磁盘文件的功能。因此,可以在定义文件流对象时指定参数,调用文件流类的构造函数来实现打开文件的功能。如

```
ostream outfile("f1.dat",ios::out);
```

一般多用此形式,比较方便。作用与用open函数相同。

输入输出方式是在ios类中定义的,它们是枚举常量,有多种选择,见表7.6。

表7.6 文件输入输出方式设置值

方　式	作　用
ios::in	以输入方式打开文件
ios::out	以输出方式打开文件(这是默认方式),如果已有此名字的文件,则将其原有内容全部清除
ios::app	以输出方式打开文件,写入的数据添加在文件末尾
ios::ate	打开一个已有的文件,文件指针指向文件末尾

续表

方　式	作　用
ios::trunc	打开一个文件,如果文件已存在,则删除其中全部数据,如文件不存在,则建立新文件。如已指定了 ios::out 方式,而未指定 ios::app,ios::ate,ios::in,则同时默认此方式
ios::binary	以二进制方式打开一个文件,如不指定此方式则默认为 ASCII 方式
ios::nocreate	打开一个已有的文件,如文件不存在,则打开失败。nocreat 的意思是不建立新文件
ios::noreplace	如果文件不存在则建立新文件,如果文件已存在则操作失败,noreplace 的意思是不更新原有文件
ios::in|ios::out	以输入和输出方式打开文件,文件可读可写
ios::out|ios::binary	以二进制方式打开一个输出文件
ios::in|ios::binary	以二进制方式打开一个输入文件

说明:

(1) 新版本的 I/O 类库中不提供 ios::nocreate 和 ios::noreplace。

(2) 为了对读写进行控制,系统为每一个文件设置了一个文件读写位置标记(简称文件位置标记或文件标记),用来指示当前的读写位置(即接下来要读写的下一个字节的位置)。该文件标记的初始位置由 I/O 方式指定,每次读写都从文件标记的当前位置开始。每读入一个字节,文件标记就后移一个字节。当文件标记移到后,就会遇到文件尾(文件结束符,也占一个字节,其值为-1)。此时流对象的成员函数 eof 的值为"真"(非 0 值,一般设为 1),表示文件结束了。

在有的书中,把"文件读写位置标记"称为"文件指针",这容易引起对指针理解的混淆。此前曾说明:指针是一个数据的内存地址,而文件是在计算机外部的,与地址无关,只是表示在文件中的相对位置。故作者认为称为"文件读写位置标记"为宜。

(3) 可以用"位或"运算符"|"对输入输出方式进行组合,如表 7.6 中最后 3 行所示那样。还可以举出下面一些例子:

```
ios::in |ios::nocreate       //打开一个输入文件,若文件不存在则返回打开失败的信息
ios::app |ios::nocreate      //打开一个输出文件,在文件尾接着写数据,若文件不存在则
                             //返回打开失败的信息
ios::out |ios::noreplace     //打开一个新文件作为输出文件,如果文件已存在则返回打
                             //开失败的信息
ios::in |ios::out |ios::binary          //打开一个二进制文件,可读可写
```

但不能组合互相排斥的方式,如 ios::nocreate|ios::noreplace。

(4) 如果打开操作失败,open 函数的返回值为 0(假),如果是用调用构造函数的方式打开文件的,则流对象的值为 0。可以据此测试打开是否成功。如

```
if(outfile.open("f1.dat",ios::app) ==0)
  cout<<"open error";
```

或

```
if(!outfile.open("f1.dat",ios::app))
  cout<<"open error"
```

2. 关闭磁盘文件

在对已打开的磁盘文件的读写操作完成后,应关闭该文件。关闭文件用成员函数 close。如

```
outfile.close();                    //将输出文件流所关联的磁盘文件关闭
```

所谓关闭,实际上是解除该磁盘文件与文件流的关联,原来设置的工作方式也失效,这样,就不能再通过文件流对该文件进行输入或输出。此时可以将文件流与其他磁盘文件建立关联,通过文件流对新的文件进行输入或输出。如

```
outfile.open("f2.dat",ios::app|ios::nocreate);
```

此时文件流 outfile 与 f2.dat 建立关联,并指定了 f2.dat 的工作方式。

7.4.4 对 ASCII 文件的操作

在 7.4.1 节中已经介绍了什么是 ASCII 文件。如果文件的每一个字节中均以 ASCII 码形式存放数据,即一个字节存放一个字符,这个文件就是 ASCII 文件(或称字符文件)。如存放一篇英文文章的文本文件就是 ASCII 文件。程序可以从 ASCII 文件中读入若干字符,也可以向它输出一些字符。

对 ASCII 文件的读写操作可以用两种方法:

(1) 用流插入运算符"<<"和流提取运算符">>"输入输出标准类型的数据。"<<"和">>"都已在 iostream 中被重载为能用于 ostream 和 istream 类对象的标准类型的输入输出。由于 ifstream 和 ofstream 分别是 ostream 和 istream 类的派生类(见图 7.2),因此它们从 ostream 和 istream 类继承了公用的重载函数,所以在对磁盘文件的操作中,可以通过文件流对象和流插入运算符"<<"和流提取运算符">>"实现对磁盘文件的读写,如同用 cin, cout 以及"<<"和">>"对标准设备进行读写一样。

(2) 用本章 7.2.3 节和 7.3.2 节中介绍的文件流的 put, get, getline 等成员函数进行字符的输入输出。

下面通过几个例子说明其应用。

例 7.11 有一个整型数组,含 10 个元素,从键盘输入 10 个整数给数组,将此数组送到磁盘文件中存放。

编写程序:

```
#include<fstream>
using namespace std;
int main()
  {int a[10];
```

```
    ofstream outfile("f1.dat",ios::out);
                                          //定义输出文件流对象,打开磁盘文件"f1.dat"
    if(!outfile)                          //如果打开失败,outfile 返回 0 值
      {cerr<<"open error!"<<endl;
       exit(1);
      }
    cout<<"enter 10 integer numbers:"<<endl;
    for(int i=0;i<10;i++)
      {cin>>a[i];
       outfile<<a[i]<<" ";                //向磁盘文件"f1.dat"输出数据
      }
    outfile.close();                      //关闭磁盘文件"f1.dat"
    return 0;
  }
```

运行结果:

```
enter 10 integer numbers:
1 3 5 2 4 6 10 8 7 9↙
```

程序分析:

(1) 程序中用#include 指令包含了头文件 fstream,这是由于在程序中用到文件流类 ofstream,而 ofstream 是在头文件 fstream 中定义的。有人可能会提出:程序中用到 cout,为什么没有包含 iostream 头文件?这是由于在头文件 fstream 中包含了头文件 iostream,因此,包含了头文件 fstream 就意味着已经包含了头文件 iostream,不必重复(当然,多写一行 #include<iostream>也不出错)。

(2) 程序中用 ofstream 类定义文件流对象 outfile,调用结构函数打开当前目录下的磁盘文件 f1.dat 文件(如果当前目录是 D:\C++,则要打开的是 D:\C++\f1.dat),同时已声明它是输出文件,只能向它写入数据,不能从中读取数据。参数 ios::out 可以省写。如不写此项,则默认为 ios::out。下面两种写法等价:

```
ofstream outfile("f1.dat",ios::out);
ofstream outfile("f1.dat");
```

(3) 如果打开成功,则文件流对象 outfile 的返回值为非 0 值,如果打开失败,则返回值为 0(假),!outfile 为真,此时要进行出错处理,向显示器输出出错信息"open error!",然后调用系统函数 exit,结束运行。exit 的参数为任意整数,可用 0,1 或其他整数。由于用了 exit 函数,在某些老版本的C++要求包含头文件 stdlib.h,而在新版本的C++(如 GCC)则不要求此包含。

(4) 在程序中用提取运算符“>>”从键盘逐个读入 10 个整数,每读入一个数后就将该数向磁盘文件输出,输出的语句为

```
outfile<<a[i]<<" ";
```

可以看出,用法和向显示器输出是相似的,只是把标准输出流对象 cout 换成文件输出流对象 outfile 而已。由于在定义文件流对象 outfile 时,已把它与输出文件关联,因此把

10个数据输出到f1.dat文件中。

由于是向磁盘文件输出,所以在屏幕上看不到输出结果。如果想验证是否已成功地存储在磁盘文件f1.dat上,可以另编程序,从f1.dat读入数据,检查是否正确,见例7.12。

(5) 在向磁盘文件输出一个数据后,要输出一个(或几个)空格或换行符,以作为数据间的分隔,否则以后从磁盘文件读数据时,10个整数的数字连成一片而无法区分。

例7.12 从例7.11建立的数据文件f1.dat中读入10个整数放在数组中,找出并输出10个数中的最大者和它在数组中的序号。

编写程序:

```
#include<fstream>
int main()
  {int a[10],max,i,order;
   ifstream infile("f1.dat",ios::in|ios::nocreate);
                                //定义输入文件流对象,以输入方式打开磁盘文件 f1.dat
   if(!infile)
     {cerr<<"open error!"<<endl;
      exit(1);
     }
   for(i=0;i<10;i++)
     {infile>>a[i];              //从磁盘文件读入 10 个整数,顺序存放在 a 数组中
      cout<<a[i]<<" ";           //在显示器上顺序显示 10 个数
     }
   cout<<endl;
   max=a[0];
   order=0;
   for(i=1;i<10;i++)
     if(a[i]>max)
       {max=a[i];                //将当前最大值放在 max 中
        order=i;                 //将当前最大值的元素序号放在 order 中
       }
   cout<<"max="<<max<<endl<<"order="<<order<<endl;
   infile.close();
   return 0;
  }
```

运行结果:

```
1 3 5 2 4 6 10 8 7 9          (在磁盘文件 f1.dat 中存放的 10 个数)
max=10                         (最大值为 10)
order=6                        (最大值是数组中序号为 6 的元素)
```

程序分析:

文件f1.dat在例7.11中作为输出文件,在例7.12中作为输入文件。一个磁盘文件可以在一个程序中作为输入文件,而在另一个程序中作为输出文件,在不同的程序中可以有

不同的工作方式。甚至在同一个程序中先后以不同方式打开,如先以输出方式打开,接收从程序输出的数据,然后关闭它,再以输入方式打开,程序可以从中读取数据。

例 7.13　从键盘读入一行字符,把其中的字母字符依次存放在磁盘文件 f2.dat 中。再把它从磁盘文件读入程序,将其中的小写字母改为大写字母,再存入磁盘文件 f3.dat。

编写程序:

```
#include<fstream>
using namespace std;

//save_to_file 函数从键盘读入一行字符并将其中的字母存入磁盘文件
void save_to_file()
  {ofstream outfile("f2.dat");
   //定义输出文件流对象 outfile,以输出方式打开磁盘文件 f2.dat
   if(!outfile)
   {cerr<<"open f2.dat error!"<<endl;
    exit(1);
   }
   char c[80];
   cin.getline(c,80                              //从键盘读入一行字符
   for(int i=0;c[i]!=0;i++)                      //对字符逐个处理,直到遇'/0'为止
     if(c[i]>=65 && c[i]<=90||c[i]>=97 && c[i]<=122)        //如果是字母字符
       {outfile.put(c[i]);                       //将字母字符存入磁盘文件 f2.dat
        cout<<c[i];}                             //同时送显示器显示
   cout<<endl;
   outfile.close();                              //关闭 f2.dat
  }
//从磁盘文件 f2.dat 读入字母字符,将其中的小写字母改为大写字母,再存入 f3.dat
void get_from_file()
  {char ch;
   ifstream infile("f2.dat",ios::in|ios::nocreate);
   //定义输入文件流 outfile,以输入方式打开磁盘文件 f2.dat
   if(!infile)
     {cerr<<"open f2.dat error!"<<endl;
      exit(1);
     }
   ofstream outfile("f3.dat");  //定义输出文件流 outfile,以输出方式打开磁盘文件 f3.dat
   if(!outfile)
     {cerr<<"open f3.dat error!"<<endl;
      exit(1);
     }
   while(infile.get(ch))                         //当读取字符成功时执行下面的复合语句
     {if(ch>=97 && ch<=122)                      //判断 ch 是否小写字母
        ch=ch-32;                                //将小写字母变为大写字母
      outfile.put(ch);                           //将该大写字母存入磁盘文件 f3.dat
```

```
      cout<<ch;                              //同时在显示器输出
    }
   cout<<endl;
   infile.close();                           //关闭磁盘文件 f2.dat
   outfile.close();                          //关闭磁盘文件 f2.dat
  }

int main()
  {save_to_file();
      //调用 save_to_file(),从键盘读入一行字符并将其中的字母存入磁盘文件 f2.dat
   get_from_file();
      //调用 get_from_file(),从 f2.dat 读入字母字符,改为大写字母,再存入 f3.dat
   return 0;
  }
```

运行结果:

```
New Beijing,Great Olypic,2008,China.↙
NewBeijingGreatOlypicChina          (将字母写入磁盘文件 f2.dat,同时在屏幕显示)
NEWBEIJINGGREATOLYPICCHINA          (改为大写字母)
```

程序分析:

本程序用了7.2.3节和7.3.2节中介绍的文件流的put,get,getline等成员函数实现输入和输出,用成员函数inline从键盘读入一行字符,调用函数的形式是cin.inline(c,80),从磁盘文件读一个字符用infile.get(ch)。可以看到二者的使用方法是一样的,cin和infile都是istream类派生类的对象,它们都可以使用istream类的成员函数。二者的区别只在于:对标准设备显示器输出时用cin,对磁盘文件输出时用文件流对象。在7.2.3节和7.3.2节中介绍的成员函数都可以用于对磁盘文件输入输出。

磁盘文件f3.dat的内容虽然是ASCII字符,但人们是不能直接看到的,如果想从显示器上观看磁盘上ASCII文件的内容,可以采用以下两种方法的其中一种:

(1) 在Windows环境下,选择"程序"→"附件"→"记事本",在记事本窗口中选择"文件"→"打开",选择文件路径(例如当前目录"D:\C++"),打开f3.dat文件,即可看到文件中的内容:

```
NEWBEIJINGGREATOLYPICCHINA
```

(2) 可以编一个专用函数,将磁盘文件内容读入内存,然后输出到显示器。

编写程序:

```
#include<fstream>
using namespace std;
void display_file(char * filename)       //读入数据并显示内容的函数
  {ifstream infile(filename,ios::in|ios::nocreate);
   if(!infile)
     {cerr<<"open error!"<<endl;
```

```
    exit(1);}
  char ch;
  while(infile.get(ch))
    cout.put(ch);
  cout<<endl;
  infile.close();
 }
//在主函数中调用display_file函数
int main()
 {display_file("f3.dat");                //将f3.dat的入口地址传给形参filename
 return 0;
 }
```

运行结果：

```
NEWBEIJINGGREATOLYPICCHINA
(输出了f3.dat中的字符)
```

7.4.5　对二进制文件的操作

前面已经介绍,二进制文件不是以ASCII代码形式存放数据的,它将内存中数据存储形式不加转换地传送到磁盘文件,因此它又称为**内存数据的映像文件**。因为文件中的信息不是字符数据,而是字节中的二进制形式的信息,因此它又称为**字节文件**。

对二进制文件的操作也需要先打开文件,用完后要关闭文件。在打开时要用ios::binary指定为以二进制形式传送和存储。二进制文件除了可以作为输入文件或输出文件外,还可以是既能输入又能输出的文件。这是和ASCII文件不同的地方。

1. 用成员函数read和write读写二进制文件

对二进制文件的读写主要用istream类的成员函数read和write来实现。这两个成员函数的原型为

```
istream& read(char *buffer,int len);
ostream& write(const char *buffer,int len);
```

字符指针buffer指向内存中一段存储空间。len是读写的字节数。调用的方式如

```
a. write(p1,50);
b. read(p2,30);
```

上面第1行中的a是输出文件流对象,write函数将字符指针p1指向的单元开始的50个字节的内容不加转换地写到与a关联的磁盘文件中。第2行中的b是输入文件流对象,read函数从b所关联的磁盘文件中,读入30个字节(或遇EOF结束),存放在字符指针p2所指的一段空间内。

例7.14　将一批数据以二进制形式存放在磁盘文件中。

编写程序：

```
#include<fstream>
using namespace std;
struct student
  {char name[20];
   int num;
   int age;
   char sex;
  };
int main()
  {student stud[3]={"Li",1001,18,'f',"Fan",1002,19,'m',"Wang",1004,17,'f'};
   ofstream outfile("stud.dat",ios::binary);
   if(!outfile)
     {cerr<<"open error!"<<endl;
     abort();                                    //退出程序
  }
  for(int i=0;i<3;i++)
    outfile.write((char*)&stud[i],sizeof(stud[i]));
  outfile.close();
  return 0;
}
```

程序分析:

程序定义了结构体类型 student,它包括 4 个数据成员。用 student 定义结构体数组 stud,并对其初始化。然后建立输出文件流对象 outfile,以二进制文件方式打开磁盘文件 stud.dat(如果原来无此文件,则建立新文件,如果已有同名文件则将其原有内容删除,以便重新写入数据)。这样,磁盘文件 stud.dat 的工作方式定为二进制文件。

用成员函数 write 向 stud.dat 输出数据,从前面给出的 write 函数的原型可以看出:第 1 个形参是指向 char 型常变量的指针变量 buffer,之所以用 const 声明,是因为不允许通过指针改变所其指向数据的值。形参要求相应的实参是字符指针或字符串的首地址。现在要将结构体数组的一个元素(包含 4 个成员)一次输出到磁盘文件 stud.dat 中。&stud[i]是结构体数组第 i 个元素的首地址,但这是指向结构体的指针,与形参类型不匹配。因此要用(char *)把它强制转换为字符指针。第 2 个参数是指定一次输出的字节数。sizeof(stud[i])的值是结构体数组的一个元素的字节数。调用一次 write 函数,就将从&stud[i]开始的结构体数组的一个元素输出到磁盘文件中,执行 3 次循环输出结构体数组的 3 个元素。

其实可以一次输出结构体数组的 3 个元素,将 for 循环的两行改为以下一行:

```
outfile.write((char*)&stud[0],sizeof(stud));
```

执行一次 write 函数输出了结构体数组的全部数据。

abort 函数的作用是退出程序,与 exit 函数的作用相同。

可以看到,用这种方法一次可以输出一批数据,效率较高。在输出的数据之间不必加入空格,在一次输出之后也不必加回车换行符。在以后从该文件读入数据时不是靠空格作为数据的间隔,而是用字节数来控制。

例 7.15　将执行例 7.14 程序时存放在磁盘文件中的二进制形式的数据读入内存,并在显示器显示。

编写程序:

```
#include<fstream>
using namespace std;
struct student
  {string name;
   int num;
   int age;
   char sex;
  };
int main()
  {student stud[3];
   int i;
   ifstream infile("stud.dat",ios::binary);
   if(!infile)
   {cerr<<"open error!"<<endl;
    abort();
   }
   for(i=0;i<3;i++)
     infile.read((char *)&stud[i],sizeof(stud[i]));
   infile.close();
   for(i=0;i<3;i++)
   {cout<<"NO."<<i+1<<endl;
    cout<<"name:"<<stud[i].name<<endl;
    cout<<"num:"<<stud[i].num<<endl;;
    cout<<"age:"<<stud[i].age<<endl;
    cout<<"sex:"<<stud[i].sex<<endl<<endl;
   }
   return 0;
  }
```

运行结果:

```
NO.1
name: Li
num: 1001
age: 18
sex: f

NO.2
name: Fan
num: 1001
age: 19
sex: m
```

```
NO.3
name: Wang
num: 1004
age: 17
sex: f
```

程序分析:

有了例7.14的基础,读者看懂这个程序是不会有什么困难的。

请思考:能否一次读入文件中的全部数据,如

```
infile.read((char *)&stud[0],sizeof(stud));
```

答案是可以的,将指定数目的字节读入内存,依次存放在以地址 &stud[0]开始的存储空间中。要注意读入的数据的格式要与存放它的空间的格式匹配。由于磁盘文件中的数据是从内存中结构体数组元素得来的,因此它仍然保留结构体元素的数据格式。现在再读入内存,存放在同样的结构体数组中,这必然是匹配的。如果把它放到一个整型数组中,就不匹配了,会出错。

2. 与文件指针有关的流成员函数

7.4.3节中已介绍,在磁盘文件中有一个**文件读写位置标记**(简称**文件位置标记**或**文件标记**),来指明当前进行读写的位置。在从文件输入时每读入一个字节,该位置就向后移动一个字节。在输出时每向文件输出一个字节,位置标记也向后移动一个字节,随着输出文件中字节不断增加,位置不断后移。对于二进制文件,允许对位置标记进行控制,使它按用户的意图移动到所需的位置,以便在该位置上进行读写。文件流提供一些有关文件位置标记的成员函数。为了查阅方便,将它们归纳为表7.7,并作必要的说明。

表7.7 文件流与文件位置标记有关的成员函数

成员函数	作 用
gcount()	得到最后一次输入所读入的字节数
tellg()	得到输入文件位置标记的当前位置
tellp()	得到输出文件位置标记当前的位置
seekg(文件中的位置)	将输入文件位置标记移到指定的位置
seekg(位移量,参照位置)	以参照位置为基础移动若干字节("参照位置"的用法见说明)
seekp(文件中的位置)	将输出文件位置标记移到指定的位置
seekp(位移量,参照位置)	以参照位置为基础移动若干字节

说明:

(1) 读者很容易发现:这些函数名的第一个字母或最后一个字母不是g就是p。带g的是用于输入的函数(g是get的第一个字母,以g作为输入的标识,容易理解和记忆),带p的是用于输出的函数(p是put的第一个字母,以p作为输出的标识)。例如有两个

tell 函数,tellg 用于输入文件,tellp 用于输出文件。同样,seekg 用于输入文件,seekp 用于输出文件。以上函数见名知意,一看就明白,不必死记。

如果是既可输入又可输出的文件,则任意用 seekg 或 seekp。

(2) 函数参数中的“文件中的位置”和“位移量”已被指定为 long 型整数,以字节为单位。“参照位置”可以是下面三者之一:

- ios::beg　文件开头(beg 是 begin 的缩写),这是默认值。
- ios::cur　位置标记当前的位置(cur 是 current 的缩写)。
- ios::end　文件末尾。

它们是在 ios 类中定义的枚举常量。

举例如下:

```
infile.seekg(100);                //输入文件位置标记向前移到 100 字节位置
infile.seekg(-50,ios::cur);       //输入文件中位置标记从当前位置后移 50 字节
outfile.seekp(-75,ios::end);      //输出文件中位置标记从文件尾后移 50 字节
```

3. 随机访问二进制数据文件

一般情况下读写是顺序进行的,即逐个字节进行读写。但是对于二进制数据文件来说,可以利用上面的成员函数移动指针,随机地访问文件中任一位置上的数据,还可以修改文件中的内容。

例 7.16　有 5 个学生的数据,要求:

(1) 把它们存到磁盘文件中;

(2) 将磁盘文件中的第 1,3,5 个学生数据读入程序,并显示出来;

(3) 将第 3 个学生的数据修改后存回磁盘文件中的原有位置;

(4) 从磁盘文件读入修改后的 5 个学生的数据并显示出来。

编写程序:

```
#include<fstream>
using namespace std;
struct student
  {int num;
   char name[20];
   float score;
  };
int main()
  {student stud[5]={1001,"Li",85,1002,"Fan",97.5,1004,"Wang",54,1006,
                  "Tan",76.5,1010,"Ling",96};
   fstream iofile("stud.dat",ios::in|ios::out|ios::binary);
   //用 fstream 类定义输入输出二进制文件流对象 iofile
   if(!iofile)
     {cerr<<"open error!"<<endl;
      abort();
     }
```

```
for(int i=0;i<5;i++)                      //向磁盘文件输出5个学生的数据
  iofile.write((char *)&stud[i],sizeof(stud[i]));
student stud1[5];                         //用来存放从磁盘文件读入的数据
for(int i=0;i<5;i=i+2)
  {iofile.seekg(i*sizeof(stud[i]),ios::beg);  //定位于第0,2,4学生数据开头
   iofile.read((char *)&stud1[i/2],sizeof(stud1[0]));
                     //先后读入3个学生的数据,存放在stud1[0],stud[1]和stud[2]中
   cout<<stud1[i/2].num<<" "<<stud1[i/2].name<<" "<<stud1[i/2]
   .score<<endl;
                     //输出stud1[0],stud[1]和stud[2]各成员的值
  }
cout<<endl;
stud[2].num=1012;                            //修改第3个学生(序号为2)的数据
strcpy(stud[2].name,"Wu");
stud[2].score=60;
iofile.seekp(2*sizeof(stud[0]),ios::beg); //定位于第3个学生数据的开头
iofile.write((char *)&stud[2],sizeof(stud[2]));   //更新第3个学生数据
iofile.seekg(0,ios::beg);                          //重新定位于文件开头
for(int i=0;i<5;i++)
  {iofile.read((char *)&stud[i],sizeof(stud[i]));  //读入5个学生的数据
   cout<<stud[i].num<<" "<<stud[i].name<<" "<<stud[i].score<<endl;
  }
iofile.close();
return 0;
}
```

运行结果:

```
1001 Li 85                (第1个学生数据)
1004 Wang 54              (第3个学生数据)
1010 ling 96              (第5个学生数据)

1001 Li 85                (输出修改后5个学生数据)
1002 Fan 97.5
1012 Wu 60                (已修改的第3个学生数据)
1006 Tan 76.5
1010 Ling 96
```

程序分析:

要实现题目要求,需要解决3个问题:

(1) 由于同一磁盘文件在程序中需要频繁地进行输入和输出,因此可将文件的工作方式指定为输入输出文件,即 ios::in|ios::out|ios::binary。

(2) 正确计算好每次访问时指针的定位,即正确使用 seekg 或 seekp 函数。

(3) 正确进行文件中数据的重写(更新)。

本程序也可以将磁盘文件 stud.dat 先后定义为输出文件和输入文件,在结束第一次

的输出之后关闭该文件,然后再按输入方式打开它,输入完后再关闭它,然后再按输出方式打开,再关闭,再按输入方式打开它,输入完后再关闭。显然是很烦琐和不方便的。在程序中把它指定为输入输出型的二进制文件。这样,不仅可以向文件添加新的数据或读入数据,还可以修改(更新)数据。利用这些功能,可以实现比较复杂的输入输出任务。

请注意,不能用 ifstream 或 ofstream 类定义既输入又输出的二进制文件流对象,应当用 fstream 类。

7.5 字符串流

文件流是以外存文件为输入输出对象的数据流,字符串流不是以外存文件为输入输出的对象,而**以内存中用户定义的字符数组(字符串)为输入输出的对象**,即将数据输出到内存中的字符数组,或者从字符数组(字符串)将数据读入。字符串流也称为**内存流**。

字符串流也有相应的缓冲区,开始时流缓冲区是空的。如果向字符数组存入数据,随着向流插入数据,流缓冲区中的数据不断增加,待缓冲区满了(或遇换行符),一起存入字符数组。如果是从字符数组读数据,先将字符数组中的数据送到流缓冲区,然后从缓冲区中提取数据赋给有关变量。

在字符数组中可以存放字符,也可以存放整数、浮点数以及其他类型的数据。在向字符数组存入数据之前,要先将数据从二进制形式转换为 ASCII 码,然后存放在缓冲区,再从缓冲区送到字符数组。从字符数组读数据时,先将字符数组中的 ASCII 数据送到缓冲区,在赋给变量前要先将 ASCII 码转换为二进制形式。总之,流缓冲区中的数据格式与字符数组相同。这种情况与以标准设备(键盘和显示器)为对象的输入输出是类似的,键盘和显示器都是按字符形式输入输出的设备,内存中的数据在输出到显示器之前,先要转换为 ASCII 码形式,并送到输出缓冲区中。从键盘输入的数据以 ASCII 码形式输入输入缓冲区,在赋给变量前转换为相应变量类型的二进制形式,然后赋给变量。对于字符串流的输入输出的情况,如不清楚,可以从对标准设备的输入输出中得到启发。

文件流类有 ifstream, ofstream 和 fstream, 而字符串流类有 istrstream, ostrstream 和 strstream,类名前面几个字母 str 是 string(字符串)的缩写。文件流类和字符串流类都是 ostream, istream 和 iostream 类的派生类(见图 7.3),因此对它们的操作方法是基本相同的。向内存中的一个字符数组写数据就如同向数据文件写数据一样,但有 3 点不同:

(1) 输出时数据不是流向外存文件,而是流向内存中的一个存储空间。输入时从内存中的存储空间读取数据。在严格意义上说,这不属于输入输出,称为读写比较合适。因为输入输出一般指的是在计算机内存与计算机外的文件(外部设备也视为文件)之间的数据传送。但由于C++的字符串流采用了C++的流输入输出机制,因此往往也用输入和输出来表述读写操作。

(2) 字符串流对象关联的不是文件,而是内存中的一个字符数组,因此不需要打开和关闭文件。

(3) 每个文件的最后都有一个文件结束符,表示文件的结束。而字符串流所关联的字符数组中没有相应的结束标志,用户要自己指定一个特殊字符作为结束符,在向字符数组写入全部数据后要写入此字符。

字符串流类没有 open 成员函数,因此要在建立字符串流对象时通过给定参数来确立字符串流与字符数组的关联。即通过调用构造函数来解决此问题。建立字符串流对象的方法与含义如下:

1. 建立输出字符串流对象

ostrstream 类提供的构造函数的原型为

```
ostrstream::ostrstream(char *buffer,int n,int mode=ios::out);
```

buffer 是指向字符数组首元素的指针,n 为指定的流缓冲区的大小(一般选与字符数组的大小相同,也可以不同),第 3 个参数是可选的,默认为 ios::out 方式。可以用以下语句建立输出字符串流对象并与字符数组建立关联:

```
ostrstream strout(ch1,20);
```

作用是建立输出字符串流对象 strout,并使 strout 与字符数组 ch1 关联(通过字符串流将数据输出到字符数组 ch1),流缓冲区大小为 20。

2. 建立输入字符串流对象

istrstream 类提供了两个带参的构造函数,其原型为

```
istrstream::istrstream(char *buffer);
istrstream::istrstream(char *buffer,int n);
```

buffer 是指向字符数组首元素的指针,用它来初始化流对象(使流对象与字符数组建立关联)。可以用以下语句建立输出字符串流对象:

```
istrstream strin(ch2);
```

作用是建立输入字符串流对象 strin,将字符数组 ch2 中的全部数据作为输入字符串流的内容。

```
istrstream strin(ch2,20);
```

流缓冲区大小为 20,因此只将字符数组 ch2 中的前 20 个字符作为输入字符串流的内容。

3. 建立输入输出字符串流对象

strstream 类提供的构造函数的原型为

```
strstream::strstream(char *buffer,int n,int mode);
```

可以用以下语句建立输出字符串流对象:

```
strstream strio(ch3,sizeof(ch3),ios::in|ios::out);
```

作用是建立输入输出字符串流对象,以字符数组 ch3 为输入输出对象,流缓冲区大小与数组 ch3 相同。

以上 3 个字符串流类是在头文件 strstream 中定义的,因此程序中在用到 istrstream,

ostrstream 和 strstream 类时应包含头文件 strstream。

通过下面的例子可以了解怎样使用字符串流。

例 7.17　将一组数据保存在字符数组中。

编写程序：

```
#include<strstream>
using namespace std;
struct student
  {int num;
   char name[20];
   float score;
  }
int main()
  {student stud[3]={1001,"Li",78,1002,"Wang",89.5,1004,"Fan",90};
   char c[50];                        //用户定义的字符数组
   ostrstream strout(c,30);           //建立输出字符串流,与数组 c 建立关联,缓冲区长 30
   for(int i=0;i<3;i++)               //向字符数组 c 写 3 个学生的数据
     strout<<stud[i].num<<stud[i].name<<stud[i].score;
   strout<<ends;                      //ends 是C++的 I/O 操作符,插入一个'\0'
   cout<<"array c:"<<c<<endl;         //显示字符数组 c 中的字符
  }
```

运行结果：

```
array c:
1001Li781002Wang89.51004Fun90
```

上一行就是字符数组 c 中的字符。

程序分析：

在程序中定义了结构体数组 stud，包含 3 个学生的数据，通过字符串流 strout 向字符数组 c 写 3 个学生的数据。写完后再向字符数组写入操作符 ends，即' \0'，作为整个字符串的结束标志。最后在显示器上输出字符数组 c 中的字符串。

可以看到：

（1）字符数组 c 中的数据全部是以 ASCII 码形式存放的字符，而不是以二进制形式表示的数据。例如，输出结构体数组元素时并不是将内存中存放数组元素的存储单元中的信息不加转换地放到字符数组中，而是将它们转换为 ASCII 码后再存放到字符数组中。

（2）在建立字符串流 strout 时指定流缓冲区大小为 30 字节，与字符数组 c 的大小不同，这是允许的，这时字符串流最多可以传送 30 个字符给字符数组 c。

请思考：如果将流缓冲区大小改为 10 字节，即

```
ostrstream strout(c,10);
```

运行情况会怎样？流缓冲区只能存放 10 个字符，将这 10 个字符写到字符数组 c 中。运行时显示的结果是

```
1001Li7810
```

字符数组c中只有10个有效字符。一般都把流缓冲区的大小指定与字符数组的大小相同。

(3) 字符数组c中的数据之间没有空格,连成一片,这是由输出的方式决定的。如果以后想将这些数据读回赋给程序中相应的变量,就会出现问题,因为无法分隔两个相邻的数据。读者可以自己上机试一下。为解决此问题,可在输出时人为地加入空格。如

```
for(int i=0;i<3;i++)
strout<<" "<<stud[i].num<<" "<<stud[i].name<<" "<<stud[i].score;
```

同时应修改流缓冲区的大小,以便能容纳全部内容,今改为50字节。这样,运行时将输出

```
1001 Li 78 1002 Wang 89.5 1004 Fun 90
```

再读入时就能清楚地将数据分隔开。

例7.18 在一个字符数组c中存放了10个整数,以空格相间隔,要求将它们放到整型数组中,再按大小排序,然后再存放回字符数组c中。

编写程序:

```
#include<strstream>
using namespace std;
int main()
  {char c[50]="12 34 65 -23 -32 33 61 99 321 32";
   int a[10],i,j,t;
   cout<<"array c:"<<c<<endl;           //显示字符数组中的字符串
   istrstream strin(c,sizeof(c));  //建立输入串流对象strin并与字符数组c关联
   for(i=0;i<10;i++)
     strin>>a[i];                      //从字符数组c读入10个整数赋给整型数组a
   cout<<"array a:";
   for(i=0;i<10;i++)
     cout<<a[i]<<" ";                  //显示整型数组a各元素
   cout<<endl;
   for(i=0;i<9;i++)                    //用起泡法对数组a排序
     for(j=0;j<9-i;j++)
       if(a[j]>a[j+1])
         {t=a[j];a[j]=a[j+1];a[j+1]=t;}
   ostrstream strout(c,sizeof(c)); //建立输出串流对象strout并与字符数组c关联
   for(i=0;i<10;i++)
     strout<<a[i]<<" ";                //将10个整数存放在字符数组c
   strout<<ends;                       //加入'\0'
   cout<<"array c:"<<c<<endl;          //显示字符数组c
   return 0;
  }
```

运行结果:

```
array c: 12 34 65 -23 -32 33 61 99 321 32      (字符数组c原来的内容)
array a: 12 34 65 -23 -32 33 61 99 321 32      (整型数组a的内容)
array c: -32 -23 12 32 33 34 61 65 99 321      (字符数组c最后的内容)
```

程序分析：

（1）用字符串流时不需要打开和关闭文件。

（2）通过字符串流从字符数组读数据就如同从键盘读数据一样，可以从字符数组读入字符数据，也可以读入整数、浮点数或其他类型数据。如果不用字符串流，只能从字符数组逐个访问字符，而不能按其他类型的数据形式读取数据。这是用字符串流访问字符数组的优点，使用方便灵活。

（3）程序中先后建立了两个字符串流 strin 和 strout，与字符数组 c 关联。strin 从字符数组 c 中获取数据，strout 将数据传送给字符数组。分别对同一字符数组进行操作。甚至可以对字符数组交叉进行读写，输入字符串流和输出字符串流分别有流位置标记指示当前位置，互不干扰。

（4）用输出字符串流向字符数组 c 写数据时，是从数组的首地址开始的，因此更新了数组的内容。

（5）字符串流关联的字符数组并不一定是专为字符串流而定义的数组，它与一般的字符数组无异，可以对该数组进行其他各种操作。

通过以上对字符串流的介绍，读者可以看到：与字符串流关联的字符数组相当于内存中的临时仓库，可以用来存放各种类型的数据（以 ASCII 码形式存放），在需要时再从中读回来。它的用法相当于标准设备（显示器与键盘），但标准设备不能保存数据，而字符数组中的内容可以随时用 ASCII 码输出。它比外存文件使用方便，不必建立文件（不需打开与关闭），存取速度快。但它的生命周期与其所在的模块（如主函数）相同，该模块的生命周期结束后，字符数组也不存在了。因此只能作为临时的存储空间。

习　　题

1. 输入三角形的三边 a,b,c，计算三角形的面积的公式是

$$\text{area}=\sqrt{s(s-a)(s-b)(s-c)},\quad s=\frac{a+b+c}{2}$$

形成三角形的条件是：$a+b>c$，$b+c>a$，$c+a>b$，编写程序，输入 a,b,c，检查 a,b,c 是否满足以上条件，如不满足，由 cerr 输出有关出错信息。

2. 从键盘输入一批数值，要求保留 3 位小数，在输出时上下行小数点对齐。

3. 编写程序，在显示屏上显示一个由字母 B 组成的三角形。

```
       B
      BBB
     BBBBB
    BBBBBBB
   BBBBBBBBB
  BBBBBBBBBBB
 BBBBBBBBBBBBB
BBBBBBBBBBBBBBB
```

4. 建立两个磁盘文件 f1.dat 和 f2.dat,编写程序实现以下工作:

(1) 从键盘输入 20 个整数,分别存放在两个磁盘文件中(每个文件中放 10 个整数);

(2) 从 f1.dat 读入 10 个数,然后存放到 f2.dat 文件原有数据的后面;

(3) 从 f2.dat 中读入 20 个整数,对它们按从小到大的顺序存放到 f2.dat(不保留原来的数据)。

5. 编写程序实现以下功能:

(1) 按职工号由小到大的顺序将 5 个员工的数据(包括号码、姓名、年龄、工资)输出到磁盘文件中保存。

(2) 从键盘输入两个员工的数据(职工号大于已有的职工号),增加到文件的末尾。

(3) 输出文件中全部职工的数据。

(4) 从键盘输入一个号码,从文件中查找有无此职工号,如有则显示此职工是第几个职工以及此职工的全部数据。如没有,就输出“无此人”。可以反复多次查询,如果输入查找的职工号为 0,就结束查询。

6. 在例 7.17 的基础上,修改程序,将存放在 c 数组中的数据读入并显示出来。

第8章

善于使用C++工具

在C++发展的过程中，有的C++编译系统根据实际需要，增加了一些功能，作为工具来使用，其中主要有**模板**(包括函数模板和类模板)、**异常处理**、**命名空间**和**运行时类型识别**，以帮助程序设计人员更方便地进行程序设计和调试工作。1997年，ANSI C++委员会将它们纳入了ANSI C++标准，建议所有的C++编译系统都能实现这些功能。这些工具是非常有用的，C++的使用者应当尽量使用这些工具，因此本书对此作简要的介绍，以便为日后的进一步学习和使用打下基础。

1.3.5节已介绍了函数模板，3.11节介绍了类模板。本章主要介绍异常处理和命名空间。

应当说明，早期的C++版本是不具备这些功能的，后来有的C++编译系统根据ANSI C++的要求，实现了这些功能。请读者注意使用的C++版本。

8.1 对出现异常情况的处理

8.1.1 异常处理的任务

程序编制者总是希望自己所编写的程序都是正确无误的，而且运行结果也是完全正确的。但是这几乎是不可能的，智者千虑，必有一失，不怕一万，就怕万一。因此，程序编制者不仅要考虑程序没有错误的理想情况，更要考虑程序存在错误时的情况，应该能够尽快地发现错误，改正错误。

程序中常见的错误有两大类：**语法错误**和**运行错误**。在编译时，编译系统能发现程序中的语法错误(如关键字拼写错误，变量名未定义，语句末尾缺分号，括号不配对等)，编译系统会告知用户在第几行出错，是什么样的错误。由于是在编译阶段发现的错误，因此这类错误又称**编译错误**。有的初学者写的程序并不长，会在编译时出现十几个甚至几十个语法错误，令人手足无措。但是，总的说来，这种错误是比较容易发现和纠正的，因为它们一般都是有规律的，在有一定编译经验以后，可以很快地发现出错的位置和原因并加以改正。

另外有些程序能正常通过编译，也能投入运行。但是在运行过程中会出现异常，得不

到正确的运行结果,甚至导致程序不正常终止,或出现死机现象。例如:

- 在计算过程中,出现除数为0的情况。
- 内存空间不够,无法实现指定的操作。
- 无法打开输入文件,因而无法读取数据。
- 输入数据时数据类型有错。

由于程序中没有对这些问题的防范措施,因此系统只好终止程序的运行。这类错误比较隐蔽,不易被发现,往往耗费许多时间和精力。这成为程序调试中的一个难点。

人们希望程序不仅在正确的情况下能正常运行,而且在程序有错的情况下也能作出相应的处理,而不会使程序莫名其妙地终止,甚至出现死机的现象。正如人们在拨电话号码时,拨了一个错误的号,电话系统不是让你无终止地等待,也不是简单地挂机了事,因为这样会使用户莫名其妙,不知道出了什么事。电话系统采取的办法是很有礼貌地告诉你:"您的号码有误,请查证再拨。"这样,用户就明白出了什么状况,应当采取什么措施纠正。这就是系统的容错能力。

在设计程序时,应当事先分析程序运行时可能出现的各种意外的情况,并且分别制订出相应的处理方法,这就是程序的异常处理的任务。

在运行没有异常处理机制的程序时,如果运行情况出现异常,由于程序本身不能处理,程序只能终止运行。如果在程序中设置了异常处理机制,若在运行时出现异常,由于程序本身已规定了处理的方法,程序的流程就会转到异常处理代码段去处理。用户可以事先指定应进行的处理。

需要说明,在一般情况下,异常指的是出错(差错),但是异常处理并不完全等同于对出错的处理。只要出现与人们期望的情况不同,都可以认为是异常,并应对它进行异常处理。例如,在输入学生学号时输入了负数,此时程序并不出错,也不终止运行,但是人们认为这是不应有的学号,应予以处理。因此,**所谓异常处理指的是对运行时出现的差错以及其他例外情况的处理**。

8.1.2 异常处理的方法

在一个小的程序中,可以用比较简单的方法处理异常,例如用if语句判别除数是否为0,如果是0则输出一个出错信息。但是在一个大的系统中,包含许多模块,每个模块又包含许多类和函数,函数之间又互相调用,比较复杂。如果在每一个函数中都设置处理异常的程序段,会使程序过于复杂和庞大。因此C++采取的办法是:如果在执行一个函数过程中出现异常,可以不在本函数中立即处理,而是发出一个信息,传给它的上一级(即调用它的函数),它的上级捕捉到这个信息后进行处理。如果上一级的函数也不能处理,就再传给其上一级,由其上一级处理。如此逐级上送,如果到最上一级还无法处理,最后只好异常终止程序的执行。

这样做使得异常的发现和处理不必由同一函数来完成。好处是使底层的函数专门用于解决实际任务,而不必再承担处理异常的任务,以减轻底层函数的负担,而把处理异常的任务上移到某一层去处理。例如,在主函数中调用十几个函数,只须在主函数中设置处理异常即可,而不必在每个函数中都设置处理异常,这样可以提高效率。

C++处理异常的机制是由 3 个部分组成的：**检查**(try)、**抛出**(throw)和**捕捉**(catch)。把需要检查的语句放在 try 块中，throw 用来当出现异常时发出一个异常信息(形象地称为**抛出**，throw 的意思是抛出)，而 catch 则用来捕捉异常信息，如果捕捉到了异常信息，就处理它。

通过下面的例子可以了解它们的使用方法。

例 8.1　给三角形的三边 a,b,c，求三角形的面积。只有 $a+b>c,b+c>a,c+a>b$ 时才能构成三角形。设置异常处理，对不符合三角形条件的输出警告信息，不予计算。

编写程序：

先写出没有异常处理时的程序：

```
#include<iostream>
#include<cmath>
using namespace std;
int main()
  {double triangle(double,double,double);                    //函数声明
   double a,b,c;
   cin>>a>>b>>c;                                             //输入 3 个边
   while(a>0 && b>0 && c>0)
     {cout<<triangle(a,b,c)<<endl;                           //输出三角形的面积
      cin>>a>>b>>c;                                          //输入 3 个边
     }
   return 0;
  }

double triangle(double a,double b,double c)
  {double area;
   double s=(a+b+c)/2;
   area=sqrt(s*(s-a)*(s-b)*(s-c));
   return area;
  }
```

运行结果：

```
6 5 4↙             (输入 a,b,c 的值)
9.92157            (输出三角形的面积)
1 1.5 2↙           (输入 a,b,c 的值)
0.726184           (输出三角形的面积)
1 2 1↙             (输入 a,b,c 的值)
0                  (输出三角形的面积,此结果显然不对,因为不是三角形)
1 0 6↙             (输入 a,b,c 的值)
(输入数据不合理,程序结束)
```

程序分析：

程序只检查三角形的三个边长是否为正数，当有一个或几个边长为 0 或负数时，程序终止。程序没有对三角形条件(两边之和大于第三边)进行检查，当输入 a=1，b=2，c=1

时,计算出三角形的面积为0,显然不合适。

现在修改程序,在函数 triangle 中对三角形条件进行检查,如果不符合三角形条件,就**抛出**一个异常信息,在主函数中的 try-catch 块中调用 triangle 函数,并检测有无异常信息,并作相应处理。修改后的程序如下:

```
#include<iostream>
#include<cmath>
int main()
  {double triangle(double,double,double);
   double a,b,c;
   cin>>a>>b>>c;
   try                              //在 try 块中包括要检查的函数
     {while(a>0 && b>0 && c>0)
       {cout<<triangle(a,b,c)<<endl;
        cin>>a>>b>>c;
       }
     }
   catch(double)                    //用 catch 捕捉异常信息并作相应处理
     {cout<<"a="<<a<<",b="<<b<<",c="<<c<<",that is not a traingle!"<<endl;
     }

   cout<<"end"<<endl;               //最后输出"end"
   return 0;                        //返回 0,程序正常结束
  }

double triangle(double a,double b,double c)   //定义计算三角形的面积的函数
  {double s=(a+b+c)/2;
   if(a+b<=c ||b+c<=a ||c+a<=b) throw a;       //当不符合三角形条件抛出异常信息 a
   return sqrt(s*(s-a)*(s-b)*(s-c));
  }
```

运行结果:

```
6 5 4↙                                      (输入 a,b,c 的值)
9.92157                                     (计算出三角形的面积)
1 1.5 2↙                                    (输入 a,b,c 的值)
0.726184                                    (计算出三角形的面积)
1 2 1↙                                      (输入 a,b,c 的值)
a=1,b=2,c=1,that is not a traingle!         (异常处理)
end
```

程序分析:

现在分析程序是怎样进行异常处理的。

(1) 首先把可能出现异常的、需要检查的语句或程序段放在 try 后面的花括号中。由于 triangle 函数是可能出现异常的部分,所以把 while 循环连同 triangle 函数都放在主函数中的 try-catch 结构中的 try 块中。这些语句是正常流程的一部分,虽然被放在 try 块中,并

不影响它们按照原来的顺序执行。

(2) 程序开始运行后,按正常的顺序执行到 try 块,执行 try 块中花括号内的语句。如果在执行 try 块内的语句过程中没有发生异常,则 try-catch 结构中的 catch 子句不起作用,流程转到 catch 子句后面的语句继续执行。

(3) 如果在执行 try 块内的语句(包括其所调用的函数)过程中发生异常,则 throw 语句抛出一个异常信息。请看程序中的 triangle 函数部分,当不符合三角形条件时,throw 抛出 double 类型的异常信息 a。执行了 throw 语句后,**流程立即离开本函数**,转到其上一级的函数(main 函数)。因此不会执行 triangle 函数中 if 语句之后的 return 语句。

在 throw 中抛出什么样的数据由程序设计者自定,可以是任何类型的数据(包括自定义类型的数据,如类对象)。

(4) 这个异常信息提供给 try-catch 结构,系统会寻找与之匹配的 catch 子句。现在 a 是 double 型,而 catch 子句的括号内指定的信息的类型也是 double 型,二者匹配,即 catch 捕获了该异常信息,这时就执行 catch 子句中的语句,本程序输出

```
a=1,b=2,c=1, that is not a traingle!
```

(5) 在进行异常处理后,程序并不会自动终止,继续执行 catch 子句后面的语句。本程序输出“end”。注意处理异常后,并不是从出现异常点继续执行 while 循环。如果在 try 块的花括号内有 10 个语句,在执行第 3 个语句时出现异常,则在处理完该异常后,其余 7 个语句不再执行,而转到 catch 子句后面的语句去继续执行。

由于 catch 子句是用来处理异常信息的,往往被称为 **catch 异常处理块**或 **catch 异常处理器**。

异常处理的语法如下:

(1) throw 语句的形式为

```
throw 表达式;
```

(2) try-catch 的结构为

```
try
  {被检查的语句}
catch(异常信息类型 [变量名])
  {进行异常处理的语句}
```

说明:

(1) 被检测的部分必须放在 try 块中,否则不起作用。

(2) try 块和 catch 块作为一个整体出现,catch 块是 try-catch 结构中的一部分,必须紧跟在 try 块之后,不能单独使用,在二者之间也不能插入其他语句,例如下面的用法不对:

```
try
{…}
cout<<a;                                        //不能插入其他语句
catch(double)
```

```
{…}
```

但是在一个 try-catch 结构中,可以只有 try 块而无 catch 块。即只检查而不处理,把 catch 处理块放在其他函数中。

(3) try 和 catch 块中必须有用花括号包起来的复合语句,即使花括号内只有一个语句,也不能省略花括号。

(4) 一个 try-catch 结构中只能有一个 try 块,但却可以有多个 catch 块,以便与不同的异常信息匹配。如

```
try
  {…}
catch(double)
  {…}
catch(int)
  {…}
catch(char)
  {…}
```

(5) catch 后面的圆括号中,一般只写异常信息的类型名,如

```
catch(double)
```

catch 只检查所捕获异常信息的类型,而不检查它们的值,例如 a,b,c 都是 double 类型,虽然它们的值不同,但在 throw 语句中写 throw a,throw b 或 throw c,作用均相同。因此如果需要检测多个不同的异常信息,应当由 throw 抛出不同类型的异常信息。

异常信息可以是C++系统预定义的标准类型,也可以是用户自定义的类型(如结构体或类)。如果由 throw 抛出的信息属于该类型或其子类型,则 catch 与 throw 二者匹配,catch 捕获该异常信息。

catch 还可以有另外一种写法,即除了指定类型名外,还指定变量名,如

```
catch(double d)
```

此时如果 throw 抛出的异常信息是 double 型的变量 a,则 catch 在捕获异常信息 a 的同时,还使 d 获得 a 的值,或者说 d 得到 a 的一个拷贝。什么时候需要这样做呢?有时希望在捕获异常信息时,还想利用 throw 抛出的值,如

```
catch(double d)
  {cout<<"throw "<<d;}
```

这时会输出 d 的值(也就是 a 值)。当抛出的是类对象时,有时希望在 catch 块中显示该对象中的某些信息。这时就需要在 catch 的参数中写出对象名。

(6) 如果在 catch 子句中没有指定异常信息的类型,而用了省略号“…”。则表示它可以捕捉任何类型时异常信息,如

```
catch(…) {cout<<"ERROR!"<<endl;}
```

它能捕捉所有类型的异常信息,并输出“ERROR!”。

这种 catch 子句应放在 try-catch 结构中的最后，相当于“其他”。如果把它作为第一个 catch 子句，则后面的 catch 子句都不起作用。

(7) try-catch 结构可以与 throw 出现在同一个函数中，也可以不在同一函数中。当 throw 抛出异常信息后，首先在本函数中找寻与之匹配的 catch，如果在本层无 try-catch 结构或找不到与之匹配的 catch，就转到其上一层去处理，如果其上一层无 try-catch 结构或找不到与之匹配的 catch，则再转到更上一层的 try-catch 结构去处理，也就是说转到离开出现异常最近的 try-catch 结构去处理。

(8) 在某些情况下，在 throw 语句中可以不包括表达式，如果在 catch 块中包含 throw：

```
catch(int)
{//其他语句
 throw;                    //将已捕获的异常信息再次原样抛出
}
```

表示“我不处理这个异常，请上级处理”。此时 catch 块把当前的异常信息再次抛出，给其上一层的 catch 块处理。

(9) 如果 throw 抛出的异常信息找不到与之匹配的 catch 块，那么系统就会调用一个系统函数 terminate，使程序终止运行。

例 8.2　在函数嵌套的情况下检测异常处理。

这是一个简单的例子，用来说明在 tr 块中有函数嵌套调用的情况下抛出异常和捕捉异常的情况。

编写程序：

```
#include<iostream>
using namespace std;
int main()
 {void f1();
  try
   {f1();}                                  //调用 f1()
  catch(double)
   {cout<<"ERROR0!"<<endl;}
  cout<<"end0"<<endl;
  return 0;
 }

void f1()                                   //定义 f1 函数
 {void f2();
  try
   {f2();}                                  //调用 f2()
  catch(char)
   {cout<<"ERROR1!";}
  cout<<"end1"<<endl;
 }
```

```
void f2()                                         //定义 f2 函数
  {void f3();
   try
    {f3();}                                       //调用 f3()
   catch(int)
     {cout<<" ERROR2!"<<endl;}
   cout<<"end2"<<endl;
  }

void f3()                                         //定义 f3 函数
  {double a=0;
   try
     {throw a;}                                   //抛出 double 类型异常
   catch(float)
     {cout<<" ERROR3!"<<endl;}
   cout<<"end3"<<endl;
  }
```

分3种情况分析运行情况。

(1) 执行上面的程序。图8.1为有函数嵌套时异常处理示意图。

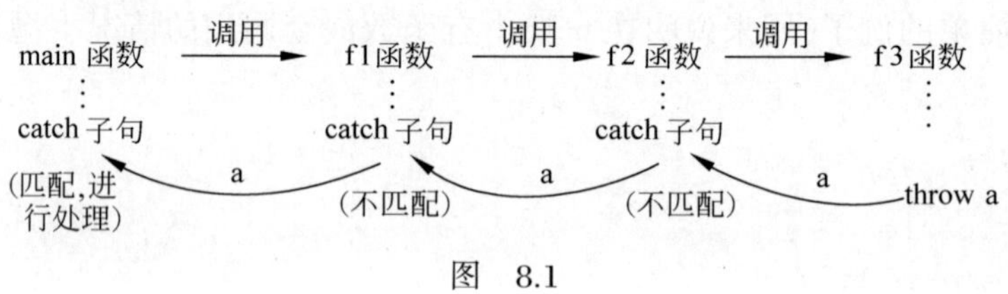

图 8.1

在 main 函数的 try 块中调用 f1 函数,在 f1 函数的 try 块中调用 f2 函数,在 f2 函数的 try 块中又调用 f3 函数,在执行 f3 函数过程中执行了 throw 语句,抛出 double 型异常信息 a。由于在 f3 中没有找到和 a 类型相匹配的 catch 子句,于是将 a 抛给 f3 的调用者 f2 函数,在 f2 中还没有找到和 a 类型相匹配的 catch 子句,又将 a 抛给 f2 的调用者 f1 函数,在 f1 中也没有找到和 a 类型相匹配的 catch 子句,又将 a 抛给 f1 的调用者 main 函数,在 main 函数中的 try-catch 结构中找到和 a 类型相匹配的 catch 子句。main 中的 catch 子句就是离 throw 最近的且与之匹配的 catch 子句。执行该子句中的复合语句,则输出“ERROR0!”,再执行该 catch 子句后面的“end0”。

运行结果:

```
ERROR0!          (在主函数中捕获异常)
end0             (执行主函数中最后一个语句时的输出)
```

请读者对照程序分析。

(2) 如果将 f3 函数中的 catch 子句第一行改为 catch(double),程序中其他部分不变,则 f3 函数中的 throw 抛出的异常信息立即被 f3 函数中的 catch 子句捕获(因为抛出的是 double 型异常信息 a,而 catch 要捕捉的也是 double 型异常信息,二者匹配)。于是执行 f3

中 catch 子句中花括号内的语句，输出"ERROR3"，再执行 catch 子句后面的语句，输出"end3"。f3 函数执行结束后，流程返回 f2 函数中调用 f3 函数处继续往下执行。

运行结果：

```
ERROR3          (在 f3 函数中捕获异常)
end3            (执行 f3 函数中最后一个语句时的输出)
end2            (执行 f2 函数中最后一个语句时的输出)
end1            (执行 f1 函数中最后一个语句时的输出)
end0            (执行主函数中最后一个语句时的输出)
```

(3) 如果在此基础上再将 f3 函数中的 catch 块改为

```
catch(double)
  {cout<<"ERROR3!"<<endl;
   throw;}
```

f3 函数中的 catch 子句捕获 throw 抛出的异常信息 a，输出"ERROR3!"，表示收到此异常信息，但它即用"throw;"将 a 再抛出。于是 a 再被 main 函数中的 catch 子句捕获。程序运行结果如下：

```
ERROR3!         (在 f3 函数中捕获异常)
ERROR0!         (在主函数中捕获异常)
end0            (执行主函数中最后一个语句时的输出)
```

请读者仔细分析比较以上三种情况。

8.1.3　在函数声明中进行异常情况指定

为了便于阅读程序，使用户在看程序时能够知道所用的函数是否会抛出异常信息以及异常信息的类型，C++允许在声明函数时列出可能抛出的异常类型，如可以将例 8.1 中第 2 个程序的第 4 行改写为

```
double triangle(double,double,double) throw(double);
```

表示 triangle 函数只能抛出 double 类型的异常信息。如果写成

```
double triangle(double,double,double) throw(int,double,float,char);
```

则表示 triangle 函数只限于抛出 int，double，float 或 char 类型的异常信息。异常指定是函数声明的一部分，必须同时出现在函数声明和函数定义的首行中，否则在进行函数的另一次声明时，编译系统会报告"类型不匹配"。

如果在声明函数时未列出可能抛出的异常类型，则该函数抛出任何类型的异常信息。如例 8.1 中第二个程序中所表示的那样。

如果想声明一个不能抛出异常的函数，可以写成以下形式：

```
double triangle(double,double,double) throw();          //throw 无参数
```

这时即使在函数执行过程中出现了 throw 语句，但实际上并不执行 throw 语句，并不抛出任何异常信息，程序将非正常终止。

8.1.4 在异常处理中处理析构函数

如果在 try 块(或 try 块中调用的函数)中定义了类对象,在建立该对象时要调用构造函数。在执行 try 块(包括在 try 块中调用其他函数)的过程中如果发生了异常,此时流程立即离开 try 块(如果是在 try 块调用的函数中发生异常,则流程首先离开该函数,回到调用它的 try 块处,然后流程再从 try 块中跳出转到 catch 处理块)。这样流程就有可能离开该对象的作用域而转到其他函数,因而应当事先做好结束对象前的清理工作,C++的异常处理机制会在 throw 语句抛出异常信息被 catch 捕获时,对有关的局部对象进行析构(调用类对象的析构函数),析构对象的顺序与构造的顺序相反,然后执行与异常信息匹配的 catch 块中的语句。

例 8.3 在异常处理中处理析构函数。

这是一个为说明在异常处理中调用析构函数的示例,为了清晰地表示流程,程序中加入了一些 cout 语句,输出有关的信息,以便读者对照结果分析程序。

编写程序:

```
#include<iostream>
#include<string>
using namespace std;
class Student
  {public:
     Student(int n,string nam)                    //定义构造函数
       {cout<<"constructor-"<<n<<endl;
        num=n;name=nam;}
     ~Student(){cout<<"destructor-"<<num<<endl;}     //定义析构函数
     void get_data();                             //成员函数声明
   private:
     int num;
     string name;
  };
void Student::get_data()                          //定义成员函数
  {if(num==0) throw num;                          //如 num=0,抛出 int 型变量 num
   else cout<<num<<" "<<name<<endl;               //若 num≠0,输出 num,name
   cout<<"in get_data()"<<endl;                   //表示目前在 get_data 函数中
  }

void fun()
  {Student stud1(1101,"Tan");                     //建立对象 stud1
   stud1.get_data();                              //调用 stud1 的 get_data 函数
   Student stud2(0,"Li");                         //建立对象 stud2
   stud2.get_data();                              //调用 stud2 的 get_data 函数
  }

int main()
```

```
{cout<<"main begin"<<endl;                    //表示主函数开始了
 cout<<"call fun()"<<endl;                    //表示调用 fun 函数
 try
   {fun();}                                   //调用 fun 函数
 catch(int n)
   {cout<<"num="<<n<<",error!"<<endl;}        //表示 num=0 出错
 cout<<"main end"<<endl;                      //表示主函数结束
 return 0;
}
```

运行结果:

```
main begin
call fun()
constructor-1101
1101 Tan
in get_data()
constructor-0
destrutor-0
destrutor-1101
num=0,error!
main end
```

程序分析:

首先执行 main 函数,输出"main begin",接着输出"call fun()",表示要调用 fun 函数,然后调用 try 块中的 fun 函数,流程转到 fun 函数,在 fun 函数中定义对象 stud1,此时调用 stud1 的构造函数,输出"constructor-1101",并将 1101 和"Tan"分别赋给 stud1.num 和 stud1.name,然后调用 stud1 的 get_data 函数,由于 stud1 中的 num=1101,不等于 0,因此输出"1101 Tan",接着执行 get_data 函数中最后一行 cout 语句,输出"in get_data()",表示当前流程仍在 get_data 函数中。执行完 stud1.get_data 函数后,流程转回 fun 函数。

fun 函数体中第 3 行建立对象 stud2,此时调用 stud2 的构造函数,输出"constructor-0",并将 0 和"Li"分别赋给 stud2.num 和 stud2.name。然后调用 stud2 的 get_data 函数,由于 stud2 中的 num 等于 0,因此执行 throw 语句,抛出 int 型变量 num,此时不会输出 stud2.num 和 stud2.name 的值,也不执行 get_data 函数中最后一行的 cout 语句,流程转到调用 get_data 函数的 fun 函数去处理,由于在 fun 函数中没有 catch 处理器,异常信息又上交到调用 fun 函数的 main 函数去处理。

在 main 函数中的 catch 处理器捕获到异常信息 num,并将 num 的值赋给了变量 n。此时开始进行析构工作。仔细分析流程,注意从主函数中的 try 块开始到执行 throw 语句抛出异常信息这段过程中,有没有已构造而未析构的局部对象。可以看到:在执行 try 块中的 fun 函数过程中,先后建立了两个对象 stud1 和 stud2。在 fun 函数调用 stud2 的 get_data()函数时,执行 throw 语句,流程离开 get_data()函数,返回 fun 函数。由于在 fun 函数中没有 catch 函数,流程又离开 fun 函数返回 main 函数。在结束 fun 函数之前,需要释放对象 stud1 和 stud2,要调用析构函数进行清理工作。析构的顺序为先调用 stud2 的

析构函数,输出"destrutor-0",再调用 stud1 的析构函数,输出"destrutor-1101"。然后再执行 catch 处理块中的语句,输出"num=0,error!"(注意,此时使用了 catch 参数中的变量 n 的值 0)。

最后执行 main 函数中 catch 块后面的 cout 语句,输出"main end"。

通过以上介绍,可以了解怎样在程序中使用异常处理。在应用程序的实际开发工作中,应当设计异常处理的机制,以保证程序能处理各种情况而不致失控。有了以上基础,读者以后会根据实际需要灵活进行应用。

8.2 用命名空间避免同名冲突

在学习本书前面各章时,读者已经多次看到在程序中用了以下语句:

```
using namespace std;
```

这就是使用了命名空间 std。**命名空间是 ANSI C++引入的可以由用户命名的作用域,用来处理程序中常见的同名冲突**。在本节中将对它作较详细的介绍。

8.2.1 同名冲突

在 C 语言中定义了 3 个层次的作用域:**文件**(编译单位)、**函数**和**复合语句**。C++又引入了**类作用域**,类是出现在文件内的。在不同的作用域中可以定义相同名字的变量,互不干扰,便于系统区别它们。

先简单分析一下作用域的作用,然后讨论命名空间的作用。

如果在文件中定义了两个类,在这两个类中可以有同名的函数。在引用时,为了区别,应该加上类名作为限定,如

```
class A                              //声明 A 类
  {public:
     void fun1();                    //声明 A 类中的 fun1 函数
   private:
     int i;
  };
void A::fun1()                       //定义 A 类中的 fun1 函数
  {
    //
  }
class B                              //声明 B 类
  {public:
     void fun1();                    //B 类中也有 fun1 函数
     void fun2();
  };
void B::fun1()                       //定义 B 类中的 fun1 函数
  {
```

```
  //
}
```

这样不会发生混淆。

在文件中可以定义全局变量(global variable)，它的作用域是整个程序。如果在文件 A 中定义了一个变量 a：

```
int a=3;
```

在文件 B 中可以再定义一个变量 a：

```
int a=5;
```

在分别对文件 A 和 B 进行编译时不会有问题。但是，如果一个程序包括文件 A 和文件 B，那么在进行连接时，会报告出错，因为在同一个程序中有两个同名的变量，认为是对变量的重复定义。问题在于全局变量的作用域是整个程序，在同一作用域中不应有两个或多个同名的实体(entity)，包括变量、函数和类等。

可以通过 extern 声明同一程序中的两个文件中的同名变量是同一个变量。如果在文件 B 中有以下声明：

```
extern int a;
```

表示文件 B 中的变量 a 是在外部其他文件中已定义的变量。由于有此声明，在程序编译和连接后，文件 A 的变量 a 的作用域扩展到了文件 B。如果在文件 B 中不再对 a 赋值，则在文件 B 中用以下语句输出的是文件 A 中变量 a 的值：

```
cout<<a;                        //得到 a 的值为 3
```

在简单的程序设计中，只要小心注意，可以争取不发生错误。但是，一个大型的应用软件，往往不是由一个人独立完成的，而是由若干人合作完成的，不同的人分别完成不同的部分，最后组合成一个完整的程序。假如不同的人分别定义了类，放在不同的头文件中，在主文件(包含主函数的文件)需要用这些类时，就用#include 指令将这些头文件包含进来。由于各头文件是由不同的人设计的，有可能在不同的头文件中用了相同的名字来命名所定义的类或函数。这样在程序中就会出现名字冲突。

例 8.4　名字冲突。

编写程序：

程序员甲在头文件 header1.h 中定义了类 Student 和函数 fun：

```
//header1.h(头文件 1)
#include<string>
#include<cmath>
class Student                                  //声明 Student 类
  {public:
     Student(int n,string nam,int a)
       {num=n;name=nam;age=a;}
     void get_data();
   private:
```

```
    int num;
    string name;
    int age;
  };
void Student::get_data()                    //成员函数定义
  {cout<<num<<" "<<name<<" "<<age<<endl;
  }
double fun(double a,double b)               //定义全局函数(即外部函数)
  {return sqrt(a+b);}
```

在 main 函数所在的主文件中包含头文件 header1.h:

```
#include<iostream>
#include "header1.h"          //注意要用双引号,因为文件一般是放在用户目录中的
int main()
  {Student stud1(101,"Wang",18);          //定义类对象 stud1
   stud1.get_data();
   cout<<fun(5,3)<<endl;
   return 0;
  }
```

运行结果:

```
101 Wang 18
2.82843
```

如果程序员乙写了头文件 header2.h,在其中除了定义其他类以外,还定义了类 Student 和函数 fun,但其内容与头文件 header1.h 中的 Student 和函数 fun 有所不同。

```
//header2.h(头文件 2)
#include<string>
#include<cmath>
class Student                                //声明 Student 类
  {public:
     Student(int n,string nam,char s)        //参数与 header1 中的 student 不同
       {num=n;name=nam;sex=s;}
     void get_data();
   private:
     int num;
     string name;
     char sex;                               //此项与 header1 不同
  };

void Student::get_data()                     //成员函数定义
  {cout<<num<<" "<<name<<" "<<sex<<endl;
  }
double fun(double a,double b)                //定义全局函数
  {return sqrt(a-b);}                        //返回值与 header1 中的 fun 函数不同
```

```
//头文件 2 中可能还有其他内容
```

假如主程序员在其程序中要用到 header1.h 中的 Student 和函数 fun,因而在程序中包含了头文件 header1.h,同时要用到头文件 header2.h 中的一些内容(但对 header2.h 中包含与 header1.h 中的 Student 类和 fun 函数同名而内容不同的类和函数并不知情,因为在一个头文件中往往包含许多不同的信息,而使用者往往只关心自己所需要的部分,而不注意其他内容),因而在程序中又包含了头文件 header2.h。如果主文件如下:

```
//main file
#include<iostream>
#include "header1.h"                          //包含头文件 header1.h
#include "header2.h"                          //包含头文件 header2.h
int main()
  {Student stud1(101,"Wang",18);
   stud1.get_data();
   cout<<fun(5,3)<<endl;
   return 0;
  }
```

这时程序编译就会出错。因为在预编译后,头文件中的内容取代了对应的#include 指令,这样就在同一个程序文件中出现了两个 Student 类和两个 fun 函数,显然是**重复定义**,这就是**名字冲突**,即在同一个作用域中有两个或多个同名的实体。

不仅如此,在程序中还往往需要引用一些库(包括C++编译系统提供的库、由软件开发商提供的库或者用户自己开发的库),为此需要包含有关的头文件。如果在这些库中包含有与程序的全局实体同名的实体,或者不同的库中有相同的实体名,则在编译时就会出现名字冲突。有人称之为**全局命名空间污染**(global namespace pollution)。

为了避免这类问题的出现,人们提出了许多方法,例如:将实体的名字写得长一些(包含十几个或几十个字母和字符);把名字起得特殊一些,包括一些特殊的字符;由编译系统提供的内部全局标识符都用下画线作为前缀,如_complex(),以避免与用户命名的实体同名;由软件开发商提供的实体的名字用特定的字符为前缀等。但是这样的效果并不理想,而且增加了阅读程序的难度,即可读性降低了。

C 语言和早期的C++语言没有提供有效的机制来解决这个问题,没有使库的提供者能够建立自己的命名空间的工具。人们希望 ANSI C++标准能够解决这个问题,提供一种机制、一种工具,使由库的设计者命名的全局标识符能够和程序的全局实体名以及其他类的全局标识符区别开来。

8.2.2 什么是命名空间

为了解决这个问题,ANSI C++增加了命名空间(namespace)。**所谓命名空间,实际上就是一个由程序设计者命名的内存区域。程序设计者可以根据需要指定一些有名字的空间域,把一些全局实体分别放在各个命名空间中,从而与其他全局实体分隔开来。**如

```
namespace ns1                               //指定命名空间 ns1
```

```
{int a;
 double b;
}
```

namespace 是定义命名空间所必须写的关键字,ns1 是用户自己指定的命名空间的名字(可以用任意的合法标识符,这里用 ns1 是因为 ns 是 namespace 的缩写,含义清楚),在花括号内是声明块,在其中声明的实体称为**命名空间的成员**(namespace member)。现在命名空间 ns1 的成员包括变量 a 和 b,注意 a 和 b 仍然是全局变量,仅仅是把它们放在命名空间中而已。如果在程序中要使用变量 a 和 b,必须加上命名空间名和作用域分辨符"::",如 ns1::a,ns1::b。这种用法称为**命名空间的限定**(qualified),这些名字(如 ns1::a)称为**被限定名**(qualified name)。C++中命名空间的作用类似于操作系统中的目录和文件的关系,由于文件很多,不便管理,而且容易重名,于是人们设立若干子目录,把文件分别放到不同的子目录中,不同子目录中的文件可以同名。调用文件时应指出文件路径。

命名空间的作用是建立一些互相分隔的作用域,把一些全局实体分隔开来,以免产生名字冲突。例如,某中学高三年级有 3 个叫李相国的学生,如果都在同一班,那么老师点名叫李相国时,3 个人都站起来应答,这就是名字冲突,因为他们无法辨别老师想叫的是哪一个李相国?同名者无法互相区分。为了避免同名混淆,学校把 3 个同名的学生分在 3 个班。这样,在小班点名叫李相国时,只会有一个人应答。也就是说,在该班的范围(即班作用域)内名字是唯一的。如果在全校集合时校长点名,需要在全校范围内找这个学生,要考虑的作用域是全校范围。如果校长叫李相国,全校学生中又会有 3 人一齐喊"到",因为在同一作用域中存在 3 个同名学生。为了在全校范围内区分这 3 名学生,校长必须在名字前加上班号,如高三甲班的李相国,或高三乙班的李相国,即加上班名限定。这样就不致产生混淆。

可以根据需要设置许多个命名空间,每个命名空间代表一个不同的命名空间域,不同的命名空间不能同名。这样,可以把不同的库中的实体放到不同的命名空间中,或者说,用不同的命名空间把不同的实体隐藏起来。过去用的全局变量可以理解为存在于**全局命名空间**,独立于所有有名的命名空间之外,它是不需要用 namespace 声明的,实际上是由系统隐式声明的,在该空间中有效。

在声明一个命名空间时花括号内不仅可以包括变量,而且还可以包括以下类型:

- 变量(可以带有初始化);
- 常量;
- 函数(可以是定义或声明);
- 结构体;
- 类;
- 模板;
- 命名空间(在一个命名空间中又定义一个命名空间,即嵌套的命名空间)。

例如

```
namespace ns1
  {const int RATE=0.08;                    //常量
   double pay;                             //变量
```

```
    double tax()                                //函数
      {return a * RATE;}
    namespace ns2                               //嵌套的命名空间
      {int age;}
  }
```

如果想输出命名空间 ns1 中成员的数据,可以采用下面的方法:

```
cout<<ns1::RATE<<endl;
cout<<ns1::pay<<endl;
cout<<ns1::tax()<<endl;
cout<<ns1::ns2::age<<endl;              //需要指定外层的和内层的命名空间名
```

可以看到命名空间的声明方法和使用方法和类的声明方法和使用方法差不多。但它们之间有一点差别:在声明类时在右花括号的后面有一分号,而在定义命名空间时,花括号的后面没有分号。

8.2.3　使用命名空间解决名字冲突

有了以上的基础后,就可以利用命名空间来解决名字冲突问题。现在,对例 8.4 程序进行修改,使之能正确运行。

例 8.5　利用命名空间来解决例 8.4 程序名字冲突问题。

修改两个头文件,把两个文件的内容分别放在两个不同的命名空间中。

```
//header1.h (头文件 1)
#include<string>
#include<cmath>
using namespace std;
namespace ns1                               //声明命名空间 ns1
  {class Student                            //在命名空间 ns1 内声明 Student 类
    {public:
       Student(int n,string nam,int a)
         {num=n;name=nam;age=a;}
       void get_data();
     private:
       int num;
       string name;
       int age;
    };
   void Student::get_data()                 //定义成员函数
    {cout<<num<<" "<<name<<" "<<age<<endl;
    }

   double fun(double a,double b)            //在命名空间 ns1 内定义 fun 函数
    {return sqrt(a+b);}
}                                           //命名空间 ns1 结束
```

```
//header2.h(头文件 2)
#include<string>
#include<cmath>
namespace ns2                                         //声明命名空间 ns2
  {class Student                                       //在命名空间 ns2 内声明 Student 类
     {public:
        Student(int n,string nam,char s)
          {num=n;name=nam;sex=s;}
        void get_data();
      private:
        int num;
        char name[20];
        char sex;
     };
  void Student::get_data()
     {cout<<num<<" "<<name<<" "<<sex<<endl;
     }
  double fun(double a,double b)
     {return sqrt(a-b);}
  }                                                     //命名空间 ns2 结束

//main file(主文件)
#include<iostream>
#include "header1.h"                                  //包含头文件 1
#include "header2.h"                                  //包含头文件 2
int main()
  {ns1::Student stud1(101,"Wang",18); //用命名空间 ns1 中的 Student 类定义 stud1
   stud1.get_data();                      //不要写成 ns1::stud1.get_data();
   cout<<ns1::fun(5,3)<<endl;             //调用命名空间 ns1 中的 fun 函数
   ns2::Student stud2(102,"Li",'f');      //用命名空间 ns2 中的 Student 类定义 stud2
   stud2.get_data();
   cout<<ns2::fun(5,3)<<endl;             //调用命名空间 ns1 中的 fun 函数
   return 0;
  }
```

程序分析:

解决本题的关键是建立了两个命名空间 ns1 和 ns2,将原来两个头文件的内容分别放在命名空间 ns1 和 ns2 中。注意:在头文件中,不要把#include 指令放在命名空间中,在 8.2.2 节的叙述中可以知道,命名空间中的内容不能包括预处理指令,否则编译会出错。

例 8.4 程序出错的原因是:在两个头文件中有相同的类名 Student 和相同的函数名 fun,在把它们包含在主文件中时,就产生名字冲突,存在重复定义。编译系统无法辨别用哪一个头文件中的 Student 来定义对象 stud1。现在两个 Student 和 fun 分别放在不同的命名空间中,各自有其作用域,互不相干。由于作用域不相同,不会产生名字冲突。正如同在两个不同的类中可以有同名的变量和函数而不会产生冲突一样。

在定义对象时用 ns1::Student（命名空间 ns1 中的 Student）来定义 stud1，用 ns2::Student（命名空间 ns2 中的 Student）来定义 stud 2。显然，ns1::Student 和 ns2::Student是两个不同的类，不会产生混淆。同样，在调用 fun 函数时也需要用命名空间名 ns1 或 ns2 加以限定。ns1::fun( ) 和 ns2::fun( ) 是两个不同的函数。注意：对象 stud1 是用ns1::Student 定义的，但对象 stud1 并不在命名空间 ns1 中。Stud1 的作用域为 main 函数范围内。在调用对象 stud1 的成员函数 get_data 时，应写成 stud1.get_data( )，而不应写成 ns1::stud1.get_data( )。

程序能顺利通过编译，并得到结果。

运行结果：

```
101 Wang 18                (对象 stud1 中的数据)
2.82843                    (√(5+3)的值)
102 Li f                   (对象 stud2 中的数据)
1.41421                    (√(5-3)的值)
```

8.2.4 使用命名空间中的成员的方法

从上面的介绍可以知道，在引用命名空间成员时，要用命名空间名和作用域分辨符对命名空间成员进行限定，以区别不同的命名空间中的同名标识符，即

命名空间名::命名空间中的成员名

这种方法是有效的，能保证所引用的实体有唯一的名字。但是如果命名空间名字比较长，尤其在有命名空间嵌套的情况下，为引用一个实体，需要写很长的名字。在一个程序中可能要多次引用命名空间成员，就会感到很不方便。

为此，C++提供了一些机制，能简化使用命名空间中的成员的方法。

(1) 使用命名空间的别名

可以为命名空间起一个**别名**(namespace alias)，用来代替较长的命名空间名。如

```
namespace Television                //声明命名空间，名为 Television
{…}
```

可以用一个较短而易记的别名代替它。如

```
namespace TV=Television;            //别名 TV 与原名 Television 等价
```

也可以说，别名 TV 指向原名 Television，在原来出现 Television 的位置都可以无条件地用 TV 来代替。

(2) 使用“using 命名空间的成员名”声明

using 后面的命名空间成员名必须是由命名空间限定的名字。例如，下面是一个声明：

```
using ns1::Student;
```

它表示在本作用域（using 语句所在的作用域）中可以用到命名空间 ns1 中的成员 Student，

而且不必再逐个用命名空间限定(因为已统一声明过了)。例如在用上面的 using 声明后,在其后程序中出现的 Student 就是隐含地指 ns1::Student。

using 声明的有效范围是从 using 开始到 using 所在的作用域结束。如果在以上的 using 声明之后有以下定义对象的语句:

```
Student stud1(101,"Wang",18);  //此处的 Student 相当于 ns1::Student
```

上面的定义相当于

```
ns1::Student stud1(101,"Wang",18);
```

又如

```
using ns1::fun;                 //声明其后出现的 fun 是属于命名空间 ns1 中的 fun
cout<<fun(5,3)<<endl;           //此处的 fun 函数调用相当于 ns1::fun(5,3)
```

显然,这可以避免在每一次引用命名空间成员时都用命名空间限定,使得引用命名空间成员变得方便易用。

但是要注意:在同一作用域中用 using 声明的不同命名空间的成员中不能有同名的成员。例如

```
using ns1::Student;        //声明其后出现的 Student 是命名空间 ns1 中的 Student
using ns2::Student;        //声明其后出现的 Student 是命名空间 ns2 中的 Student
Student stud1;             //请问此处的 Student 是哪个命名空间中的 Student?
```

产生了二义性,编译出错。

(3) **使用"using namespace 命名空间名"声明**

用上面介绍的"using 命名空间成员名",一次只能声明一个命名空间成员,如果在一个命名空间中定义了 10 个实体,就需要使用 10 次 using 命名空间成员名。能否在程序中用一个语句就能一次声明一个命名空间中的全部成员呢?

C++提供了 using namespace 语句来实现这一目的。using namespace 语句的一般格式为

using namespace 命名空间名;

例如

```
using namespace ns1;
```

声明了在本作用域中要用到命名空间 ns1 中的成员,在使用该命名空间的任何成员时都不必再用命名空间限定。如果在作了上面的声明后有以下语句:

```
Student stud1(101,"Wang",18);     //Student 隐含指命名空间 ns1 中的 Student
cout<<fun(5,3)<<endl;             //这里的 fun 函数是命名空间 ns1 中的 fun 函数
```

在用 using namespace 声明的作用域中,命名空间 ns1 的成员就好像在全局域声明的一样。因此可以不必用命名空间限定。显然这样的处理对写程序比较方便。但是如果同时用 using namespace 声明多个命名空间时,往往容易出错。例 8.5 中的 main 函数如果用下面程序段代替,就会出错。

```
int main()
{using namespace ns1;                     //声明 ns1 中的成员在本作用域中可用
 using namespace ns2;                     //声明 ns2 中的成员在本作用域中可用
 Student stud1(101,"Wang",18);
 stud1.get_data();
 cout<<fun(5,3)<<endl;
 Student stud2(102,"Li",'f');
 stud2.get_data();
 cout<<fun(5,3)<<endl;
 return 0;
}
```

因为在同一作用域中同时引入了两个命名空间 ns1 和 ns2,其中有同名的类和函数。在出现 Student 时,无法判定是哪个命名空间中的 Student,出现二义性,编译出错。因此只有在使用命名空间数量很少以及确保这些命名空间中没有同名成员时才用 using namespace 语句。

说明：从前面的介绍可以知道：对命名空间必须先声明后引用。声明命名空间的形式为：

```
namespace 命名空间
    {命名空间中的成员 }
```

如例 8.5 中的：

```
namespace ns1  { … }
```

在程序中使用一个命名空间中的成员的方法,可以用：

```
命名空间名::命名空间中的成员名
```

或者用本节介绍的三种方法。最常用、最简便的是第(3)种方法,即：

```
using namespace 命名空间名;
```

如：

```
using namespace  ns1;
```

这是一个引用命名空间的声明。using 是使用的意思,表示在本作用域中要使用命名空间 ns1 中的成员。可以认为在 ns1 中定义的成员和在本作用域中定义的一样,可以直接使用。

8.2.5　使用无名的命名空间

以上介绍的是有名字的命名空间,C++还允许使用没有名字的命名空间,如在文件 A 中声明了以下的无名命名空间：

```
namespace                                //命名空间没有名字
  {void fun()                            //定义命名空间成员
```

```
    {cout<<"OK."<<endl;}
}
```

由于命名空间没有名字,在其他文件中显然无法引用,它只在本文件的作用域内有效。无名命名空间的成员 fun 函数的作用域为文件 A(确切地说,是从声明无名命名空间的位置开始到文件 A 结束)。在文件 A 中使用无名命名空间的成员,不必(也无法)用命名空间名限定。如果在文件 A 中有以下语句:

```
fun();
```

则执行无名命名空间中的成员 fun 函数,输出"OK."

在本程序中的其他文件中也无法使用该 fun 函数,即把 fun 函数的作用域限制在本文件范围中。可以联想到:在 C 语言中可以用 static 声明一个函数,其作用也是使该函数的作用域限于本文件。C++保留了用 static 声明函数的用法,同时提供了用无名命名空间来实现这一功能。随着越来越多的C++编译系统实现了 ANSI C++建议的命名空间的机制,使用无名命名空间成员的方法将会逐渐取代以前习惯用的对全局量的静态声明。

8.2.6 使用标准命名空间 std

为了解决C++标准库中的标识符与程序中的全局标识符之间以及不同库中的标识符之间的同名冲突,应该将不同库的标识符在不同的命名空间中定义(或声明)。**标准C++库的所有的标识符都是在一个名为 std 的命名空间中定义的,或者说标准头文件(如 iostream)中函数、类、对象和类模板是在命名空间 std 中定义的**。std 是 standard(标准)的缩写,表示这是存放标准库的有关内容的命名空间,含义清楚,不必死记。

这样,在程序中用到C++标准库时,需要使用 std 作为限定。如

```
std::cout<<"OK."<<endl;          //声明 cout 是在命名空间 std 中定义的流对象
```

在有的C++书中可以看到以上这样的用法。但是在每个 cout,cin 以及其他在 std 中定义的标识符前面都用命名空间 std 作为限定,显然是很不方便的。在大多数的C++程序中常用 using namespace 语句对命名空间 std 进行声明,这样可以不必对每个命名空间成员一一进行处理,在文件的开头加入以下 using namespace 声明:

```
using namespace std;
```

这样,**在 std 中定义和声明的所有标识符在本文件中都可以作为全局量来使用**。由于C++提供的标准库都在命名空间 std 中声明,因此,如果在程序中包含C++标准头文件(如 iostream),应当在程序中使用上面的 using namespace 声明,否则无法使用这些头文件。读者可以发现,在本书的所有程中都包括了"using namespace std;"。当时未作详细解释,在学习了本章后,对其含义会有清晰的了解。但是应当绝对保证在程序中不出现与命名空间 std 的成员同名的标识符,例如在程序中不能再定义一个名为 cout 的对象。由于在命名空间 std 中定义的实体实在太多,有时程序设计人员也弄不清哪些标识符已在命名空间 std 中定义过,为减少出错机会,有的专业人员喜欢用若干"using 命名空间成员"声明来代替"using namespace 命名空间"声明,如

```
using std::string;
using std::cout;
using std::cin;
```

等。为了减少在每一个程序中都要重复书写以上的 using 声明,程序开发者往往把编写应用程序时经常会用到的命名空间 std 成员的 using 声明组成一个头文件,然后在程序中包含此头文件即可。

说明:应当准确理解命名空间的含义和用法。并不是所有的程序文件都要放入命名空间的,本书中的程序基本上都没有放入某一个命名空间,它们都是独立于命名空间之外的。只有在程序比较复杂、一个程序包括多个程序文件、容易出现同名冲突时,才需要把程序的不同部分分别放入不同的命名空间中,然后在使用前进行引用命名空间的声明,如:

```
using namespace ns1;
```

请不要把上面的声明误认为"把本程序放入命名空间 ns1 中",它的作用是:可以直接使用 ns1 中的成员,而不必再加上命名空间限定符。

std 是系统已声明的命名空间,在其中已对C++的标准库作了声明,因此程序中可以通过以下引用声明:

```
using namespace std;
```

直接使用C++的标准库中的头文件,在头文件中包含了不同库函数的声明。

8.3　使用早期的函数库

C 语言程序中各种功能基本上都是由函数来实现的,在 C 语言的发展过程中建立了功能丰富的函数库,C++从 C 语言继承了这份宝贵的财富。在C++程序中可以使用 C 语言的函数库。

如果要用函数库中的函数,就必须在程序文件中包含有关的头文件,在不同的头文件中,包含了不同的函数的声明。

在C++中使用这些头文件有两种方法。

(1) 用在 C 语言程序中使用的传统方法。头文件名包括后缀.h,如 stdio.h,math.h 等。由于 C 语言没有命名空间,因此在C++程序文件中如果用到带后缀.h 的头文件时,不必用命名空间。只须在文件中包含所用的头文件即可。如

```
#include<math.h>
```

(2) 用C++的新方法。C++标准规定头文件不包括后缀.h。例如 iostream,string 都是C++的头文件名。为了表示与 C 语言的头文件有联系又有区别,C++所用的头文件名是在 C 语言的相应的头文件名(但不包括.h)之前加一字母 c。例如,C 语言中有关输入与输出的头文件名为 stdio.h,在C++中相应的头文件名为 cstdio。C 语言中的头文件 math.h,在C++中相应的头文件名为 cmath。C 语言中的头文件 string.h,在C++中相应的头文件名

为 cstring。注意在C++中,头文件 cstring 和头文件 string 不是同一个文件。前者提供 C 语言中对字符串处理的有关函数(如 strcmp,ctrcpy)的声明,后者提供C++中对字符串处理的新功能。

此外,由于C++的这些函数都是在命名空间 std 中头文件中声明的,因此在程序中要用命名空间 std 声明。如

```
#include<cstdio>
#include<cmath>
using namespace std;
```

目前所用的大多数C++编译系统既保留了 C 的用法,又提供了C++的新方法。下面两种头文件的用法等价,可以任选。

C 传统方法	C++新方法
#include<stdio.h>	#include<cstdio>
#include<math.h>	#include<cmath>
#include<string.h>	#include<cstring>
	using namespace std;

可以使用传统的 C 方法,但应当提倡使用C++的新方法。本书程序用的是新方法。

习　题

1. 求一元二次方程式 $ax^2+bx+c=0$ 的实根,如果方程没有实根,则输出有关警告信息。

2. 将例 8.3 程序改为下面的程序,请分析执行过程,写出运行结果,并指出由于异常处理而调用了哪些析构函数。

```
#include<iostream>
#include<string>
using namespace std;
class Student
  {public:
     Student(int n,string nam)
     class Student
       {cout<<"constructor-"<<n<<endl;
        num=n;name=nam;}
      ~Student(){cout<<"destructor-"<<num<<endl;}
     void get_data();
   private:
     int num;
     string name;
  };
void Student::get_data()
```

```
  {if(num==0) throw num;
   else cout<<num<<" "<<name<<endl;
   cout<<"in get_data()"<<endl;
  }

void fun()
  {Student stud1(1101,"Tan");
   stud1.get_data();
   try
     {Student stud2(0,"Li");
      stud2.get_data();
     }
   catch(int n)
     {cout<<"num="<<n<<",error!"<<endl;}
  }
int main()
  {cout<<"main begin"<<endl;
   cout<<"call fun()"<<endl;
   fun();
   cout<<"main end"<<endl;
   return 0;
  }
```

3. 学校的人事部门保存了有关学生的部分数据(学号、姓名、年龄、住址),教务部门也保存了学生的另外一些部分数据(学号、姓名、性别、成绩),两个部门分别编写了本部门的学生数据管理程序,其中都用了 Student 作为类名。现在要求在全校的学生数据管理程序中调用这两个部门的学生数据,分别输出两种内容的学生数据。要求用 ANSI C++编程,使用命名空间。

附录A 常用字符与ASCII码对照表

ASCII值	字符	控制字符	ASCII值	字符	ASCII值	字符	ASCII值	字符	ASCII值	字符	ASCII值	字符	ASCII值	字符	ASCII值	字符
000	(null)	NUL	032	(space)	064	@	096	`	128	Ç	160	á	192	└	224	α
001	☺	SOH	033	!	065	A	097	a	129	ü	161	í	193	┴	225	β
002	☻	STX	034	"	066	B	098	b	130	é	162	ó	194	┬	226	Γ
003	♥	ETX	035	#	067	C	099	c	131	ā	163	ú	195	├	227	π
004	♦	EOT	036	$	068	D	100	d	132	ä	164	ñ	196	─	228	Σ
005	♣	ENQ	037	%	069	E	101	e	133	à	165	Ñ	197	┼	229	σ
006	♠	ACK	038	&	070	F	102	f	134	å	166	ª	198	╞	230	μ
007	·	BEL	039	'	071	G	103	g	135	ç	167	º	199	╟	231	τ
008	◘	BS	040	(	072	H	104	h	136	ê	168	¿	200	╚	232	Φ
009	○	HT	041	)	073	I	105	i	137	ë	169	⌐	201	╔	233	θ
010	◙	LF	042	*	074	J	106	j	138	è	170	¬	202	╩	234	Ω
011	♂	VT	043	+	075	K	107	k	139	ī	171	1/2	203	╦	235	δ
012	♀	FF	044	,	076	L	108	l	140	î	172	1/4	204	╠	236	∞
013	/	CR	045	-	077	M	109	m	141	ì	173	¡	205	═	237	ø
014	♫	SO	046	.	078	N	110	n	142	Ä	174	«	206	╬	238	ε
015	☼	SI	047	/	079	O	111	o	143	Å	175	»	207	╧	239	∩
016	▶	DLE	048	0	080	P	112	p	144	É	176	░	208	╨	240	≡
017	◀	DC1	049	1	081	Q	113	q	145	æ	177	▒	209	╤	241	±
018	↕	DC2	050	2	082	R	114	r	146	Æ	178	▓	210	╥	242	≥
019	‼	DC3	051	3	083	S	115	s	147	ô	179	│	211	╙	243	≤
020	¶	DC4	052	4	084	T	116	t	148	ö	180	┤	212	╘	244	⌜
021	§	NAK	053	5	085	U	117	u	149	ò	181	╡	213	╒	245	⌟
022	▬	SYN	054	6	086	V	118	v	150	û	182	╢	214	╓	246	÷
023	↨	ETB	055	7	087	W	119	w	151	ù	183	╖	215	╫	247	≈
024	↑	CAN	056	8	088	X	120	x	152	ÿ	184	╕	216	╪	248	°
025	↓	EM	057	9	089	Y	121	y	153	Ö	185	╣	217	┘	249	·
026	→	SUB	058	:	090	Z	122	z	154	Ü	186	║	218	┌	250	.
027	←	ESC	059	;	091	[	123	{	155	¢	187	╗	219	█	251	√
028	∟	FS	060	<	092	\	124	|	156	£	188	╝	220	▄	252	η
029	↔	GS	061	=	093	]	125	}	157	¥	189	╜	221	▌	253	2
030	▲	RS	062	>	094	^	126	~	158	₧	190	╛	222	▐	254	■
031	▼	US	063	?	095	_	127	DEL	159	ƒ	191	┐	223	▀	255(blank 'FF')	

附录 B　运算符与结合性

优先级	运　算　符	含　　义	结合方向
1	::	域运算符	自左至右
2	( ) [ ] -> . ++ --	括号,函数调用 数组下标运算符 指向成员运算符 成员运算符 自增运算符(后置)(单目运算符) 自减运算符(后置)(单目运算符)	自左至右
3	++ -- ~ ! - + * & (类型) sizeof new delete	自增运算符(前置) 自减运算符(前置) 按位取反运算符 逻辑非运算符 负号运算符 正号运算符 指针运算符 取地址运算符 类型转换运算符 长度运算符 动态分配空间运算符 释放空间运算符 (以上为单目运算符)	自右至左
4	* / %	乘法运算符 除法运算符 求余运算符	自左至右
5	+ -	加法运算符 减法运算符	自左至右
6	<< >>	按位左移运算符 按位右移运算符	自左至右
7	<<=　>>=	关系运算符	自左至右
8	== !=	等于运算符 不等于运算符	自左至右
9	&	按位与运算符	自左至右
10	∧	按位异或运算符	自左至右
11	|	按位或运算符	自左至右
12	&&	逻辑与运算符	自左至右
13	||	逻辑或运算符	自左至右
14	?:	条件运算符(三目运算符)	自右至左
15	= += -= *= /= %= >>= <<= &= ∧= ! =	赋值运算符	自右至左
16	throw	抛出异常运算符	自右至左
17	,	逗号运算符	自左至右

说明:

(1) 同一优先级的运算符,运算次序由结合方向决定。例如“ * ”与“/”具有相同的优先级别,其结合方向为自左至右,因此 3 * 5/4 的运算次序是先乘后除。负号运算符“-”和前置自增运算符“++”为同一优先级,结合方向为自右至左,因此,-++i 相当于-(++i)。

(2) 不同的运算符要求有不同的运算对象个数,如加法运算符“+”和减法运算符“-”为双目运算符,要求在运算符两侧各有一个运算对象(如 3+5、8-3 等)。而自增运算符“++”和负号运算符“-”是一目运算符,只能在运算符的一侧出现一个运算对象(如-a, i++, --i, (float) i, sizeof(int), * p 等)。条件运算符是C++中唯一的三目运算符,如 x?a: b。

(3) 从上述表中可以大致归纳出各类运算符的优先级:

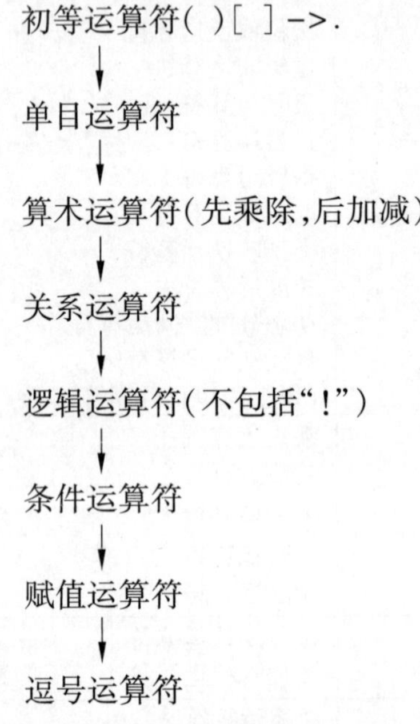

以上的优先级别由上到下递减。初等运算符优先级最高,逗号运算符优先级最低。

参考文献

1. 谭浩强. C++面向对象程序设计[M]. 2版. 北京：清华大学出版社，2014.
2. 谭浩强. C++程序设计[M]. 3版. 北京：清华大学出版社，2018.
3. 谭浩强. C程序设计[M]. 5版. 北京：清华大学出版社，2017.
4. Deitel H M, Deitel P J. C++程序设计教程[M]. 薛万鹏,等译. 北京：机械工业出版社，2000.
5. Lippman S B, Lajoie J. C++ Primer(中文版)[M]. 潘爱民,译. 3版. 北京：中国电力出版社，2002.
6. Decoder. C/C++程序设计[M]. 北京：中国铁道出版社，2002.
7. Brian Overland. C++语言命令详解[M]. 董梁,等译. 2版. 北京：电子工业出版社，2002.
8. Al Stevens, Clayton Walnum. 标准C++宝典[M]. 林丽闽,等译. 北京：电子工业出版社，2001.
9. Leen Ammeraal. C++程序设计教程[M]. 刘瑞挺,等译. 3版. 北京：中国铁道出版社，2003.

图书资源支持

感谢您一直以来对清华版图书的支持和爱护。为了配合本书的使用，本书提供配套的资源，有需求的读者请扫描下方的“书圈”微信公众号二维码，在图书专区下载，也可以拨打电话或发送电子邮件咨询。

如果您在使用本书的过程中遇到了什么问题，或者有相关图书出版计划，也请您发邮件告诉我们，以便我们更好地为您服务。

资源下载、样书申请

书圈

我们的联系方式：

地　　址：北京市海淀区双清路学研大厦 A 座 701

邮　　编：100084

电　　话：010-83470236　010-83470237

资源下载：http://www.tup.com.cn

客服邮箱：2301891038@qq.com

QQ：2301891038（请写明您的单位和姓名）

扫一扫，获取最新目录

课　程　直　播

用微信扫一扫右边的二维码，即可关注清华大学出版社公众号“书圈”。